蓝果树

金钱松

南方红豆杉

柳杉林

中国石蒜

毛竹林

羊肚菌

象鼻兰

扇脉杓兰

野菰

七叶一枝花

云锦杜鹃

掌叶覆盆子

血红肉果兰

中华猕猴桃

毛蕊铁线莲

华中樱

黄山鳞毛蕨

金刚大

灯台莲

扶芳藤

乳源木莲

蛇菰

凹叶厚朴

药百合

羊角槭

白芨

东方荚果蕨

独花兰

台湾独蒜兰

水马桑

松萝（云雾草）

芍药

天目贝母

天目地黄

天目瑞香

夏蜡梅

天目铁木

萱草

天目续断

国家级生物学野外实习基地教材

天目山植物学实习手册

（第二版）

丁炳扬　　傅承新　　杨淑贞　　主编

国家自然科学基金人才培养项目——天目山生物学野外实习基地资助

ZHEJIANG UNIVERSITY PRESS
浙江大学出版社

图书在版编目（CIP）数据

天目山植物学实习手册：/ 丁炳扬，傅承新，杨淑贞主编. —杭州：浙江大学出版社，2003.5（2025.1重印）

ISBN 978-7-308-03292-6

Ⅰ.天… Ⅱ.①丁…②傅…③杨… Ⅲ.①天目山－植物学－教育实习－高等学校－手册 Ⅳ.948.525.5-45

中国版本图书馆CIP数据核字（2003）第029650号

天目山植物学实习手册（第二版）

丁炳扬　傅承新　杨淑贞　主编

责任编辑	王　波	
封面设计	刘依群	
出版发行	浙江大学出版社	
	（杭州市天目山路148号　邮政编码310007）	
	（网址：http://www.zjupress.com）	
排　版	杭州青翊图文设计有限公司	
印　刷	广东虎彩云印刷有限公司绍兴分公司	
开　本	787mm×1092mm　1/16	
印　张	14	
彩　插	4	
字　数	358千	
版 印 次	2009年6月第2版　2025年1月第8次印刷	
书　号	ISBN 978-7-308-03292-6	
定　价	28.00元	

《天目山生物学野外实习基地教材》编写委员会

主　任　蒋德安　乔守怡　杨淑贞
副主任　傅承新　陈建群　袁生　张炜　丁炳扬　李根有

《天目山植物学实习手册》第二版编写委员会

主　编　丁炳扬　傅承新　杨淑贞
副主编　赵明水　李根有　金孝锋　陈锡林　陈建华
编　委　（以姓氏笔画为序）于明坚　孙丙耀　朱瑞良　李宏庆　吴均章
　　　　李新华　张水利　张光富　邱英雄　陆　帆　金水虎　胡江琴
　　　　赵云鹏　郭水良　喻富根

顾　问　郑朝宗
参编人员
浙江大学：傅承新　于明坚　邱英雄　赵云鹏
复旦大学：陆　帆
南京大学：喻富根
南京师范大学：张光富
南京农业大学：李新华
华东师范大学：朱瑞良　李宏庆
苏州大学：孙丙耀　吴均章
浙江师范大学：郭水良　刘鹏　陈建华　吕洪飞
浙江林学院：李根有　楼炉焕　金水虎
杭州师范大学：金孝锋　胡江琴
浙江中医药大学：陈锡林　张水利
宁波大学：倪　穗
温州大学：丁炳扬
浙江教育学院：秦际威
浙江医药高等专科学校：杨金萍
天目山国家级自然保护区：杨淑贞　赵明水　王祖良　程晓渊

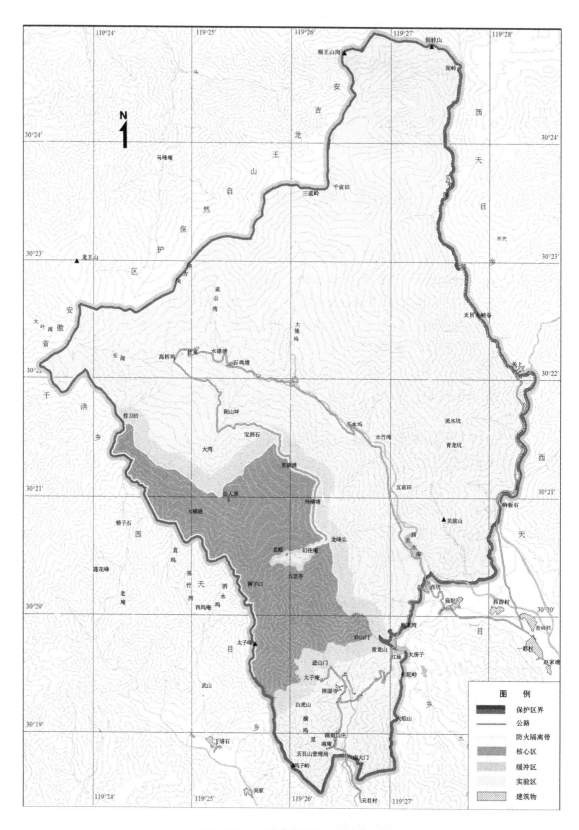

浙江天目山国家级自然保护区图

第二版前言

《天目山植物学实习手册》自 2003 年出版以来已经使用 5 年，并重印了 2 次。由于该书地域特色鲜明、编写体例新颖、实用性强，适应了 21 世纪高等学校教学改革的需求，在促进课程建设、提高植物学实践教育质量和学生创新能力方面起到了积极的作用。五年来华东地区 20 多所高校的生物学、生物技术等专业使用了本教材，得到了广大读者的欢迎和好评。但在使用过程也发现了一些问题和不足，有必要进行一次修订，以适应国家级生物学野外实习基地建设的需要。

本次修订的内容和重点包括：(1)第一章"自然保护区概况"中的植物区系部分根据《天目山植物志》的最新资料进行统计分析，珍稀濒危植物和古树名木按照近年调查资料予以更新，主要由赵明水和金孝锋完成。(2)第二章"实习的组织与实施"增加了实习过程中安全防范的内容，并对实习考核的内容作了修改，主要由李根有和张光富完成。(3)第三章"实习的基础知识与方法"更新了国内外标本馆信息、植物鉴定识别方法和技巧的提炼，增加了常用植物学网络资源的介绍作为第三节，主要由赵云鹏和张水利完成。(4)第四章第一节"实习路线及其常见植物"主要根据新辟实习路线进行修改，并对内容进行重新加工，使重点更加突出，主要由赵云鹏和赵明水完成。(5)第四章第二节"常见植物的识别要点"根据《天目山植物志》对部分种类作了调整，并对部分分种检索表作了改编，主要由金孝锋、陈建华、朱瑞良完成。第五章"蕨类植物和种子植物分科检索表"采用了新近完成的《天目山植物志》中的检索表，并按植物类群分为蕨类植物、裸子植物和被子植物 3 节，由郑朝宗和金水虎完成。(6)第六章"主要类群植物名录"考虑到《天目山植物志》即将出版，植物名录的作用减小，改为天目山主要资源植物的介绍，以让学生更多地了解植物资源的多样性，主要由李根有、喻富根和李新华完成。此外，重新绘制了实习路线图并将其移至第四章第一节，使图文的联系更加紧密，书的扉页增加了天目山国家级自然保护区图，第四章《常见植物识别》一节中原来的插图偏小，本次修订予以放大，使种类区别特征更突出，增加鉴别效果。希望这些修改能进一步提升本教材的科学性和实用性，以更好地发挥教学效果。

天目山国家级自然保护区作为国家级生物学野外实习基地于 2007 年列入"国家自然科学基金人才培养项目生物学野外实习基地"建设。本教材作为该项目的建设内容之一，除原作者外，还吸纳基地共建单位南京大学、南京师范大学、南京农业大学、复旦大学等高校的相关教师参与本次修订工作，从而为编写出高质量、高水平的实习教材提供了保证。

由于我们的水平有限，修订版难免还存在不少缺点和问题，敬请广大师生批评指正，以便下次再版时改进。

编　者
2009 年 5 月

第一版前言

野外实习是植物学教学的重要组成部分,是掌握和巩固课堂教学的基础理论知识和基本实验技能的重要环节。在实习过程中,同学们通过与大自然的接触认识我国丰富的植物物种多样性;通过野外调查和植物标本的采集与鉴定,掌握植物分类学的基本原理和方法,提高解决实际问题的能力。近年来,各校均对植物学实习的教学进行了改革尝试,其中主要是在植物学实习中提倡学生的自主性和研究性学习,着重于标本采集和种类鉴定的训练,改变以往上课时以教师讲授植物种类特征为主、考核时以死记硬背识别种类为多的习惯做法,目的是试图探索出一套符合教学规律、有利于学生创新能力培养的教学方法和考核方式。

作者认为,为了更好地开展野外实习教学,地点的选择应遵循以下几条原则:(1)植物资源丰富,区系成分复杂;(2)植被类型多样,垂直分布明显;(3)有关自然和社会资料充实;(4)交通方便,生活设施完备;(5)已与有关高校建立教学基地共建关系。

天目山位于浙江省西北部临安市境内,地势高峻,气候温和,雨量充沛,得天独厚的自然环境给植物创造了适宜的生存条件。经过几代植物学家的调查研究,已知天目山仅高等植物就有 2000 多种,列浙江省诸山前茅,也是苏、浙、皖边境地区植物多样性的中心。以天目命名或天目山特有的植物就有 40 余种,被列为国家重点保护的植物多达 33 种,这反映了天目山植物区系的古老性和特殊性。因此,天目山已成为中外学者注目之地,也是苏、浙、皖、沪等省市大专院校和科研单位进行植物学野外实习和科研的理想基地。

多年来,我们期望有一本以天目山为基地、适合多专业的植物学实习教材。虽然华东师范大学冯志坚教授等 1993 年出版过一本《植物学野外实习手册》,其内容也是以天目山为实习基地编写的,但存书有限,也未见再版,因此我们组织编写了这本《天目山植物学实习手册》,以满足实习教学的需要。

参加本书编写的是从事植物学实习教学多年的高校骨干教师和天目山自然保护区管理干部。作者分工如下:第一章,楼涛、杨淑贞、王祖良、程晓渊;第二章,丁炳扬、李根有、刘鹏;第三章第一节,傅承新,第二节,丁炳扬、楼炉焕,第三、四节,张水利,第五节,于明坚;第四章第一节,赵明水,第二节大型真菌,陈锡林,苔藓植物,郭水良,蕨类植物和裸子植物,秦际威,被子植物、双子叶植物、三白草科至樟科,陈建华、郭水良,罂粟科至漆树科,李根有、金水虎,冬青科至山茱萸科,邱英雄,鹿蹄草科至菊科,胡江琴、倪穗,单子叶植物,陈锡林;第五章第一节,赵明水,第二节,刘鹏;第六章大型真菌,陈锡林,苔藓植物,郭水良,蕨类植物,赵明水、丁炳扬,裸子植物和被子植物,丁炳扬、楼炉焕、金孝锋,绘图金孝锋、王泓、吴斐婕,彩页照片由程爱兴、丁炳扬、金孝锋、王泓、王文彬提供。全书由丁炳扬统稿。

本书的编写出版得到了天目山国家级自然保护区、国家生物学理科基础人才培养基地和浙江大学出版社的大力支持。书中部分插图引自《浙江植物志》(简称《浙植志》)、《中国高等植物图鉴》(简称《高植图》)、《中国植物志》(简称《中植志》)和《福建植物志》(简称《福植志》)等书。沈国明先生、杜玲玲女士为本书的出版付出了辛勤劳动。杨旭、哀建国、沈脂红、唐柳娅、方杰、陈小永和王海燕等为文稿的输入和校核做了许多工作。在此,向以上诸位以及所有为本书的出版作出努力的朋友们致以诚挚的感谢。

由于是首次尝试以一地为对象编写实习手册,加之时间较紧,疏漏甚至错误之处在所难免,恳切希望各位读者和同行朋友惠予指正,以便再版时改进。

编　者

2003 年 3 月

目　录

第一章 天目山国家级自然保护区概况

第一节 自然环境与发展历史

一、自然环境

天目山地处浙江省西北部浙、皖两省交界处,其主体由东、西两山组成,东天目山主峰大仙顶,海拔1480m;西天目山主峰仙人顶,海拔1506m。两峰相望,相距约9km,均在临安市境内。古时两峰之巅各天成一池,宛若双眸仰望苍穹,因而得名"天目"。该名始于汉,显于梁,古称"浮玉"。天目山国家级自然保护区位于西天目山南坡,地理坐标为30°18′~30°25′N,119°23′~119°29′E,管辖地域总面积4284hm²,距杭州市中心90km。

天目山山体古老,以下古生界地质构造活动为始,继奥陶纪末褶皱断裂隆起成陆,燕山期火山运动渐成主体,为"江南古陆"的一部分。全山出露寒武系、奥陶系、侏罗系、第四系等地层。流纹岩、流纹斑岩、熔结凝灰岩、沉凝灰岩、脉岩兼而有之。复杂的地质构造形成了天目山独特的地形地貌,再经第四纪冰川作用,峰奇石怪,天然自成,素有"江南奇山"之称,如四面峰、倒挂莲花、狮子口等地悬崖、陡壁、深涧,千亩田、东关、西关溪地坑坞等地的冰碛垄,阮溪东坞、千亩田等地的冰窖,西关溪上游的冰川槽谷,开山老殿、东茅蓬的冰斗等。

天目山山势高峻,分长江、钱塘江而立。天目山南坡诸水汇于天目溪,注入钱塘江。北坡为太湖之源,汇聚长江入东海。天目之水清凉透彻,矿质成分丰富,水质优良。

天目山气候属中亚热带向北亚热带过渡类型,受海洋暖湿气流影响,季风强盛,气候温和。年平均气温14.8~8.8℃,最冷月平均气温3.4~−2.6℃,极值最低气温−13.1~−20.2℃,最热月平均气温28.1~19.9℃,极值最高气温38.2~29.1℃。无霜期235~209d。雨水充沛,年雨日159.2~183.1d,年降水量1390~1870mm,积雪期较长,比区外多10~30d,形成浙江西北部的多雨中心。光照宜人,年太阳辐射4460~3270兆焦/m²。四季分明,春秋季较短,冬夏季偏长。空气中富含负离子,最高达13万个/cm³,可谓天然氧吧,疗养保健之功效显著,确为避暑休闲胜地。

天目山土壤随着海拔升高由亚热带红壤向湿润的温带棕黄壤过渡。海拔600m以下为红壤,海拔600m至1200m为黄壤,海拔1200m以上为棕黄壤。经成千上万年的植被演替,积累了腐殖质丰厚的森林土壤,覆盖着全山。

天目山独特而又多变的自然环境,孕育了丰富多彩的植被类型。主要类型有:常绿阔叶林,是地带性植被,星散分布于海拔700m以下的低山丘陵;常绿、落叶阔叶混交林,是天目山植被的精华,集中分布于禅源寺附近和海拔850—1100m的山坡和沟谷;落叶阔叶林,是天目山中亚热带向北亚热带的过渡性植被,主要分布于海拔1100—1380m的高海拔地段;落叶矮林,是天目山的山顶植被,分布于海拔 1380m 以上地段;针叶林,其中的高大柳杉林和金钱松林是天目山的特色植被,海拔 300—1200m 均有分布;竹林,以毛竹林为主,村落附近常有栽培的早竹林、高节竹林、哺鸡竹林。

天目山自然条件优越,生物资源丰富,被誉为"生物基因库"。最新研究资料表明,包括种下等级和引入栽培种,天目山现知有大型真菌 279 种,地衣 48 种,苔藓植物 285 种,蕨类植物 184 种,种子植物 1880 种,故天目山被誉为"天然植物园"。天目山不仅植物资源丰富,动物资源也极其丰富,有兽类 75 种,鸟类 148 种,爬行类 44 种,两栖类 20 种,鱼类 55 种,蜘蛛类 166 种,昆虫类 4209 种。

天目山由于生物资源丰富,吸引了众多国内外植物学专家前来考察和采集标本,如钟观光、钱崇澍、胡先骕、秦仁昌、郑万钧、梁希、钟补求、钟补勤、张东旭、H. Migo 等。其中浙江大学生物室技术员张东旭于 1926—1936 年间 10 多次随钟观光先生或单独赴天目山调查采集植物标本,并撰写了《天目山植物名录》(手写稿),共收录维管植物 127 科,959 种,这是国内外学者编制最早的天目山植物名录。历年来,有全国 100 余所大专院校师生和科研单位研究人员来天目山开展植物学、动物学、昆虫学、林学、地理学、气象学等多学科的教学和科研活动。随着调查研究的深入,不断有新物种发现,迄今以天目山采集的标本为命名模式的植物有 89 种(约占全省模式标本的 10%),动物达 800 种(其中昆虫 700 多种),是名副其实的"模式标本产地"。1999 年以来,天目山被中宣部、科技部、教育部、中国科协联合命名为"全国青少年科技教育基地"、"全国科普教育基地",又是"中国生物多样性保护示范基地"、"国家 AAAA 级景区"、"全国自然保护区示范单位"、"国家自然保护区管理优秀单位"、"国家生物学野外实习基地"。

二、人文历史

天目山是集儒、道、佛三大文化体系于一体的天下名山,人文景观资源丰富。有"江南名刹"狮子正宗禅寺和禅源寺;有梁代昭明太子读书、分经、著《文选》处太子庵,现汇聚五湖四海学人志士,恢复为天目书院;有建于 20 世纪 30 年代的西洋式别墅留椿屋;有道教宗师张道陵出生和修道处张公舍;有受乾隆御封而被大家爱死的"大树王";有"有谁能到此,也算是神仙"的仙人顶和天下奇观等。

自古以来,就有不少不乐仕宦、性好道术的李耳信徒隐居于天目山,避绝世缘,修道炼丹。最早卜隐者为公元前二世纪西汉武帝年间的王谷神、皮元曜。道教宗师张道陵出生并修炼于此。东汉魏伯阳、晋代葛洪、唐代徐灵府、宋代唐子霞等人均在此留有遗迹。

公元 357—361 年东晋升平年间,开山始祖竺法旷入山修禅。随之,慕名入山修禅问法的高僧不乏其人。公元 1279 年元代高僧高峰禅师入主天目狮子岩,后与其徒断崖了义、中峰明本相继建成规模宏伟的狮子正宗禅寺、大觉正等禅寺。此后,天目山声名远扬,与国内外交往频繁,日本、高丽、印度等国不断有信徒前来参禅学法。始建于公元 1425 年明洪熙元年的禅源寺,经清代玉琳通琇国师振兴,规模空前,为东南名刹。1933 年,筹建於潜县天目山名胜管理委员会,作为旅游名胜区进行管理,翌年,被浙江省政府列为浙江第一名胜区,设天目山名胜管理处,隶属浙江省旅游局。后因日本侵略者进犯天目山,管理机构停止活动。抗战期间,浙西行署入驻天目山,天目山成为浙江抗日救亡中心。当年浙西行署办公点设在禅源寺、留椿屋等地。1939 年 3 月,时任中共中央革命军事委员会副主席、中共南方局书记的周恩来为贯彻中共六届六中全会精神,巩固和扩大抗日民族统一战线,以国民政府军事委员会政治部副部长的身份,来到天目山宣传"抗日救国十大纲领"。在禅源寺百子堂发表团结抗日演讲,下榻留椿屋,并在此与时任浙江省政府主席的黄绍竑会晤,后来为纪念,禅源寺内建有周恩来演讲旧址纪念亭。1941年4月15日,日军飞机轰炸天目山,禅源寺付之一炬。

三、发展简史

中华人民共和国成立后,各级政府高度重视天目山的保护与建设。1949年派解放军保护天目山森林;1953年建立天目山林场;1956年国家林业部划定天目山为全国最早的森林禁伐区之一;1960年成立天目山管理委员会;1975年浙江省人民政府确立为省级重点自然保护区;1986年经国务院批准,成为全国首批20个国家级自然保护区之一;1996年,联合国教科文组织批准接纳天目山为国际生物圈保护区(MAB)网络成员,面积核定为4284hm²。

自晋升国家级自然保护区以来,天目山自然保护区开展了三期基础设施工程建设,建立起了比较先进完备的保护管理体系。管护体制不断健全,成立了天目山管理局保护科、天目山派出所、天目山森警中队三块牌子一套班子的专业管护队伍,建立了局、科、站(点)的三级管理体制。管护力量不断加强。现有专职管护人员33人,其中行政执法人员14人。建立了天目山自然保护区消防队和由周边联防村青壮年村民组成的扑火突击队。管护网络不断健全,建立了天目山社区共管委员会和由天目山管理局、天目山林场、西天目乡、千洪乡与保护区毗连17村组成的天目山自然保护区联合保护委员会。通过广泛宣传国家有关自然保护区法律、法规,宣传天目山自然保护和社区经济发展的关系,充分调动了社区居民参与自然保护的主动性、积极性和创造性,使原来"四处设防"的被动保护局面转变为现在"齐抓共管"的社会联防新局面。管护制度不断完善,从1956年制定《西天目山风景区管理办法》以来,经过逐步的补充、修改和完善,现有《天目山国家级自然保护区管理办法》、《天目山国家级自然保护区防火管理办法》、《天目山国家级自然保护区处理森林火灾预案》等22个保护管理制度。《浙江天目山国家级自然保护区总体规划》(2003—2012)和《浙江天目山国家级自然保护区生态旅游规划》的批准实施,更使天目山的保护管理工作走上规范化、制度化的轨道。管护设施不断完备,建立了3个保护站、2个了望哨、13个护林点;安装了远程视频监控系统;开辟防火道26公里,营造生物防火林带18公里;配备消防车1辆,对讲机22只,高压消防泵4台,风力灭火机4台。

天目山自然保护区科研成果丰硕。与国内外大专院校和科研单位广泛合作,先后完成"天目山自然资源综合考察"、"天目铁木、普陀鹅耳枥保存及繁殖技术研究"、"亚热带土壤动物研究"、"香果树造林技术研究"、"天目山昆虫资源研究"等40余项课题。主编、参编科技、科普著作30余部。获中科院自然科学二等奖1项;省人民政府、林业部科技进步二、三等奖3项;省科技进步优秀奖1项;省林业厅(局)科技进步(兴林)一、二等奖3项;杭州市科技进步三等奖1项、临安市科技进步三等奖5项。编辑出版了《天目山自然资源综合考察报告》、《天目山昆虫》、《天目山植物学野外实习手册》、《西天目山志》、《天目山木本植物图鉴》等著作。珍稀植物繁育取得重大突破,天目铁木、天目木兰、连香树等一批珍稀植物繁育获得成功。与其他部门合作开展了森林植被、气象、环境、水文、野生动物等长期监测,建立系统化生态环境监测体系;利用GPS卫星定位仪开展全区古树名木调查,形成了一套完整、系统的古树名木数据档案。创新宣教载体,加强与百余所大专院校和科研单位的业务联系。加强"两个基地"的软硬件设施建设,浙江自然博物馆天目山分馆建成开放,与24所院校签订了基地共建协议开展国家级实习教学基地共建活动。出台了《科研与教学活动管理办法》,对教学实习学生实行"一课一证"制度,使教学实习和科研活动走上制度化、规范化。《天目山》季刊经省新闻出版局同意作为内部刊物长期发行,成为宣传天目山、宣传自然保护的重要窗口。每期赠送两千余份,已在各级自然保护区主管部门、专家学者、各大专院校、研究机构及兄弟保护区中树立了良好的形象,取得了普遍的认同。开通了"中国天目山"网站,拥有文化、地理、旅游、保护等八大版块,中、英、日文三种语言,30余个栏目的综合性网站,成为向广大公众宣传天目山最直接的窗口。

天目山自然保护区将继续坚持依法保护、科学管理、合理利用的方针,正确处理好保护、管理和利用的关系,在保护手段、科研方法上实现新的突破。统筹建设"生物多样性保护基地、科研教学基地、生态教育基地、可持续发展基地"四大基地,协调完善"基础设施体系、资源保护体系、科研监测体系、宣传教育体系、政策保障体系"五大体系,努力实现"建设标准化、管理规范化、信息数字化"三大目标,真正实现国家示范自然保护区的可持续发展目标。

第二节 植物资源和区系特征

天目山地处中亚热带向北亚热带过渡地带,地质古老,地形复杂,土壤类型丰富,气候温和,自然条件优越,为天目山植物区系的古老性、复杂性和种类丰富性创造了条件。

一、植物种类丰富

天目山的植物分类学研究始于20世纪20年代,经过80多年的调查资料积累,包括种下等级和引入栽培种,现知有大型真菌48科110属279种,地衣3科48种,苔藓植物59科143属285种,蕨类植物35科71属184种,种子植物152科766属1880种。天目山不仅植物资源丰富,而且整个森林植被还呈现"高、大、古、稀"的特点。"高",全山柳杉、金钱松树高在40m以上的有四百余株,其中一株金钱松达58m(2004年实测),为全国金钱松之最,有"冲天树"之称。"大",天目山的古柳杉群,需数人合抱者比比皆是,其中胸径2m以上12株,1m以上的有481株。"古",这里还保存着冰川时期遗留的孑遗植物,如银杏、连香树等物种。天目山野生银杏是全球银杏之祖。"稀",稀有或特有植物多,有40余种,如天目铁木在全球仅在天目山保存5株,羊角槭仅有1株,另有以"天目"或"tianmu-"命名的物种37种。天目山树大峰奇,风景全入画。林林总总的众多植物,随着季节变化,调色板上调出了春绿、夏凉、秋艳、冬银的四季风景画,让人流连忘返。正是由于植物种类的多样性和中亚热带森林生态系统的典型性,天目山被世人誉为不可多得的天然植物园。

二、植物区系的古老性和多样性

天目山种子植物有143科、711属、1590种(不包括栽培种类),分别占浙江全省产科、属、种的77.7%、52.9%、36.7%。其中木本植物有548种,草本植物954种,藤本植物88种。

143科中,所含种数超过100种的大科有菊科(50属112种)和禾本科(70属108种);20~99种的大科有19科,如蔷薇科(28属98种)、豆科(32属66种)、莎草科(12属60种)、广义百合科(24属51种)、唇形科(24属47种)等;10~19种的中等科有24个,共含119属309种;2~9种的寡种科66个,共含160属302种;仅有1种的单种科共32科。寡种科和单种科占本区科总数的75.5%,种的21.0%,其中含有本区大部分特有、古老、珍稀及孑遗属、种。

种子植物711属中,20种以上的特大属3个,即苔草属($Carex$)35种、蓼属($Polygonum$)27种、槭属($Acer$)21种;10~19的大属有12个,共149种;6~9种的中等属有36个,共

249 种;2~5 种的小属有 241 个,共 690 种;单种属有 419 个,占 58.9%,包含了本区大部分古老孑遗属、种。还有许多是我国特有属,其中单种特有如银杏属 *Ginkgo*、杉属 *Cunninghamia*、金钱松属 *Pseudolarex*、明党参属 *Changium*、象鼻兰属 *Nethodoritis*、独花兰属 *Changniaenia*、白穗花属 *Speirantha*、青钱柳属 *Cyclocarya*、香果树属 *Emmenopterys*、杜仲属 *Eucommia*、牛鼻栓属 *Fortenearia*、山拐枣属 *Poliothyrsis*、青檀属 *Pteroceltis* 等 16 属;寡种特有属(2~5 种)有车前紫草属 *Sinojahnstonia*、瘿椒树属 *Tapiscia*、通脱木属 *Tetrapanax*、盾果草属 *Thyrocarpus* 等 5 属;多种特有属(5 种以上)有秦岭藤属 *Biondia* 和八角莲属 *Dysosma* 等 2 属(上述我国特有的寡种属在本区也仅产 1 种)。本区系中还包含少量的天目山特有种,如天目金粟兰 *Chloranthus tienmushanensis*、天目铁木 *Ostrya rehderiana*、天目朴 *Celtis chekiangensis*、浙江蝎子草 *Girardinia chingiana*、羊角槭 *Acer yangjuechi*、杭蓟 *Cirsium tienmushanicum*、天目贝母 *Fritillaria monantha* 等种。天目山植物种类丰富,具特有属、古老孑遗植物多,科、属均以小型和极小型为主等特点,说明天目山植物区系的古老性和多样性。

三、来源于多种地理成分,具有明显的亚热带特征

吴征镒(1991 年)将我国种子植物的属划分为 15 个分布区类型,除了中亚分布类型以外,其他 14 个类型在天目山都有其代表(见下表)。以北温带分布(116 属)、东亚分布(120 属)和泛热带分布(107 属)占优势。温带性地理成分(9~14 项)占 61.2%,热带地理成分(2~7 项)占 35.7%,体现了亚热带北缘较为明显的温带植物区系的特征。

表 1-1　天目山种子植物的分布区类型

分布区类型	属数	百分比(%)*
1. 世界广布	62	—
2. 泛热带分布	107	16.5
2—1. 热带亚洲—大洋洲和热带美洲间断分布	4	0.6
2—2. 热带亚洲—热带非洲和热带美洲间断分布	5	0.8
3. 热带亚洲和热带美洲间断分布	8	1.2
4. 旧世界热带分布	25	3.8
4—1. 热带亚洲、非洲和大洋洲间断分布	5	0.8
5. 热带亚洲至热带大洋洲分布	24	3.7
6. 热带亚洲至热带非洲分布	19	2.9
6—2. 热带亚洲和东部非洲或马达加斯加间断分布	1	0.2
7. 热带亚洲(印度—马来西亚)分布	25	3.9
7—1. 爪哇(或苏门答腊)、喜马拉雅至华南、西南间断分布	2	0.3
7—2. 热带印度至华南分布	1	0.2
7—3. 缅甸、泰国至华西南分布	1	0.2
7—4. 越南(或中南半岛)至华南(或西南)分布	3	0.5
8. 北温带分布	116	17.9

分布区类型	属数	百分比(%)*
8—2. 北极—高山分布	2	0.3
8—4. 全温带(北温带和南温带间断)分布	32	4.9
8—5. 欧亚和南美温带间断分布	1	0.2
9. 东亚和北美间断分布	65	10
9—1. 东亚和墨西哥间断分布	1	0.2
10. 旧世界温带分布	34	5.2
10—1. 地中海、西亚(或中亚)和东亚间断分布	11	1.7
10—3. 欧亚和南非间断分布	4	0.6
11. 温带亚洲分布	11	1.6
12. 地中海区、西亚至中亚分布	0	0
12—3. 地中海区至亚洲温带—热带、大洋洲和南美间断分布	1	0.2
13. 中亚分布	0	0
14. 东亚分布	56	8.6
14 中国—喜马拉雅分布(SH)	45	6.9
14 中国—日本分布(SJ)	19	2.9
15. 中国特有分布	21	3.2
合　计	711	100.0

* 百分比计算时不包括世界分布的属

第三节　植被类型及其分布

天目山是我国东部中亚热带北缘森林的一个代表地段,地质历史古老,植被保存完好,植被类型丰富。

依据植被群落的种类组成、外貌结构、地理分布等综合特征,对天目山植被进行分类。其中植物种类组成是构成植物群落的主要特征,因此在植被分类时,首先考虑优势种与建群种。并依据《中国植被》的分类单位,划分天目山植被类型时采用群丛、群系和植被型作为主要等级单位,分类结果共计有 8 个植被型 29 个群系。现对主要植被作简单介绍。

一、针叶林

针叶林是天目山森林景观的主要组成部分,其中有常绿的,也有落叶的。

(1)柳杉林(Form. *Cryptomeria japonica* var. *sinensis*):巨大的柳杉群落是天目山最具特色的植被。海拔 300—1200m 都有分布,树高林密,混生面积近 266hm²。林下有典型的阴生植被。

(2)金钱松林(Form. *Pseudolarix amabilis*):金钱松系我国特产,海拔 300—1200m 都有

分布,天目山金钱松长得特别高大雄壮,最高一株达 58m 高,有"冲天树"之称。

(3)马尾松林(Form. *Pinus massoniana*):分布于海拔 800m 以下,分布较广。

(4)黄山松林(Form. *Pinus taiwanensis*):分布于海拔 800m 以上地段,大多与阔叶林混生。一些古树形态奇特,具观赏价值。在海拔 700—900m 之间,有一个马尾松与黄山松过渡区。

(5)杉木林(Form. *Cunninghamia lanceolata*):该群落大多为人工林,主要分布于黄坞里、仰止桥至后山门一带,海拔 300—800m 处。

二、常绿、落叶阔叶混交林

常绿、落叶阔叶混交林是天目山的主要植被,集中分布在低海拔的禅源寺周围和海拔 850—1100m 的地段。植物种类成分丰富,群落结构复杂多样,呈复层林。

(6)浙江楠、细叶青冈、麻栎林(Form. *Phoebe chekiangensis*,*Cyclobalanopsis myrsinaefolia*,*Quercus acutissima*):该群落主要分布于禅源寺前,海拔 330m。主要有浙江楠、麻栎、柳杉、银杏、枫香、细叶青冈、香樟、黄山栾树、榧树等;灌木层有盐肤木、银杏幼苗等。

(7)苦槠、麻栎林(Form. *Castanopsis sclerophylla*,*Quercus acutissima*):分布于白虎山的东坡、东南坡,海拔 450m。主要树种有苦槠、麻栎、枫香、黄连木、化香、杉木等;灌木层有乌药、石楠、茶条械、马银花等。

(8)天目木姜子、交让木林(Form. *Litsea auriculata*,*Daphniphyllum macropodum*):该群落在海拔 900—1100m 处广泛分布。主要树种有天目木姜子、交让木、石栎、蓝果树、青钱柳、香果树等;灌木层有接骨木、金缕梅等。

(9)短柄枹、小叶青冈林(Form. *Quercus serrata* var. *brevipetiolata*,*Cyclobalanopsis gracilis*):该群落在海拔 1000—1100m 的山坡均有分布。主要树种有短柄枹、小叶青冈、交让木、雷公鹅耳枥、大果山胡椒等。

三、常绿阔叶林

常绿阔叶林是天目山的地带性植被,主要分布于 700m 以下,成小片状分布。现状植被中,象鼻山的常绿阔叶林较为典型,林相整齐,保存完好。

(10)青冈、苦槠林(Form. *Cyclobalanopsis glauca*,*Castanopsis sclerophylla*):该群落分布在象鼻山,海拔 230—280m,为成片的半自然林。主要有青冈、苦槠、女贞、柞木等;灌木层有乌饭树、石斑木、柃木等。

(11)青冈、木荷林(Form. *Cyclobalanopsis glauca*,*Schima superba*):主要分布在象鼻山南坡山脊、火焰山麓等地,海拔 270m。主要树种有青冈、木荷、冬青、豹皮樟;灌木层有檵木、山矾、冬青等。

(12)细叶青冈、苦槠林(Form. *Cyclobalanopsis myrsinaefolia*,*Castanopsis sclerophylla*):该群落分布普遍,但受人为影响较大,白虎山与青龙山呈残存分布。主要树种有细叶青冈、苦槠、樟树、枫香、榉树、毛竹等,总盖度 85%。因毛竹的入侵,造成阔叶林逆向演替。

(13)石楠、紫楠林(Form. *Lithocarpus glaber*,*Phoebe sheareri*):分布于天目山南坡海拔 600—800m 的沟谷地带。主要树种有石楠、紫楠、榧树、冬青、毛竹、枫香等,灌木层有紫楠、华箬竹、中国绣球等。

(14)交让木、青冈林(Form. *Daphniphyllum macropodum*,*Cyclobalanopsis glauca*):分

布于三里亭与七里亭之间海拔 630—870m 地段，多呈分散的、不连续的分布。主要树种有交让木、青冈、小叶青冈、缺萼枫香等，灌木层有野鸦椿、接骨木、隔药柃等。

四、落叶阔叶林

落叶阔叶林是天目山中亚热带向北亚热带过渡性植被，主要分布于海拔 1100—1380m 处。林木主干粗短、多分叉，树高在 10~15m 左右。

（15）白栎、锥栗林（Form. *Quercus fabri*，*Castanea henryi*）：分布于火焰山及海拔 750m 以上的山坡。主要树种有白栎、锥栗、茅栗等；灌木层有盐肤木、野鸦椿等。

（16）短柄枹、灯台树林（Form. *Quercus serrata* var. *brevipetiolata*，*Cornus controversa*）：分布于海拔 1250—1350m 地段。主要树种有短柄枹、灯台树、茅栗、川榛、天目槭、四照花、黄山松等。乔木层盖度较小，灌木层发达，盖度大。

（17）领春木林（Form. *Euptelea pleiospermum*）：该群落为天目山特色群落。海拔 1200m 处及西关水库以上沟谷里，有成片的领春木分布。主要树种有领春木、化香、柘树、蜡瓣花、紫茎等。

五、落叶矮林

落叶矮林是天目山的山顶植被，地处海拔 1380m 以上。由于海拔高、气温低、风力大、雾霜多等因素影响，树干弯曲，低矮丛生，偏冠呈灌木状，故另列一类称落叶矮林。

（18）天目琼花、毛山荆子群落（Form. *Viburnum opulus* var. *calvescens*，*Malus mandshurica*）：位于仙人顶西侧。主要树种有天目琼花、毛山荆子、三桠乌药、四照花、黄山溲疏、中国绣球、野珠兰等植物。

六、竹林

中亚热带为竹林的分布中心。天目山竹林主要为毛竹林，此外有阔叶箬竹、石竹林等，而村落附近有人工早竹林、高节竹林和哺鸡竹林。

（19）毛竹林（Form. *Phyllostachys edulis*）：多为人工林。成片分布于太子庵、青龙山、黄坞里、东坞坪，海拔 350—900m，群落外貌整齐，结构单一，成单层水平郁闭。主要混生树种有苦槠、细叶青冈、榉树、枫香等，林下灌木较少。

第四节　珍稀濒危植物

天目山植物中，列入 1999 年国务院批准公布的《国家重点保护野生植物名录》（第一批）的国家重点保护野生植物有 17 种，其中一级保护的 3 种，二级保护的 14 种。此外，被列入 1991 国家环保局与中科院植物所合著的《中国植物红皮书》的珍稀濒危植物有 16 种（不计与上重复的种类）；《浙江植物志》总论卷和《浙江珍稀濒危植物》二书建议列入国家保护或省级保护的有 35 种。它们大部分已被列入即将公布的国家重点保护植物第二批名录中。

一、列入国家重点保护野生植物名录(第一批)的珍稀濒危植物

(一)一级保护植物

1. 银杏 *Ginkgo biloba*:银杏科。中生代孑遗植物,海拔 300—1200m 有野生银杏存在,为世界银杏原产地之一。

2. 南方红豆杉 *Taxus wallichiana* var. *mairei*:红豆杉科。低海拔处有零星野生。

3. 天目铁木 *Ostrya rehderiana*:桦木科。为天目山特有种,有"地球独生子"之称。分布于海拔 260m 处,因毁林种植经济作物,野生大树仅存 5 株。

(二)二级保护植物

4. 金钱松 *Pseudolarix amabilis*:松科。海拔 300—1200m 天然分布,为我国特有植物,著名园林观赏树。

5. 榧树 *Torreya grandis*:红豆杉科。海拔 800m 以下分布广泛,数量较多。

6. 榉树 *Zelkova schneideriana*:榆科。海拔 800 m 以下林中常见。

7. 野荞麦 *Fagopyrum dibotrys*:蓼科。禅源寺周围有数小片分布,数量不多。

8. 连香树 *Cercidiphyllum japonicum*:连香树科。单种属,为心皮分离的古老孑遗植物。三里亭、地藏殿、轿子石、仙人顶北坡大湾均有分布,数量稀少。

9. 鹅掌楸 *Liriodendron chinense*:木兰科。天目大峡谷600m 左右有野生分布。

10. 凹叶厚朴 *Magnolia officinalis* ssp. *biloba*:木兰科。横坞、西坞、老殿后、横塘等处有分布,数量稀少,因遭采药剥皮破坏,现存植株多为树桩萌生。

11. 樟树 *Cinnamomum camphora*:樟科。禅源寺前后低海拔有古老大树。

12. 浙江楠 *Phoebe chekiangensis*:樟科。禅源寺前后及青龙、白虎山上有小片分布,种群数量和面积在不断扩大。

13. 黄山梅 *Kirengeshoma palmata*:虎耳草科。仙人顶北坡宝剑石和剪刀凹有分布。

14. 野大豆 *Glycine soja*:豆科。禅源寺周围路边荒地上有分布。

15. 花榈木 *Ormosia henryi*:豆科。天目山林中有零星野生。

16. 羊角槭 *Acer yangjuechi*:槭树科。天目山特有种。海拔 900m 的曲湾里有野生分布,结果大树仅 1 株。

17. 香果树 *Emmemopterys henryi*:茜草科。老殿、曲湾、西关等地有零星分布。

二、列入《中国植物红皮书》的珍稀植物

1. 青檀 *Pteroceltis tatarinowii*:榆科。我国特产,大有和老庵有小片分布。

2. 领春木 *Euptelea pleiosperma*:领春木科。仙人顶北坡宝剑石 900—1400m 有分布,数量较多,因采伐烧炭,多由树桩萌生。

3. 短萼黄连 *Coptis chinensis* var. *brevisepala*:毛茛科。新茅蓬和千亩田有分布。

4. 天目木兰 *Magnolia amoena*:木兰科。外曲湾、三里亭、五里亭有分布,数量不多。

5. 黄山木兰 *Magnolia cylindrica*:木兰科。七里亭、老殿、里横塘有分布。

6. 小花木兰 *Magnolia sieboidii*:木兰科。天目山老殿有分布,数量稀少。

7. 天目木姜子 *Litsea auriculata*:樟科。开山老殿、太子峰、外曲湾有古老大树。

8. 杜仲 *Eucommia ulmoides*:杜仲科。为单种科、属植物。曲湾和五里亭有野生。

9. 黄山花楸 *Sorbus amabilis*:蔷薇科。仙人顶北坡有分布。

10. 瘿椒树 *Tapiscia sinensis*：省沽油科。东坞坪、外曲湾有古老大树。

11. 明党参 *Changium smyrnioides*：伞形科。为单种属植物。交口村和火焰山有分布。

12. 短穗竹 *Brachystachyum densiflorus*：禾本科。老殿前后附近都有分布。

13. 金刚大 *Croomia japonica*：百部科。五里亭以上至仙人顶下均有分布。

14. 延龄草 *Trilium tschonoskii*：百合科。仙人顶北坡有分布。

15. 独花兰 *Changnienia amoena*：兰科。属单种属。西关和开山老殿有分布。

16. 天麻 *Gastrodia elata*：兰科。老殿后、大横路、横塘有分布。

三、列入《浙江植物志》(总论卷)和《浙江珍稀濒危植物》的珍稀植物

章绍尧、丁炳扬主编的《浙江植物志》总论卷中提出建议列入国家或省级保护的有 14 种：青钱柳、支柱蓼、孩儿参、驴蹄草、二色五味子、白花土元胡、牛鼻栓、鸡麻、山拐枣、蓝果树、日本假牛繁缕、大叶三七、天目贝母。

张若蕙主编的《浙江珍稀濒危植物》中建议列入保护的有 27 种：青钱柳、华西枫杨、黄山栎、天目朴、獐耳细辛、草芍药、猫儿屎、乳源木莲、二色五味子、香桂、白耳菜、牛鼻栓、钝叶蔷薇、秃叶黄皮树、顶花板凳果、安徽槭、天目槭、天目瑞香(倒卵叶瑞香)、日本假牛繁缕、刺楸、大叶三七、天目贝母、七叶一枝花、白穗花、延龄草、扇脉杓兰。

上述珍稀濒危植物以及以柳杉林为主的特色森林植被是天目山自然保护区的重要保护对象。

第五节 古树名木

天目山历史上曾为道教、儒教、佛教圣地，森林资源得到呵护，僧侣们不仅护林，还不断造林，使天目山成为一个不可多得的珍稀古木荟萃之地。其古老森林呈现"高、大、古、稀、多、美"的特点，有"进入天目山，宛若进入第三纪森林"之说。

天目山古树资源丰富。据 2002—2003 年实测，自然保护区内有百年以上古树 5511 株，隶属 43 科 73 属 100 种。按国家规定，树龄在 500 年以上的为一级古树，300～500 年的为二级古树，100～300 年为三级古树，则天目山现有一级古树 566 株，二级古树 1889 株，三级古树 3059 株。

1. 银杏：银杏科，银杏为中生代孑遗植物，被喻为"活化石"，西天目山为最早确认的野生状态银杏产地。有百年以上古树 262 株，分布于海拔 1200m 以下混交林中。最大一株在狮子口路旁，高 30m，胸径 1.23m。最古一株在开山老殿下方，世世代代萌发出大小 22 支，谓"五代同堂"。

2. 金钱松：松科，我国特有单种属。有百年以上古树 307 株。胸径 1m 以上的大树 12 株。最高一株在开山老殿下方，高 58m，胸径 1.07m，是我省最高的树木，被称为"冲天树"。最大的 1 株高 52m，胸径 1.16m。

3. 黄山松：松科，有百年以上古树 844 株，主要分布于海拔 800m 以上的混交林中，最大 1 株在老殿上，高 16m，胸径 97cm。

4. 柳杉：杉科，柳杉林是西天目山最具特色的森林植被，也是重要保护对象之一。有百年以上古树 2032 株，主要分布于海拔 300—1150m 的混交林中，其中胸径超过 2m 的有 12 株，位

于普同塔附近的一株柳杉树高 26m，胸径 2.33m，材积 43m³，被乾隆皇帝封为"大树王"。虽在本世纪 30 年代死亡，但现在仍屹立着，每年有成千上万人来瞻仰。现存活的最大 1 株在三祖塔右侧，高 48m，胸径 2.26m，材积 81.8m³。

5. 杉木：杉科，有百年以上古树 128 株，太白吟诗石下有 1 株古树，高约 34m，胸径 1.02m。

6. 圆柏：柏科，有百年以上古树 5 株，禅源寺前有株圆柏，高 24m，胸径 68cm。

7. 短叶罗汉松：罗汉松科，禅源寺中有一株古树，据传为寺院初建时所栽，见证着寺院的兴衰。

8. 榧树：红豆杉科，有百年以上古树 290 株，黄坞里有 1 株古树，高 20m，胸径 1.13m。

9. 响叶杨：杨柳科，有百年以上古树 90 株，主要分布于海拔 500m 以下的混交林中，最大 1 株在青龙山西坡，高 30m，胸径 85cm。

10. 天目铁木：桦木科，由秦仁昌先生采集，陈焕镛先生于 1927 年命名的天目铁木是采自西天目山的第一个植物模式标本。一直以来仅在周基坦发现一株胸径 80cm 的大树，被誉为"地球独生子"。直到 80 年代，才在不远处又发现 4 株古树。

11. 麻栎：壳斗科，有百年以上古树 141 株，主要分布于海拔 500m 以下的山谷混交林中，最大 1 株在禅源寺前，高 41m，胸径 1.57m。

12. 细叶青冈：壳斗科，有百年以上古树 28 株，主要分布于海拔 900m 以下的山谷混交林中，最大 1 株在青龙山西坡，高 39m，胸径 1.03m。

13. 榉树：榆科，有百年以上古树 28 株，主要分布于海拔 600m 以下的山谷混交林中，最大 1 株在禅源寺前苗圃中，高 40m，胸径 1.08m。

14. 红果榆：榆科，有百年以上古树 6 株，主要分布于海拔 300m 左右的山谷混交林中，最大 1 株在黄坞口，高 24m，胸径 1.10m。

15. 玉兰：木兰科，有百年以上古树 17 株，主要分布于海拔 300—1100m 的山谷混交林中，最大 1 株在禅源寺前，高 22m，胸径 69cm。

16. 天目木姜子：樟科，有百年以上古树 56 株，主要分布于海拔 900m 以上的山谷混交林中，最大一株在狮子尾巴附近，高 18m，胸径 88cm。

17. 枫香：金缕梅科，有百年以上古树 131 株，分布于海拔 800m 以下的山谷混交林中，最大的 1 株在南苑附近，高 36m，胸径 126cm。

18. 缺萼枫香：金缕梅科，有百年以上古树 253 株，分布于海拔 800m 以上的山谷混交林中，最大的 1 株在七里亭附近，高 36m，胸径 124cm。

19. 蓝果树：蓝果树科，有百年以上古树 58 株，最大的 1 株在七里亭附近，高 22m，胸径 96cm。

天目山古树特有、珍稀种类多。古树中的银杏、金钱松、杉木、榧树、枫香、青钱柳、蓝果树、糙叶树、天目木姜子等都属于第三纪孑遗树种，它们是天目山古老森林的代表。其中天目铁木、羊角槭为天目山特有的珍稀名木；金钱松、香果树、榧树、榉树、银杏、浙江楠等为我国特有的珍稀种类。被列入《国家重点保护野生植物名录》（第一批）的古树有银杏、天目铁木、羊角槭、金钱松、香果树、香樟、榧树、榉树、浙江楠等 9 种，占天目山古树种数的 9%。由此，也说明了天目山古树种群的特有性、原始性和珍稀性。

天目山古树历经沧桑巨变，记载了千百年来气候、地理、自然环境的演变过程，是一部活生生的自然科学史，对于探索物种起源、古气候的变化等具有十分重要的科研价值。同时，古树是一种读不完的文化，树体不仅苍劲有力，而且千姿百态，有一树一景之说，极具观赏价值，吸引着越来越多的大自然亲近者,成为天目山生态旅游的重要资源之一,是天目山生态旅游的"亮点"与"卖点"。天目山有名的古树景点有"大树王"——柳杉、"五世同堂"——野银杏、"冲天树"——金钱松、"地球独生子"——天目铁木,以及"翔凤林"、"夫妻树"、"连理树"、"兄弟树"、"姊妹树"、"三口之家"、"五子登科"、"子孙满堂"等等,堪称古树奇观。

　　总之,天目山丰富的古树资源是大自然留给我们的珍贵自然与文化遗产,是活"文物"。科学保护和合理利用它们是功在当代、利在千秋的大事。

第二章 植物学野外实习的组织与实施

野外实习是植物学教学的重要环节,由于是在野外这个大课堂中进行,且时间短而集中,因而与课堂和实验室教学有很大不同。要想在较短的时间内取得最佳的效果,必须事先做好非常充足的准备,要从实习的目的与要求、地点与时间、内容和方法、组织与实施、考核和注意事项等诸方面进行全方位的考虑和准备。

第一节 实习的目的和要求

一、实习的目的

植物学野外实习的目的是:①复习、巩固和验证所学的植物学基本理论和基本知识,同时进一步扩大和丰富学生的植物学知识;②用辩证唯物主义观点观察丰富多彩的植物世界,了解植物的形态、习性、种类、用途的多样性,激发学生学习的积极性;③理论联系实际,通过自主性学习和研究性学习培养学生的独立工作能力和创新意识;④培养学生不怕困难、吃苦耐劳的好作风,以及热爱祖国的山山水水、珍惜大自然一草一木的良好素质与情感;⑤增强集体主义观念,弘扬团队精神,促进学生之间和师生之间的相互了解和沟通。

二、实习的要求

在一至两周时间的野外实习期间,要求每个学生做到下列几个方面:

1. 初步掌握植物分类学和植物资源学野外调查的基本方法和步骤,熟悉野外调查的工具及使用方法。

2. 掌握植物腊叶标本的采集、记录和制作方法。每组视实习时间长短采集并制作100～400份合格的腊叶标本。

3. 掌握植物分类检索表、植物志、植物图鉴等工具书的特点和使用方法,并利用它们对所采集的植物标本予以科学鉴定,写出所属的科、属、种的学名。分小组按系统编写出植物名录。

4. 通过鉴定及老师辅导,能正确识别150～400种植物,并归纳30～40个重点科的主要特征。

5. 了解植物与环境的相互关系,植物和植被分布的规律性,熟悉资源植物的经济用途。

第二节 实习的组织与实施

实习过程中,实习的组织实施十分重要,有了好的组织实施,教师和学生才能安心于实习工作,更好地完成野外实习所要求的各项任务。实习前要制定具体的野外实习计划,包括领队教师、业务指导教师名单,野外实习日程具体安排,实习设备和工具准备,交通和食宿的安排等。带队教师还要告诉学生应带哪些学习、生活用品,并强调实习纪律及交代野外实习安全方面的注意事项。

一、实习地点的选择

实习地点的选择应遵循以下几条原则:①植物种类丰富,区系成分复杂;②植被类型多样,垂直分布明显;③有关自然和社会资料充实;④交通方便,生活设施完备;⑤已与有关学校建立教学基地共建关系。根据上述原则,天目山国家级自然保护区无疑是一理想的实习场所。

二、实习时间的确定

亚热带地区四季分明,植物物候期差异显著。选择实习时间应考虑气候、植物花果期和住宿房价等因素。一年中较理想的 3 个时段是:①5 月中旬至 6 月上旬,这段时间开花的植物多,春雨已过而梅雨未至,而且时值旅游淡季房价较便宜;缺点是相关内容还未在课堂教学中讲解。②7 月中旬至 8 月上旬,正值许多学校设立的短学期,这时梅雨季节已过,天气晴好,植物叶的形态已基本定型,挂果植物多;缺点是正值避暑旅游旺季,住宿房价会较高,又是三伏天高温季节,对师生的身体是一个严峻的考验。③10 月下旬至 11 月上旬,秋高气爽,一年中的第二个植物开花高峰,多数植物已停止生长,秋色叶植物已开始呈现缤纷的色彩,果实已充分成熟,植物体含水量低而易于压制标本;缺点是旅游旺季未过,且课堂教学也未完成相关内容。

三、实习的组织

搞好野外实习,组织工作至关重要,在此建议落实好以下几项工作:

1. 建立实习领导小组。由学院或学科领导、指导教师及学生辅导员、后勤人员和医务工作者各 1 人组成。野外实习的过程,既是一个教学过程,又是一个实践过程。它所涉及的知识范围广泛,内容繁杂,且有时正值高温多雨季节,工作、学习、生活条件都比较艰苦,故一定要选一位具有丰富的教学经验,业务过硬,并且具备一定组织管理能力,思想作风好的教师作为野外实习的领队,并选若干名具有较高分类学水平,任劳任怨的专业教师担任业务指导教师。如果参加实习的学生数量多,实习基地又远离学校,则还需派 1～2 位专管学生和后勤工作的同志(一般由学生辅导员、院系机关工作人员担任),以负责实习期间学生的组织管理、车船票的预定、食宿安排等事宜。有条件的还应由校医院配备随队医生 1 名,负责常见易发病和动植物致毒的医疗,以及意外创伤的包扎及救护。此项工作也可由负责后勤工作的同志兼任。

2. 划分实习组。为了更好地开展野外教学活动,根据实习师资配备情况,整个实习队宜分成 10～20 人的实习组,每组由一位教师指导。每组设组长 1 名,副组长 1～2 名,负责实习的日常事务,调动每位组员的积极性,配合指导教师落实学习和生活的各项工作。

四、实习和生活用品准备

野外实习常规用品和资料是不可缺少的,因为这是保证实习顺利进行的必备条件,各实习小组和个人必须认真作好准备。

1. 小组需带的用品:《浙江植物志》(1 套)、采集箱(2～5 只)、标本夹 2～4 副(1 副夹瓦楞纸,其余夹足够吸水纸)、枝剪(2～5 把)、采集记录簿(2～4 本)、标本号牌(5～10 扎)。

2.个人需带的学习和生活用品:《天目山植物学实习手册》、《植物学》教科书、植物志或图鉴(向图书馆借,每人至少 1 本)、笔记本、放大镜、解剖针或镊子等实习用品,球鞋、长衣长裤、雨具、太阳帽等生活用品,以及防治中暑腹泻、感冒、过敏、出血、蛇虫伤害等的药品。

3.实习队统一准备的用品:标本干燥器(每组 1 台)、多媒体投影仪、数码相机、摄像机、海拔仪、全球卫星定位仪(GPS)等。

第三节　实习的考核

植物学实习的考核也是实习过程中的一个重要环节,它是对野外实习内容的总结和实习质量的检验。实习的考核形式与实习的内容和组织方式密切相关。根据近年来在天目山地区实习的部分高校的具体实习情况,学生植物学实习的成绩可以采取综合测评的办法(图 1)。这种实习考核便于综合体现实习过程中学生的个人表现与小组表现,便于检测学生知识、技能的掌握与素质、能力的培养,同时也便于体现野外实习测评成绩的客观真实与公平公正。主要的考核内容包括植物标本的制作、植物识别考试、专题小论文写作、实习报告或实习日志的撰写等,根据学校的性质、实习时间的长短和实习的侧重点不同,也可以从中选其一或其二。此外,也可适当举行有关天目山地区植物知识的趣味竞赛或结合实习在当地开展一些社会实践活动。在图 1 中,学生的实习成绩,应该主要以撰写实习报告、植物识别考试和撰写专题报告为主,每项可以分别占到 25%～30%左右,而学生实习期间的表现以及学生的实习心得体会等,所占比例较小,一般可以为 5%～10%。

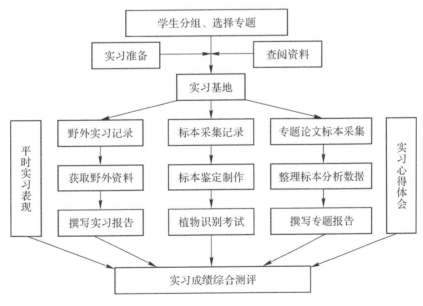

图 2-1　野外实习学生成绩综合测评

一、植物标本考核

主要考核植物标本采集的数量和质量,包括记录是否齐全规范、标本是否干燥并保持较好的色泽、是否具花果或重要鉴别特征的器官、是否平整而完好等。如雌雄异株的植物是否同时采集,植物的花色、花的内部结构和植物体有无乳汁及颜色或气味等是否记录完整。此考核的目的在于考查学生采集不同类型的植物标本是否规范、野外观察和描述植物特征的能力,以及对植物标本制作方法的掌握情况。

二、植物识别考试

一般采用让学生识别植物新鲜标本的方法进行,即写出每种植物的种名和所属的科名。即从实习期间,学生所接触的所有植物中,有目的地选出50种植物,均采用临时采集的新鲜标本让学生辨认,并要求从中选择10种植物编写分种检索表。也可以以小组为单位要求学生在规定的时间内从实习驻地附近采集不少于30科的50种植物,其中所采集的植物特征应明显。此考核的目的在于考查学生对分类检索表的理解和使用,对常见植物科属主要特征的掌握,以及在野外识别不同植物类群的能力。

三、专题论文及实习报告的撰写

(一)专题论文写作

学生在实习中发现一些有意思的现象时,可以进行独立思考,作一番深入的观察和探索,例如见到许多羽状复叶的植物分别属于不同的科,如何去识别它们;叶对生的植物、草本开花植物、某一大科的植物,如何抓住特征,迅速鉴别等等。实习过程中有的同学还有想进一步了解的问题,渴望有一个放手让自己探索大自然的机会,例如环境和植物的分布之间究竟有什么规律;实习基地有哪些药用植物、淀粉植物、芳香植物、纤维植物等等;茎的缠绕性和日出日落的关系;薜荔隐头花序的授粉与昆虫的关系;食虫植物是如何捕食昆虫的等等。通过小论文,可以使学生更深入地去思考问题,同时也可以加深对植物的兴趣和印象。写专题小论文要有以下几个程序:

1. 确定题目:题目应是自己感兴趣而又有能力解决的,发现问题是解决问题的开始。我们要从确定题目开始,培养自己观察、分析和思考的能力。

2. 收集资料:确定题目后就要广泛收集资料,包括实物标本、生态环境、文字资料等。

3. 观察、实验及思考:从各种事物的对比中找出规律性的东西。

4. 撰写:通常包括后面几个内容(前言——有什么问题需要解决;材料和方法——做什么、怎样做;结果和讨论——得到了什么结果或有什么发现;参考文献)。

通过专题小论文的写作,可以充分发挥学生的主观能动性,培养独立开展研究工作的能力,并可汲取更多更广泛的知识,在创造性的探索中进一步提高自己。这里给出一些小论文题目供参考:天目山习见的蕨类植物、天目山藤本植物调查、天目山有刺植物的种类与识别、天目山带动物名的植物、天目山具羽状复叶植物的鉴别、天目山菊科植物的种类与分布特点、天目山阴生植物的观察、天目山野生花卉资源调查、天目山野生蔬菜种质资源、天目山常见药用植物的识别、天目山有油腺点的植物调查、天目山随人和动物传播植物的种类及其机制、天目植物名称趣谈、不同生境中植物种类的比较、标本制作中容易变色或落叶的植物、天目山民间植物资源利用情况的调查、易于混淆难以区别的几种植物的识别要点等等。

当然,也可以结合实习指导教师的科研课题,从中选取部分内容开展专题研究,如对天目山银杏光合生理日变化的研究,对天目山银杏群落结构与更新类型的研究,对天目山秋季具蜜腺植物的解剖等。

（二）实习报告撰写

实习报告是实习工作的书面总结，可以反映本次实习所取得的成果，一般由实习小组或个人撰写，在实习结束后交给老师，作为评定学生实习成绩的重要依据。内容通常是将本次所采的植物种类编制成一个植物名录，也可以是调查过的某类资源植物的名录，编写的植物名录要求格式规范、排列有序。大体内容为：(1)前言：调查的目的意义；前人的工作基础；(2)实习地的自然与社会概况；(3)调查的方法、路线及时间；(4)调查结果：植物名录，资源分类与分析，重要植物列举；(5)开发利用及保护等方面的意见或建议；(6)参考文献。

此外，实习报告也可以采用实习日志的形式，简要介绍实习过程中每日的所作所为、所见所闻和所思所想。这样，形式上格调清新，内容上生动活泼，更符合当前大学生独立思考、热情奔放、张扬个性的性格特征。实习日志中也可以就实习中的某一个小问题展开调查或讨论，如有学生发现采集的黄连木 *Pistacia chinensis* 标本，叶为奇数羽状复叶，尽管叶的着生方式、小叶形状、叶基和叶缘形态等特征均与书本记载相同，由于所参考的工具书《安徽植物志》（第三卷 P297）和《江苏植物志》（下册 P431）都只描述其叶为偶数羽状复叶，尤其是《江苏植物志》将"双数羽状复叶"作为鉴别性的特征加上着重号，因此实习小组内有的学生感到较为困惑，难以鉴定。经过广泛的标本采集和大量细致的野外观察，同时结合《中国植物志》等专业文献的查阅，最后发现该植物确实为黄连木。

要想写出内容丰富并有新意的专题论文、实习报告或实习日志，对实习学生和指导教师都是较高的要求。但是通过这种形式，不仅可以促进学生对野外实习期间所学知识与技能的归纳与总结，而且有助于培养实习学生的团队协作精神，提高他们的学习和创新能力，并为学生科研素质的提升奠定坚实的基础。

第四节　实习的注意事项

实习的整个过程都是在校外进行的，因此各种突发和意外事件比在学校里更易发生，尤其是安全问题，始终是野外实习的重中之重，实习前教师要反复强调安全问题，使学生牢记安全注意事项。

1. 实习前必须作好各方面的准备。特别是必要的学习和生活用品。

2. 实习中最重要的问题之一是人身安全。野外活动中要防止毒蛇、山蚂蟥、毒蜂和野兽等的伤害，在险要的地段更要小心谨慎，不能下水游泳，晚上不能单独外出。服从安排、严格遵守纪律是确保安全的前提。

3. 每个同学要明确实习的目的，始终把实习活动放在中心地位，把好奇心集中于对植物世界的探索。野外实习既新奇又艰苦，是磨炼意志品质，培养吃苦耐劳精神的大好机会，希望同学们好好珍惜。实习期间应遵守作息时间，做到劳逸结合。

4. 压制标本既费时间又较枯燥，但它是实习的中心工作之一，人人都必须参加，绝不可对这项工作产生厌烦情绪和轻视态度。压制标本看似简单，但要制作出高质量的标本，既要一丝不苟，又要掌握许多技巧，压制标本是植物学课程应掌握的重要基本功之一。

5. 讲文明、有礼貌。发扬互助友爱、尊师爱生的精神；与实习地各单位和兄弟院校搞好关系，时时处处体现新一代大学生的良好风貌和素质。

6. 遵守自然保护区的有关规章制度，爱护保护区的一草一木，不在保护区核心区和缓冲区采集,不在竹木上刻画。增强环保意识,不乱扔垃圾。

附:天目山自然保护区管理局制订的学生实习须知

1. 遵守自然保护区的法律法规:《中华人民共和国自然保护区条例》、《中华人民共和国森林和野生动物类型自然保护区管理办法》、《浙江天目山国家级自然保护区科研与教学实习管理办法》等。

2. 严禁在学生实习专区外采集标本。天目山保护区分核心区、缓冲区与实验区等功能区,并在实验区内设有教学实习专区(专区范围:太子庵—进山门—树木园—留椿屋—红庙一线以南),学生采集标本应严格控制在实习专区内进行。

3. 严禁掠夺式的取枝、挖药等现象发生。进区实习的学生应爱护生物多样性,只准适量采集非珍稀保护生物的标本,并以不破坏木本植物景观及草本植物生态种群为原则。

4. 严禁采集珍稀的动物及一些大型的动物种类。鸟类、兽类及珍稀的(包括列入国家重点保护的种类及浙江省重点保护的种类)两栖类、爬行类、昆虫类等只能作野外观察记录。

5. 严禁有碍环境保护的事件发生。野外不准用火;不随地扔垃圾;不戏弄野生动物;不乱采野花;不破坏景点建筑等。

6. 必须具备良好的实习学风。野外实习时,应认真观察、记录、听讲,真正树立尊敬师长、勤奋好学、团结互助、不怕吃苦的良好实习作风,圆满完成教学实习任务。

7. 提交综合实习报告。在教学实习结束时,必须向保护区管理局提交本次实习报告,内容包括教学实习的实际开展情况,采集的标本目录和数量、实习中遇到的问题及对保护区的建议等。

第五节　野外安全防范常识

一、水火事故预防

1. 室外尤其是进入保护区后严禁用火,不得抽烟及进行烧烤等户外用火活动,以免引起火灾。如遇山火,切勿惊慌失措,应在老师指导下开展自救,有序撤离。

2. 不得到山塘水库游泳,雨后沟谷常有山洪,水凉流急,千万不要靠近水边,更不得下河嬉水。如遇水流较大,且不得不过河时,必须在带队老师组织指导下方可。

二、摔伤割破自救

实习过程中要有序前行,不得拥挤嬉闹,在山路狭窄陡峭处尤应注意,并需注意滚石伤人。阴雨天气,特别要注意路滑,不要随意攀岩爬树等。同学之间要相互照应。若遇扭伤、挫伤等可用伤湿膏等贴敷患处,严重者需送医院救治。

若被锋利物品如五节芒叶片、竹桩、利石等划破皮肤而引起外伤出血时,可用苯扎氯铵贴(俗称创可贴)止血,也可就近利用中草药止血,如檵木的花瓣、叶片或紫珠类的叶片嚼烂敷于伤口处,野外出鼻血时也可用此法止血。

三、有毒动物防治

1. 毒蛇

据调查资料,天目山主要有眼镜蛇、蝮蛇、五步蛇(蕲蛇)、丽纹蛇、山烙铁头、烙铁头、竹叶青等7种毒蛇。

防治:上山时注意鞋裤穿着要有防护效果,带上蛇药,走路时可用木棍打草惊蛇,采标本时需注意观察,尤其是在阴湿处,发现毒蛇时原则上不能打死,只能赶跑。万一被毒蛇咬伤,一是不要惊慌乱跑,应设法辨别蛇的种类,以便对症救治;二是立即进行绑扎、清洗排毒,敷上季德胜蛇药等;三是尽快送医院抢救。

如未带蛇药,也可用草药处理,常用草药有:香茶菜(蛇总管)、半边莲、及己、徐长卿、瓜子金、地耳草、鬼针草、一枝黄花、三叶青、过路黄、豆腐柴、小槐花、天葵、鱼腥草、绶草(盘龙参)、斑叶兰、华重楼(七叶一枝花)、六角莲、天名精、野荞麦、鸭跖草、异叶茴芹、羊乳、滴水珠等,加水捣烂涂敷于伤口四周。

2. 毒蜂

主要有黄蜂、竹蜂和大胡蜂等多种带有毒刺的蜂类。蜂毒的主要有毒成分为蚁酸、神经毒素和组胺等,一旦被毒蜂蜇中,蜇伤部位会出现红、肿、热、痛,还常伴有头痛、发热、恶心、呕吐等全身症状,严重者可出现呼吸循环衰竭,若得不到及时抢救会危及生命。防治要点有:

1)着装应淡雅朴素,不穿花枝招展的衣裙;不使用气味浓郁的香水、发乳等化妆品;自带甜食和含糖饮料应包装严密,密封加盖,以免招来蜂群。

2)一旦发现毒蜂或蜂窝,应尽量避开,切忌招惹,以避免激怒毒蜂而遭攻击。

3)万一被蜇,应迅速将毒刺拔出,并用清洁水或肥皂水反复冲洗伤口,也可用食醋、氨水涂搽被蜇伤的皮肤,用博落回汁液涂搽有特效,严重者需请医生诊治,不要延误。

3. 毒虫

指一些刺蛾类的幼虫及蚂蚁、蝎子、蜈蚣等,或虫茧(其上具毒刺毛),如被毒虫蜇伤,可在清洗伤口后,用清凉油、风油精或氨水等涂抹伤处,民间常用毒虫体液或博落回汁液涂于伤口有奇效,也可就近采用小檗属、十大功劳属植物叶片嚼烂外敷;若被虫茧上的毒刺毛刺中,宜用尖头镊子轻轻拔出,并用肥皂水或氨水冲洗,切勿用刀片等刮除,否则将会使刮断的毒毛残留在皮肤内而引起溃烂。

4. 山蚂蝗

山蚂蝗又称山蛭,为软体吸血动物,天目山常见有天目蛭和日本蛭2种。在5—8月份天热多雨时节较常见,通常分布在海拔500米以上,多集中于阴湿处。实习出发前宜将裤管用带子扎紧,在裤管及鞋面四周喷洒驱蚊水或涂抹风油精、清凉油可起到一定预防作用。途中应每隔5~10分钟检查一次,若发现山蚂蝗上身,可用手猛力拍打或采用火烫法驱逐,切勿温柔待之。如已被叮出血,可用创可贴或檵木等止血。另外鞋袜等最好选择淡色的,便于及时发现。对山蚂蝗不必惊慌害怕,因通常不会引起生命危险。

四、有毒植物防治

1. 有毒植物误食

天目山常见的有毒植物有雷公藤、闹羊花、乌头、夹竹桃、醉鱼草、博落回、石蒜、披针叶茴香、泽漆、油桐、芫花、毒蘑菇等,一是注意不要误采作野菜食用,二是不要随意尝试。如发生误食中毒,应采取催吐方法排毒,并尽快送医院抢救。

2. 有毒植物过敏

天目山常见有野漆树、木蜡树、毛漆树藤等,部分人接触后会发生过敏,症状为皮肤红肿、奇痒,严重者会发生溃烂。过敏后应对患处进行清洗,并服用息斯敏等西药,或用民间验方治疗:取新鲜杉木树皮或杠板归全草煎汤熏洗患处,一日三次;或先用细盐揉搓患处,再用节节草捣烂取汁液涂抹;或用氨水涂抹患处以中和毒性。切记不可抓挠患处,以免发生溃烂。

3. 有毒植物蜇伤

通常是荨麻科的一些种类,如浙江蝎子草、艾麻、珠芽艾麻、宽叶荨麻等,其植物体上有螫毛,内含蚁酸、醋酸、酪酸、含氮的酸性物质和特殊的酶等。刺入皮肤即会引起火烧火燎般疼痛,并发生红肿等,可用肥皂水冲洗或在伤处涂抹氨水、碳酸氢钠溶液等解毒。如皮肤痛痒被抓破,可用浓茶或鞣酸湿敷伤口,以防感染。

第三章　植物学野外实习的基础知识和方法

第一节　植物分类的形态学知识

为了更好地鉴别植物,需要掌握一定的植物形态学基本知识。了解植物学形态特征的概念,对准确地识别植物、交流信息都有很大的帮助。现将植物鉴别中所涉及到的一些植物形态学基本知识介绍如下。

一、植物的生活习性

1. 一年生植物:植株当年开花结果后即全株枯死,如马齿苋、香薷、红蓼等。

2. 二年生植物:植株当年只进行营养生长,第二年开花结果后全株死亡,如萝卜、白菜、甜菜等。

3. 多年生植物:生活两年以上的植物。一般木本植物都是多年生植物,而许多草本植物地上部分常在秋天死去,第二年从根部长出茎、叶的也是多年生植物,如麦冬、鸢尾、百合、玉竹、萱草等。

4. 落叶植物:植株的叶子在秋天脱落,第二年再长新叶,如白栎、四照花、野珠兰等。

5. 常绿植物:有的木本植物的叶子冬天不落而保持绿色,如马尾松、猴头杜鹃、石楠等;草本植物中也有常绿的,如阔叶山麦冬等。

6. 寄生植物:不能自养,需寄生在其他植物上,靠寄主提供养分的植物,如菟丝子、槲寄生、列当等。

7. 肉质植物:植物体柔嫩,肉质多汁,水分丰富,如景天科植物等。

二、植物各器官形态

（一）根

根常见的形态见图 3-1。

（1）圆锥状根:如沙参、黄芩、桔梗。

（2）圆柱状根:如黄芪、防风、苦参。

（3）纺锤状根:如萱草、天门冬、石刁柏。

（4）须根:无明显主根,由茎基部或根上部长出许多细长的根,如大部分单子叶植物。

（5）块根:根肥大成块状,形状变化很多,如乌头、薯蓣、番薯等。

（二）茎

1. 地上茎:地上茎通常呈圆柱形,但莎草科多为三角形,唇形科为四棱形,葎草为六棱形。有些植物茎或枝上有附属物,如刺五加、蓬蘽、野蔷薇等枝上都有刺,卫矛枝上有翅（翼）。一些

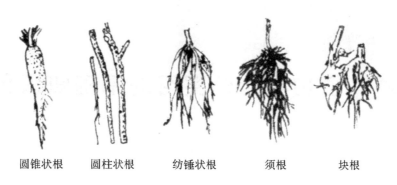

| 圆锥状根 | 圆柱状根 | 纺锤状根 | 须根 | 块根 |

图 3-1 根的形态

草本植物的茎有节,节和节之间称为节间,如禾本科植物。木本植物树皮的颜色、纹理、剥裂、木栓层特点,以及叶痕(叶脱落后留在枝上的疤痕)、皮孔、髓和芽都是识别木本植物的重要依据(图 3-2)。

茎的外形　　　　枝上的刺(玫瑰)　　　　枝上的翅(卫矛)

图 3-2 茎的外形及附属物

常见地上茎的类型有(图 3-3):

(1)直立茎:为最常见的茎,茎直立于地面。

(2)斜升茎:茎分支多,先斜展,后向上直立,如石胡荽。

(3)平卧茎:茎分支多,下部平铺地面,而顶端稍稍上仰,如扁蓄、马齿苋、地锦等。

(4)匍匐茎:茎贴地面生长,节部生不定根,如蛇莓、活血丹等。

(5)缠绕茎:茎细长不能直立,缠绕在别的物体上生长,如牵牛、薯蓣等。

(6)攀缘茎:茎细长不能直立,常借卷须或钩刺等器官攀附他物向上生长,如刺葡萄、栝楼、菝葜、常春藤等。

2.地下茎:生长在地下的变态茎。常见地下茎有(图 3-4)如下几种。

(1)根状茎:外形很像根,通常横走在地下,但有节,节上有鳞片状叶和芽,向下生根,如玉竹、白茅、芦苇、莲等。

(2)鳞茎:茎短缩,外面有多数肥厚或膜质的鳞叶,如百合、贝母、葱等。

(3)块茎:茎肥大,呈块状,有明显的节和芽眼,如马铃薯、延胡索等。

(4)球茎:由根状茎顶端膨大发育而成,具明显的节、节间、鳞叶、顶芽和腋芽,如石蒜、魔芋等。

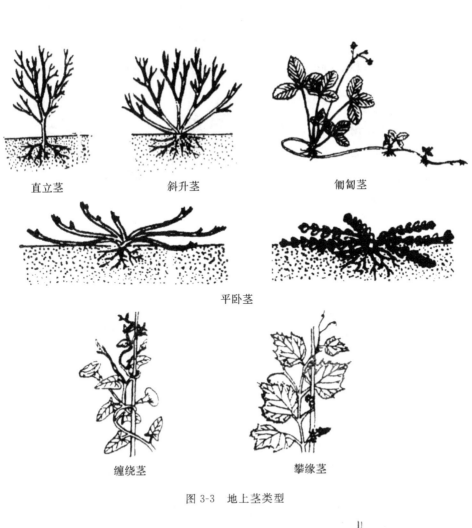

直立茎　　　　　斜升茎　　　　　　匍匐茎

平卧茎

缠绕茎　　　　　　攀缘茎

图 3-3　地上茎类型

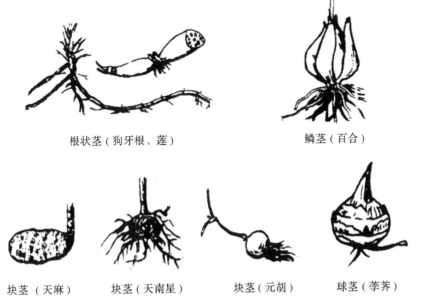

根状茎（狗牙根、莲）　　　　　　鳞茎（百合）

块茎（天麻）　　块茎（天南星）　　块茎（元胡）　　球茎（荸荠）

图 3-4　地下茎类型

（三）叶

叶通常包括叶片、叶柄、托叶三部分（图 3-5）。下面介绍与之相关的一些概念。

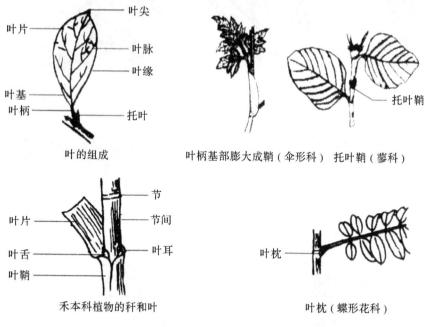

叶的组成　　叶柄基部膨大成鞘（伞形科）　托叶鞘（蓼科）

禾本科植物的秆和叶　　　　叶枕（蝶形花科）

图 3-5　叶的形态特征

1. 叶柄：是叶片与茎连接的部分。叶柄与茎之间的夹角叫叶腋。伞形科植物叶柄基部膨大呈鞘状。蝙蝠葛叶柄生在叶片中间，叫盾状着生。有的植物的叶柄基部膨大，称叶枕，如蝶形花科植物。

2. 托叶：生在叶柄基部两侧，常为一对，其形状变化很大。有的宿存，如龙牙草、栀子；有的早落，如杨、柳；有的托叶合生在一起呈鞘状，叫托叶鞘，如蓼科植物；有的呈叶状，如豌豆属；有的变成卷须，如菝葜属植物。

3. 叶鞘：禾本科等植物的叶常分成两部分，即叶片和包在茎上的叶鞘。

4. 叶片：常呈薄的扁平体，草质或革质。景天科植物叶肉质，多浆汁；常绿木本植物的叶常较厚，坚韧，略似皮革；节节草、天门冬的叶退化呈膜质。

5. 叶脉：叶片中的维管束。叶脉排列形式可分为下列几种（图 3-6）。

羽状网脉　　掌状网脉　　平行脉　　弧形脉

图 3-6　叶脉类型

（1）网状脉：主脉和侧脉有很多分支，在主脉和主脉之间、侧脉和侧脉之间形成纵横交错的网络。网状脉又可分为羽状网脉和掌状网脉。羽状网脉仅有一条主脉，主脉两侧发出很多侧脉，呈羽状，如栎树、樟树等大多数双子叶植物的叶。掌状网脉即由叶片基部发出几条近相等的主脉,主脉两侧发出很多侧脉,如刺葡萄、野桐等。

（2）平行脉:全部叶脉由彼此平行的叶脉组成,由叶基部到顶端,或由主脉到叶缘,没有明显的侧脉,如五节芒、显子草、吉祥草、芭蕉等大多数单子叶植物。

（3）弧形脉:全部叶脉由细的主脉组成,由叶基部到顶端呈弧形,如菝葜、薯蓣等。

6.叶形:叶片形状变化很大,常见类型见图3-7。

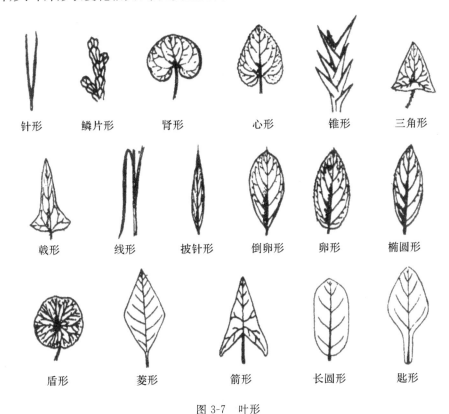

针形　　鳞片形　　肾形　　心形　　锥形　　三角形

戟形　　线形　　披针形　　倒卵形　　卵形　　椭圆形

盾形　　菱形　　箭形　　长圆形　　匙形

图 3-7　叶形

7.叶尖(叶先端):常见类型见图3-8。

钝圆　　渐尖　　急尖　　微凹　　尾尖　　刺尖

图 3-8　叶尖

8.叶缘(叶边缘):常见类型见图3-9。

9.叶基(叶基部):常见类型见图3-10。

10.叶裂:叶片的分裂有以下类型(图3-11)。

浅裂:叶裂深度不超过一侧叶片宽度的1/2。

深裂:叶裂深度超过一侧叶片宽度的1/2。

全裂:叶裂深度几乎达到主脉,形成数个裂片。

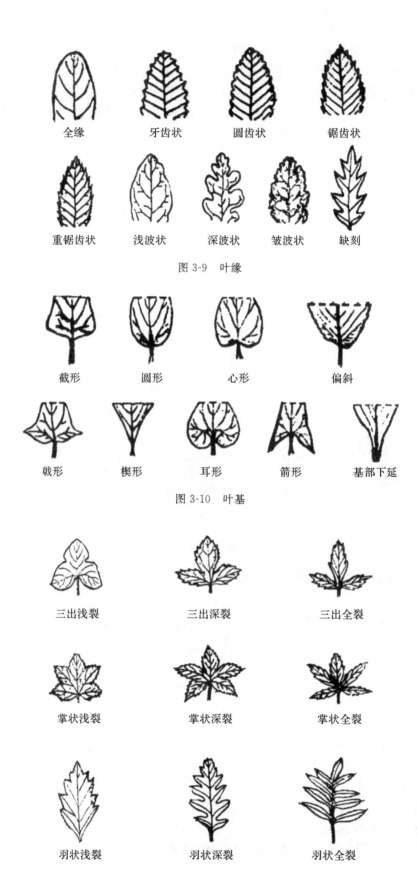

全缘　　　牙齿状　　　圆齿状　　　锯齿状

重锯齿状　　浅波状　　深波状　　皱波状　　缺刻

图 3-9　叶缘

截形　　　圆形　　　心形　　　偏斜

戟形　　　楔形　　　耳形　　　箭形　　　基部下延

图 3-10　叶基

三出浅裂　　　　　三出深裂　　　　　三出全裂

掌状浅裂　　　　　掌状深裂　　　　　掌状全裂

羽状浅裂　　　　　羽状深裂　　　　　羽状全裂

大头状羽裂　　　　　　栉齿状裂　　　　　　鸟足状分裂

一回羽状分裂　　　　二回羽状分裂　　　　三回羽状分裂

图 3-11　叶片的分裂

根据叶脉类型,叶的分裂又可分为:三出浅裂、深裂和全裂,掌状浅裂、深裂和全裂,羽状浅裂、深裂和全裂,另外还有大头状羽裂、栉齿状裂和鸟足状分裂。

叶片分裂成很多裂片,裂片还可以继续分裂。分裂一次的称一回分裂,分裂两次的为二回分裂,以此类推。

11. 单叶和复叶:在一个叶柄上只有一个叶片的叶为单叶,如白栎、杜鹃花、山胡椒等;在一个叶柄上有两个或两个以上叶片的为复叶。复叶的叶柄称总叶柄或叶轴,复叶上的叶片为小叶,其柄叫小叶柄。根据叶脉的类型,复叶可分为三出复叶、掌状复叶和羽状复叶(图3-12),根据分裂的回数又可分为一回复叶、二回复叶和三回复叶。

三出复叶　　　掌状复叶　　奇数羽状复叶　偶数羽状复叶　二回羽状复叶　三回羽状复叶

图 3-12　复叶的类型

12. 叶序:叶在茎枝上排列的规律或顺序叫叶序,叶序的类型见图3-13。

互生　　　　　对生　　　　　轮生　　　　　簇生

图 3-13　叶序

（四）花

花是种子植物的繁殖器官，经传粉受精后结成果实和种子进行繁殖。典型的花包括花萼（萼片的总称）、花冠（花瓣的总称）、雄蕊群（所有雄蕊的总称）、雌蕊群（所有雌蕊的总称）、花托五部分（图3-14）。

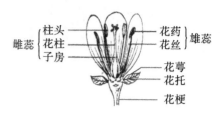

图3-14　花的构成

在一朵花内既有雄蕊又有雌蕊的叫两性花，只有雄蕊的叫雄花，只有雌蕊的叫雌花，也称为单性花。一株植物上有雄花又有雌花的叫雌雄同株，如葫芦科植物；一株植物上仅有雄花或雌花叫雌雄异株，如薯蓣、菝葜。

花一般由以下几部分组成：

1. 花萼和花冠

花萼和花冠合称花被。花萼通常绿色，花瓣多具各种颜色，如黄色、白色、红色、粉红色等，也有的花瓣是绿色的。只有花萼没有花瓣的花称为单被花，如山核桃、榆、马兜铃；既无花萼也无花冠的花称无被花，如杨柳科、禾本科植物。百合、白玉兰等植物的花分不出萼片和花瓣，而且形状都是花瓣状并带有颜色，称为花被花瓣状。

花萼由若干萼片组成。萼片变化很大（图3-15），木兰科植物的萼片呈花瓣状，唇形科的萼片常为二唇形，乌头的萼片呈"盔帽状"，蒲公英的萼片变成毛状（称为冠毛），而鬼针草的冠毛呈刺状，飞燕草的萼片呈漏斗状（称为"距"）。委陵菜、蛇莓及锦葵科植物的萼片外还有一轮萼片，称为"副萼"。党参、沙参的萼片在果实成熟时不脱落，称为萼"宿存"。萼片连合成筒的称为"萼筒"，上部分离的裂片称萼裂片或萼齿。

花冠中，花瓣分离的称为离瓣花，如毛茛、芍药、野豌豆；花瓣连合称为合瓣花，如天目地黄、桂花、一串红。花瓣合生的部分称花冠筒，上部的裂片称为花冠裂片。毛茛和乌头的花瓣具有分泌蜜汁的构造，称为"蜜叶"。延胡索属、堇菜属花瓣上的延伸部分称为"距"（图3-15）。

乌头　　毛茛　　　　紫堇　　　飞燕草　　　楼斗菜
蜜叶　　　　　　　　　　　　带"距"的花

图3-15　花萼及花冠的特化类型

石竹的花瓣下部变窄，称之为花瓣的"爪"。一些合瓣花，下部连成筒，上部平展，平展部分和筒的交界处内侧称为花冠的"喉部"，如附地菜等紫草科植物的花。

植物的花冠形状有很多种，常见的如图3-16所示。

十字花冠、漏斗形花冠、钟形花冠等通过花的中心可以切成两个以上的对称面，这样的花叫做花整齐或花辐射对称；唇形花冠、蝶形花冠只能切成2个对称面，称花两侧对称；而美人蕉的花为不对称花。

2. 雄蕊和雌蕊

雄蕊的数目可以作为鉴别的依据，如毛茛、芍药、白玉兰、蔷薇的雄蕊是多数的，荠菜、薄菜

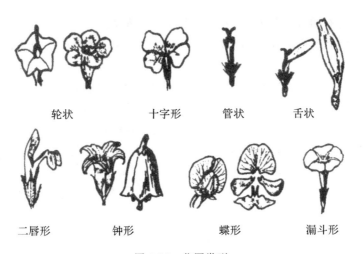

轮状	十字形	管状	舌状

二唇形	钟形	蝶形	漏斗形

图 3-16 花冠类型

为 6 枚,白英为 5 枚,婆婆纳只有 2 枚。锦葵科植物的花丝连合成管,称单体雄蕊;而大多数植物的花丝是分离的,可以排列成一轮,也可以排列成 2 轮或多轮。

雌蕊分三部分,即柱头、花柱和子房。柱头有的不分裂,有的分裂,分裂的柱头在多数情况下,其数目和雌蕊心皮数相等。这一点,在鉴别上不用切开子房就可以看出雌蕊的心皮数。豆科和李亚科植物是由 1 个心皮构成的,十字花科植物由 2 个心皮构成,葫芦科植物由 3 个心皮构成,卫矛科部分植物由 4 个心皮构成,茄科植物为 5 心皮的。心皮有离生的也有合生的,如毛茛、悬钩子、绣线菊的心皮是分离的,龙葵、百合的心皮是连合的。子房中,有的有隔,可以分成几室;有的无隔,只有一室,如报春花科和石竹科仅一室。在多室子房的植物中,子房室数常常和心皮数相等。子房只有基部着生在花托上的叫做子房上位;而子房与花托愈合时,花的其他部分生于子房顶部的称做子房下位(图 3-17)。

下位花(上位子房)	周位花(上位子房)	周位花(半下位子房)	上位花(下位子房)

图 3-17 子房位置

3.花序

花序是花在茎枝上排列的次序。着生花的柄叫花梗。在每个枝顶或叶腋着生一朵花时,称为花单生,但有时其花柄直接从根茎上发出,这时的花梗常称为花葶,如蒲公英、老鸦瓣、麦冬等。当多数花组成花序时,则花序的梗称为总花梗,而着生花的梗称为花梗。生于花或花梗基部的鳞片或叶称为苞片,而生于花序和总梗基部的苞片称为总苞片。常见的花序有以下几种。

(1)无限花序(又称总状类花序):各花的开放顺序是从下往上、从外往里(图 3-18)。

穗状花序:小花无梗,直接生在花序轴上,如车前、绶草等。

荑荑花序:小花无梗,排列形式和穗状花序相同,但花为单性,花轴常下垂,成熟时,整个花序一起脱落,如杨、柳、山核桃的雄花序。

总状花序：小花有明显的花梗，如荠菜等十字花科植物。

肉穗花序：由穗状花序的花序轴增粗形成，有时外包有一种特殊的苞片，称佛焰苞，如天南星科植物。

头状花序：花无梗或近乎无梗，密集在一个头状或盘状的花轴顶部，外面有总苞，这种花序多见于菊科植物中，如蒲公英、小蓟、野菊，但其他科也有出现，如千日红、构树等。头状花序中的花称为小花。菊科的花序分为以下三类：一类花全为管状花的，如艾蒿、刺儿菜、苍术；另一类中间为管状花，周围为舌状花，如紫菀、旋覆花；还有一类全部为舌状花的，如蒲公英、苦荬菜。

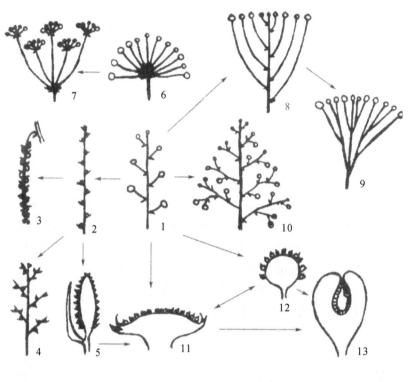

1. 总状花序　　　2. 穗状花序　　　3. 菜荑花序　　　4. 复穗状花序
5. 肉穗花序　　　6. 伞形花序　　　7. 复伞形花序　　8. 伞房花序
9. 复伞房花序　　10. 复总状花序　　11～12. 头状花序　　13. 隐头花序

图 3-18　总状花序类

伞形花序：花梗近等长，都从总花梗顶端发出，花序形如张开的伞，如常春藤、刺五加等植物。

伞房花序：和总状花序相似，但花序轴缩短，上部花的花梗短，下部花的花梗长，使花序在顶端成平面，如梨树、日本绣线菊等。

隐头花序：花序轴顶端膨大，中间凹陷呈囊状，内壁着生许多单性小花，如桑科无花果属的植物。

复总状花序（圆锥花序）：花序轴分支，每个分支为一个总状花序，也就是说多个小总状花序组成一个大的总状花序，如丁香、水稻等。

复伞形花序：如果花序轴上每个分支为一伞形花序，整个花序为一个大的伞形花序，称为复伞形花序，如伞形科植物。复伞形花序基部的苞片为总苞，每个伞形花序基部的苞片称为小总苞。

(2)有限花序(又称聚伞类花序):顶花先开(图 3-19)。

单歧聚伞花序:顶芽成花后,其下只有 1 个侧芽发育成枝,顶端也成花,再依次形成花序。该种花序又分蝎尾状聚伞花序和螺状聚伞花序 2 种,前者如唐菖蒲,后者如附地菜。

二歧聚伞花序:顶芽成花后,其下对生的 2 个侧芽发育成枝,顶端也成花,再依次形成花序,如石竹科植物。

多歧聚伞花序:顶芽成花后,其下有 2 个以上侧芽发育成枝,顶端也成花,再依次形成花序,如大戟属植物。

轮伞花序:二歧聚伞花序着生在对生叶的叶腋中,花梗很短,呈现假的轮状排列,称为轮伞花序,如唇形科植物。

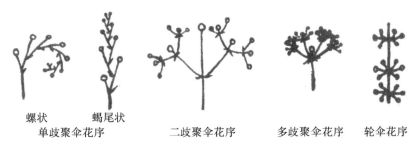

螺状　蝎尾状　二歧聚伞花序　多歧聚伞花序　轮伞花序
单歧聚伞花序

图 3-19　聚伞类花序

(五)果实

果实通常是雌蕊受精后由子房发育而成的。果实的类型多种多样,现在按其性质不同分述如下(图 3-20,图 3-21)。

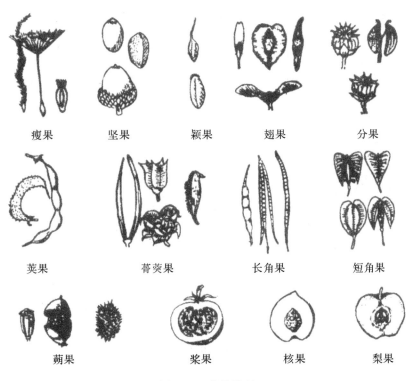

瘦果　　坚果　　颖果　　翅果　　分果

荚果　　　　蓇葖果　　　长角果　　短角果

蒴果　　　　浆果　　　　核果　　　梨果

图 3-20　单果类型

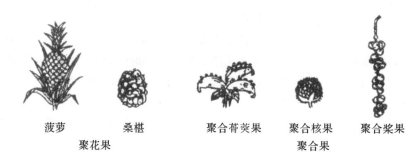

| 菠萝 | 桑椹 | 聚合蓇葖果 | 聚合核果 | 聚合浆果 |
| 聚花果 | | | 聚合果 | |

图 3-21　聚花果和聚合果

1. 干果

(1)不裂干果

瘦果:由 1~3 枚心皮合生,内含 1 粒种子的干果,果皮与种皮分离,如蒲公英、牛蒡、紫菀等菊科植物。

坚果:由 2 枚以上心皮合生,内含 1 粒种子的干果,果皮坚硬,如壳斗科的板栗、睡莲科的莲子等。有时子房分裂而成的坚果称为小坚果,如唇形科和紫草科植物为 4 小坚果。

颖果:与瘦果相似,由 2~3 枚心皮合生,内含 1 粒种子的干果,但果皮和种皮合生,如禾本科植物的果实。

翅果:为带翅的坚果,如榆、槭树科植物的果实。

(2)开裂干果

分果:由两枚或多枚心皮联合而成,成熟时互相分离,如锦葵科植物;破子草、野胡萝卜等伞形科植物的果实也为分果,但又称为双悬果。

蓇葖果:由单心皮构成,仅沿腹缝线或背缝线开裂,如萝藦、乌头、芍药等。

荚果:由单心皮构成,沿背、腹两缝线开裂,如紫藤、大豆等豆科植物。

角果:由两心皮构成,具假隔膜,成熟时由下向上开裂,如十字花科植物。又分为长角果和短角果两种。长角果,指形体细长,长超过宽的角果,如油菜、萝卜。短角果,指长宽几乎相等的角果,如荠菜、北美独行菜等。

蒴果:由 2 枚以上心皮合生,子房多室,成熟时开裂。开裂方式多种,有的沿腹缝线开裂,如龙胆;有的中部横裂,上部有盖,如车前;有的孔裂,如马齿苋、虞美人等。

2.肉质果

(1)浆果:由 1 枚或几枚心皮合生,外果皮膜质,中、内果皮肉质多汁,种子多数,如龙葵、酸浆、刺葡萄等。

(2)核果:1 枚或几枚心皮合生,中果皮肉质,内果皮坚硬称核,如桃、杏、李等李亚科植物。

(3)梨果:由多枚心皮合生,子房多室,下位子房由心皮和花筒愈合而成,如梨、苹果等梨亚科植物,属于假果。

3. 聚合果和聚花果

聚合果:由许多离生雌蕊形成的果实,许多小果生在花托上。如悬钩子为聚合核果,绣线菊为聚合蓇葖果,五味子为聚合浆果。

聚花果:由整个花序形成的果实,如桑椹、菠萝等。

三、禾本科及莎草科植物花的特有形态术语

1.禾本科(图 3-22)

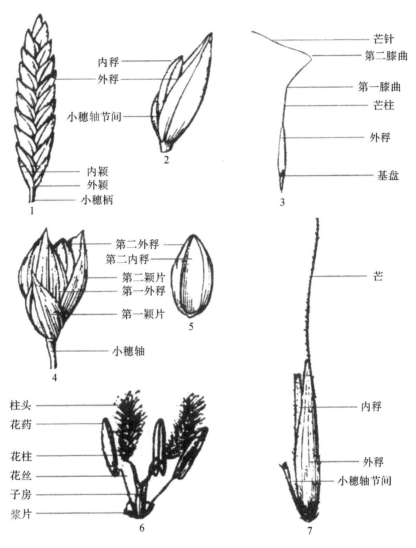

1.小穗(两侧扁) 2、3、5、6、7.不同的小花构造 4.小穗(背腹扁)

图 3-22 禾本科小穗和花的构造

花:禾本科植物的花通常由 2～3 枚浆片(鳞被)、3(～6)枚雄蕊及 2(～3)个心皮合成的雌蕊组成。鳞被(或称浆片)即退化的花被片,形小,膜质透明,通常 2 枚,位于接近外稃的一边。禾本科的花连同包被其外的内外稃合称小花。

稃片:位于花下方的鳞片状小苞片称外稃,位于花上方的鳞片状小苞片称内稃。

基盘:小花或小穗基部加厚变硬的部分。

小穗:组成禾本科花序的基本单位,由 1 至数朵小花组成。着生小花及颖片的轴称小穗轴。中性小穗指小穗中的小花既无雄蕊也无雌蕊或两者均发育不全。

颖片:指生于小穗基部的苞片,共 2 枚。下面一枚为第一颖(外颖),上面一枚为第二颖(内颖)。

小穗两侧扁:指小穗两侧的宽度小于背腹面的宽度。小穗背腹扁:指小穗背腹面的宽度小于两侧的宽度。

芒:指颖片、外稃或内稃的主脉所延伸成的针状物。

膝曲:指秆节或芒作膝关节状弯曲。

穗轴:指穗状花序、复穗状花序或复总状花序着生小穗的轴。

2.莎草科(图3-23)

小穗:莎草科的花通常单生于一鳞片(颖片)腋中,鳞片多数或少数(极少只有1鳞片),排成二列状或螺旋状排列于一个穗轴上,构成小穗,小穗也是花序的基本单位。莎草科的小穗常见的有藨草型、莎草型和苔草型。

下位刚毛:通常认为是由花被片变化而来的。下位刚毛在藨草属的植物中为常见,多数为刚毛状。

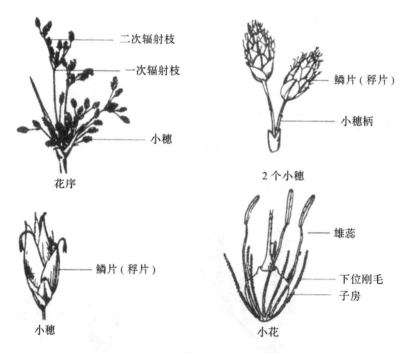

图 3-23 莎草科花序和花的构造

五、蕨类植物形态术语

1.大型叶:该类蕨类植物的茎不发达,但叶发达,有叶柄,有或无叶隙,叶脉常分支,如肾蕨、紫萁等(图3-24)。

2.小型叶:该类蕨类植物的茎发达,但叶不发达,很小,人们见到的常是它的发达的茎和很小的叶,没有叶隙和叶柄,只有一个单一不分支的叶脉,如石松、卷柏等(图3-24)。

3.二型叶:指有些蕨类植物在同一植株上有两种不同的叶子(或羽片),即孢子叶和营养叶。前者产生孢子,又叫能育叶;后者是普通绿色的营养叶,不产生孢子,又叫不育叶。

4. 孢子:是孢子植物(又叫隐花植物,含蕨类)产生的单细胞的无性繁殖器官,在适宜的环境条件下能发芽生长成一个新的植物体(在蕨类植物叫原叶体,即配子体),其上产生卵子和精子,卵子受精后,经胚发育成绿色的孢子体(图3-25)。

具大型叶的蕨类植物

具小型叶的蕨类植物

图 3-24　蕨类植物的大型叶和小型叶

两面形孢子

四面形孢子

水生蕨类的孢子果

横行中部环带孢子囊

斜行环带孢子囊

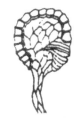
纵行环带孢子囊

图 3-25　孢子囊、孢子果和孢子形态

　　孢子有多种形状,有两面形的,也有四面形的;有表面平滑的,有刺状、疣状突起的,也有具翅的。多数蕨类植物的孢子通常无大小之分,叫同型孢子;但有少数科的孢子有大小之分,叫异型孢子。

　　5. 孢子囊:是产生孢子的器官,通常由孢囊和囊柄组成,囊壁上通常生有环带,囊内产生许多孢子,成熟时,环带开裂散出孢子(图 3-25)。

　　6. 孢子囊群:指大型叶蕨类生在叶子下面或叶缘的一群孢子囊,它可以是圆点形的、长圆形的或条形的(图 3-26)。

　　7. 孢子叶穗(图 3-26):指较原始的小型叶蕨类的孢子囊常集生于茎顶,组成球状或穗状孢子叶球或孢子叶穗。

　　8. 孢子囊果(图 3-25):指少数水生蕨类植物的孢子囊生于特化的没有叶绿素的羽片上,这些羽片变成坚硬的肾状、卵状或球状的孢子果,如槐叶蘋科、满江红科。

无盖孢子囊群

边生孢子囊群

网状孢子囊群

顶生孢子囊群

有盖孢子囊群

脉背生孢子囊群

条形孢子囊群

凹点孢子囊群

穴生孢子囊群

石松孢子叶穗

图 3-26　孢子囊群和孢子叶穗

第二节　植物标本的采集、制作与保存

植物标本(specimen)包含着一个物种的大量信息,诸如形态特征、地理分布、生长环境、物候期、用途等,是植物分类和植物区系研究必不可少的科学依据,也是植物资源调查、开发利用和保护的重要资料。在自然界,植物的生长、发育具有季节性,其分布具有地区局限性。为了不受季节或地区的限制,有效地进行科学研究和学习交流,也有必要采集和保存植物标本。

一、国内外主要植物标本馆简介

植物标本馆(herbarium)是专门保存植物标本并对外开放的场所。据不完全统计,目前世界上约有大小植物标本馆(室)3382 个,共收藏标本约 3 亿份。这些标本的 76%保存在 15 个国家内,其中美国占 22.1%,法国占 7.4%,原苏联占 6.6%,英国占 5.7%,德国占 5.6%,中国占 3.7%。世界上馆藏 100 万份以上的标本馆有 57 个,其中 500 万份以上的标本馆有 8 个。这 57 个标本馆分布在 22 个国家,其中美国最多,有 12 个,其次是英国、瑞典、德国和原苏联各 4 个,再次是法国、瑞士、日本、中国各 3 个。上述数据表明植物标本收藏数量与国家的发达程度成正相关,不仅发达国家标本搜集起步早、搜集范围广,而且近年来增长速度也是最快的。如瑞典自然博物馆以每年 16 万份的速度增长;美国不仅大标本馆最多,占世界标本总数的比例最高,标本增加速度也最快,5 年增加 490 万,占同期世界增长量的 27.7%。近几年我国大陆和台湾地区在中央和地区科技基础条件平台建设等项目的支持下,各大标本馆在新增标本的数量、标本馆的建设、尤其是标本的数字化等方面取得了长足进展。

(一)世界最大的 10 个标本馆

No.单位名称及国际代号	标本数	建立年代	备　注
1.法国巴黎自然历史博物馆(P)	1050 万	1635	世界最大,有许多中国标本
2.英国丘皇家植物园标本馆(K)	700 万	1853	有 Cunningham 采的中国标本

No.		标本数	建立单位	备注
3.	美国纽约植物园标本馆(NY)	650万	1891	有 Henry 采的中国标本
4.	俄罗斯科马洛夫植物研究所(LE)	600万	1823	有我国北部标本
5.	荷兰国家标本馆(NHN)	550万	1816	
6.	英国伦敦大英博物馆(BM)	520万	1753	收藏珍贵的林奈的一套标本
7.	美国哈佛大学联合植物标本馆(A)	500万	1872	有 Wilson 采的中国标本
8.	瑞士日内瓦保育植物园标本馆(G)	500万	1817	
9.	美国国家标本馆(US)	450万	1846	
10.	法国蒙波利埃植物研究所(MPU)	400万	1632	

（二）亚洲最大的 5 个植物标本馆

No. 单位名称及国际代号		标本数	建立单位	备　注
1.	中国科学院植物研究所标本馆(PE)	282万	1928	
2.	印度尼西亚茂物植物园标本馆(BO)	250万	1718	
3.	印度加尔各答国家中心标本馆(CAL)	250万	1795	
4.	日本东京大学植物园标本馆(TI)	170万	1877	有许多中国台湾、东北、云南的标本
5.	日本东京自然历史博物馆(TNS)	150万	1877	

（三）中国最大的 6 个植物标本馆

No. 单位名称及国际代号		标本数	建立单位
1.	中国科学院植物研究所标本馆(PE)	282万	1928
2.	中国科学院昆明植物研究所(KUN)	120万	1938
3.	中国科学院华南植物研究所(IBSC)	100万	1928
4.	中国科学院江苏植物研究所(NAS)	70万	1934
5.	西北农林科技大学植物博物馆（WUK）	55万	1936
6.	四川大学植物标本馆(SZ)	50万	1935

（注：以上数据来自各大标本馆主页或标本馆研究员）

二、蜡叶标本的制作方法

植物标本因保存方式的不同可分许多种，有蜡叶标本、液浸标本、浇制标本、玻片标本、果实和种子标本等。本书介绍最常用的蜡叶标本和液浸标本的制作方法。

将植物全株或部分(通常带有花或果等繁殖器官)干燥后并装订在台纸上予以永久保存的标本称为蜡叶标本。这种标本制作方法最早于 16 世纪初由意大利人卢卡·吉尼(Luca Ghini)发明，世界上第一个植物标本室建于 1545 年的意大利帕多瓦大学。一份合格的植物标本应该符合以下几条：(1)种子植物标本要带有花或果(种子)，蕨类植物要有孢子囊群，苔藓植物要有孢蒴，以及其他有重要形态鉴别特征的部分，如竹类植物要有几片箨叶、一段竹竿及地下茎。(2)标本上挂有号牌，号牌上写明采集人、采集号码、采集地点和采集时间等 4 项内容，据此可以按号码查到采集记录。(3)附有一份详细的采集记录，记录内容包括采集日期、地点、生境、性状等，并有与号牌相对应的采集人和采集号。

（一）标本采集用具

采集标本所需用具见图 3-27。

1. 标本夹：压制标本的主要用具之一。它的作用是将吸湿草纸和标本置于其内压紧，使花叶不致皱缩凋落，而使枝叶平坦，容易装订于台纸上。标本夹一般长约 43cm，宽 30cm，以坚韧的木材为材料，用宽 3cm，厚 5～7mm 的小木条，横直每隔 3～4cm，用小钉钉牢，四周用较厚的木条(约 2 厘米)嵌实。

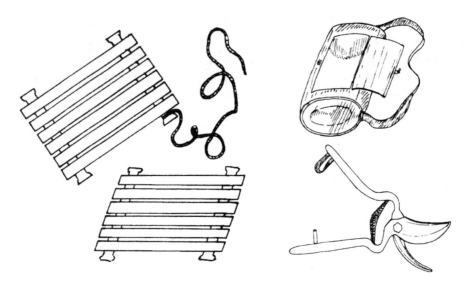

图 3-27　植物标本夹、采集箱和枝剪(金孝锋)

2.枝剪或剪刀:用以剪断木本或有刺植物。

3.高枝剪:用以采集徒手不能采集到的乔木上的枝条或陡险处的植物。

4.采集箱、采集袋或背篓:临时收藏采集品用。

5.小锄头:用来挖掘草本及矮小植物的地下部分。

6.吸湿草纸:普通草纸。用来吸收水分,使标本易干。最好买大张的,对折后用订书机订好。其装订后的大小为长约42cm,宽约29cm。

7.记录簿、号牌:野外记录用。

8.便携式植物标本干燥器:用以烘干标本,代替频繁地换吸水纸。

9.其他:海拔仪、地球卫星定位仪(GPS)、照相机、钢卷尺、放大镜、铅笔等用品。

(二)标本的采集

应选择以较小的面积,且能反映较完整特征的部分,即选取有代表性特征的植物体各部分器官,一般除采枝叶外,最好带采花或果。如果有用部分是根和地下茎或树皮,也必须同时选取少许压制。每种植物要采2个以上复份。要用枝剪取标本,不能用手折,因为手折容易伤树,摘下来后压成标本也不美观。不同的植物标本应采取不同的采集方法。

1.木本植物:应采典型、有代表性特征、带花或果的枝条。对先花后叶的植物,应先采花,后采枝叶,应在同一植株上,雌雄异株或同株的,雌雄花应分别采取。一般应有二年生的枝条,因为二年生的枝条较一年生的枝条常常有许多不同的特征,同时还可见该树种的芽鳞有无和多少,如果是乔木或灌木,标本的先端不能剪去,以便区别于藤本类。

2.草本及矮小灌木:要采取地下部分如根茎、匍匐枝、块茎、块根或根系等,以及开花或结果的全株。

3.藤本植物:剪取中间一段,在剪取时应注意表示它的藤本性状。

4.寄生植物:须连同寄主一起采压。并将寄主的种类、形态、同被采的寄生植物的关系等记录在采集记录上。

5.水生植物:很多有花植物生活在水中,有些种类具有地下茎,有些种类的叶柄和花柄是随着水的深度而增长的,因此采集这种植物时,有地下茎的应采取地下茎,这样才能显示出花柄和叶柄着生的位置。采集时必须注意,有些水生植物全株都很柔软而脆弱,一提出水面,它的枝叶即彼此粘贴重叠,携回室内后常失去其原来的形态;因此,采集这类植物时,最好整株捞取,用塑料袋包好,放在采集箱里,带回室内立即将其放在水盆中,等到植物的枝叶恢复原来形态时,用一张旧报纸,放在浮水的标本下,轻轻将标本提出水面后,立即放在干燥的草纸里小心压制。

6.蕨类植物:应采生有孢子囊群的植株,连同根状茎一起采集。

7.苔藓植物:苔藓植物多呈丛状、块状或疏松的悬垂状,可以直接用手或利用小刀和凿刀采集。小型树干的附生种类,最好连树皮一起采集;紧贴石生的种类,使用凿刀挖取一块小石头;附生于小枝或叶片的种类,可通过剪刀剪取小枝或树叶。多数苔藓植物不易腐烂,野外采集时应先用旧报纸包好,尽量让植物体保持原状,并作好地点和生境采集记录,带回实验室后让其在自然阴凉处晾干,然后移入牛皮纸的标本袋中。水分多的苔藓标本,要多次换纸。一些湿土生长或水生的种类(如角苔,浮苔等),野外采集时需要去掉泥土,但要保持假根、鳞片之类的结构,通常制作浸制标本为好。野外采集苔藓时应特别注意树干的不同高度的种类和不同生境的种类。一般大小的苔藓植物,一份标本只需采集手掌大小的一块即可。

(三)野外记录

为什么在野外采集时要做好记录工作呢?正如以上所讲的,我们在野外采集时只能采集整个植物体的一部分,而且有不少植物压制后颜色、气味等与原来的差别很大。如果所采回的标本没有详细记录,日后记忆模糊,就不可能对这一种植物完全了解,鉴定植物时也会遇到更大的困难,因此,在野外采集时记录工作是极重要的。而且采集和记录的工作是紧密联系的,所以,我们到野外前必须准备足够的采集记录纸(格式见下),随采随记。只有养成了这样的习惯,才能使我们熟练地掌握野外采集、记录的方法;只有熟练掌握野外记录后,才能保证采集工作的顺利进行。那么记录工作应如何着手呢?一般应掌握的两条基本原则是:一要记录在野外能看得见但无法连同标本一起采集的内容,二要记录标本压干后会消失或改变的特征,例如有关植物的产地,生长环境,习性,树皮开裂与否及颜色,叶、花、果的颜色,有无香气和乳汁,采集日期以及采集人和采集号等也必须记录。记录时应该注意观察,在同一株植物上往往有两种叶形,如果采集时只能采到一种叶形的话,那么就要靠记录工作来帮助了。此外如禾本科植物像芦苇等高大的多年生草本植物,我们采集时只能采到其中的一部分,因此,我们必须将它们的高度、地上及地下茎的节的数目及颜色等记录下来。这样采回来的标本对植物分类工作者才有价值。兹将常用的野外采集记录表介绍如下,以供参考。

采集标本时参考以上采集记录的格式逐项填好后,必须立即用带有采集号的小标签挂在植物标本上,同时要注意检查采集记录上的采集号与小标签上的号是否相符。同一采集人采集号要连续、不重复,同种植物的复份标本要编同一号。确保记录上的内容与所采的标本一致,这点很重要,如果在其中发生错误,就会失去标本的价值,甚至影响到标本的鉴定工作。

(四)标本的压制

1.整形。对采到的标本根据有代表性、面积要小的原则作适当的修理和整枝,剪去多余密迭的枝叶,以免遮盖花果,影响观察。如果叶片太大不能在夹板上压制,可沿着中脉的一侧剪去全叶的百分之四十,保留叶尖。若是羽状复叶,可以将叶轴一侧的小叶剪短,保留小叶的基部以及小叶片的着生部位,保留羽状复叶的顶端小叶。对肉质植物如景天科、天南星科、仙人掌科等,要先用开水杀死。对球茎、块茎、鳞茎等,除用开水杀死外,还要切除一半,再压制,以便加快干燥。

采集日期：

产地： 省 县(市)

生境： 海拔： m

习性：

体高： m 胸径： cm

叶： 树皮：

花：

果实：

附记：

科名： 种中名：

种学名：

采集者： 采集号：

2.压制。整形、修饰过的标本及时挂上小标签,将有绳子的一块木夹板做底板,上置吸湿草纸 4～5 张。然后将标本逐个与吸湿纸相互间隔,平铺在平板上,铺时须将标本的首尾不时调换位置,在一张吸湿纸上放一种或同一种植物,若枝叶拥挤、卷曲时要拉开伸展,叶要正反面都有,过长的草本或藤本植物可作"N"、"V"或"W"形的弯折(图 3-28),最后将另一块木夹板盖上,用绳子缚紧。

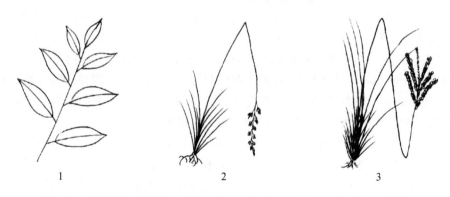

图 3-28　植物标本的形状(1."I"字形　2."V"字形　3."N"字形)(金孝锋)

3.换纸干燥。标本压制头两天要勤换吸湿草纸。每天早晚两次换出的湿纸应晒干或烘干。换纸是否勤和干燥,与压制标本的质量关系很大。如果两天不换干纸,标本颜色就会转暗,花、果及叶脱落,甚至发霉腐烂。在第二、三次换纸时,对标本要注意整形,枝叶展开,不使折皱。易脱落的果实、种子和花,要用小纸袋装好,放在标本旁边,以免翻压时丢失。

4.干燥器干燥。标本也可用便携式植物标本干燥器(图 3-29)烘干。原理是通过轴流风机将聚热室中的普通电炉丝和红外辐射同步加热的热气流均匀地吹向干燥室,从瓦楞纸中间的空隙穿过,将植物标本中的水分迅速带走,使标本得以快速干燥。标本压制方法与上述一样,不同的是在每份或每两份标本之间插入 1 张瓦楞纸,以利水汽散发。体积为 500mm×300mm×300mm 的干燥器每次可干燥 100～120 份标本。标本上的枝、叶干燥一般耗时 20～24h,花、果因类型不同而耗时有不同程度增加。利用干燥器压制标本,不需要人工频繁地更换和晾晒吸水纸,因而能提高干燥速度,降低工作量,标本不因频繁换纸而损失,也不受气候影响,且能较好地保持标本的色泽。同时干燥器所用的红外辐射有杀虫、灭菌作用,有利于植物标本的长期保存。

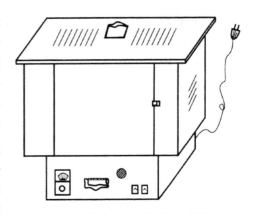

图 3-29 植物标本干燥器(金孝锋)

5. 标本临时保存。标本干后,如不马上上台纸,留在吸水纸中也可保存较长时间。如吸水纸不够用,也可从吸水纸中取出,夹在旧报纸内暂时保存。

(五)标本的杀虫与灭菌

为防止害虫蛀食标本,必须进行消毒,通常用升汞(即氯化汞 $HgCl_2$,有剧毒,操作时需特别小心)配制 0.5% 的酒精溶液,倾入平底盆内,将标本浸入溶液处理 1～2min,再拿出夹入吸湿草纸内干燥。此外,也可用敌敌畏、二硫化碳或其他药剂熏蒸消毒杀虫。

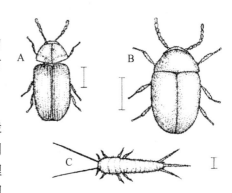

图 3-30 标本室常见昆虫
(引自植物标本馆手册)
A. 药材窃蠹 B. 烟草窃蠹
C. 西洋衣鱼(所有标尺为 1mm)

在保存过程中也会发生虫害,如标本室不够干燥还会发霉,因此必须经常检查。对标本造成危害的昆虫(图 3-30)有药材窃蠹 *Stegobium paniceum*、烟草窃蠹 *Lasioderma serricorme*、西洋衣鱼 *Lepisma saccharinq*、澳洲蜘甲 *Ptinus tectus*、线形薪甲 *Cartodere filum*、书虱 *Liposcelis*、地毯甲虫 *Anthrenus verbasci* 等,非昆虫有害生物有螨类、霉菌等。虫害和霉变的防治可从以下三方面着手:

1. 隔绝虫源。主要措施包括门、窗安装纱网,标本柜的门紧密关闭,新标本或借出归还的标本入柜前严格消毒杀虫。

2. 环境条件的控制。标本室的温度应保持在 20～23℃,湿度在 40%～60%;内部环境应保持干净。

3. 定期熏蒸。每隔 2～3 年或在发现虫害时,采用药物熏蒸的办法灭虫,常用药品有甲基溴、磷化氢、磷化铝、环氧乙烷等;但这些药品均有很强的毒性,应请专业人员操作或在其指导下进行。此外,也可用除虫菊和硅石粉混合制成的杀虫粉除虫,此法毒性低,无残留,比较安全。在标本柜内放置樟脑也能有效地防止标本的虫害。

(六)标本的装订

把干燥的标本放在台纸(一般用 250g 或 350g 白板纸)上,台纸大小通常为 42cm×29cm。但市场上的纸张规格为 109cm×78cm,照此只能裁 5 开,浪费较大。为经济着想,可裁 8 开,裁后大小为 39cm×27cm,也同样可用。一张台纸上只能订一种植物标本,标本的大小、形状要作必要的修剪,位置也要作适当的安排,然后用棉线或纸条订好,也可用胶水粘贴。在台纸的右下角和右上角要留空,以分别贴上鉴定名签和野外采集记录。脱落的花、果、叶等,装入小纸袋,粘贴于台纸的空档处。

(七)标本的保存

装订好的标本,经定名后,都应放入标本柜中(图 3-31)保存,标本柜应有专门的标本室放置,注意干燥、防蛀(放入樟脑丸等除虫剂)。标本室中的标本应按一定的顺序排列,科通常按分类系统排列,也有按地区排列或按科名拉丁字母的顺序排列;属、种一般按学名的拉丁字母顺序排列。

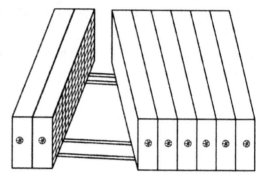

图 3-31 组合式植物标本柜(金孝锋)

三、液浸标本的采集和制作

用化学药剂制成的保存液将植物浸泡起来制成的标本叫植物的液浸标本或浸制标本。植物整体和根、茎、叶、花、果实各部分器官均可以制成浸制标本。尤其是植物的花、果实和幼嫩、微小、多肉的植物,经压干后,容易变色、变形,不易观察。制成浸制标本后,可保持原有的形态,这对于教学和科研工作具有重要的意义。

植物的浸制标本,由于要求不同,处理方法也不同,一般有以下几种:整体液浸标本,即将整个植物按原来的形态浸泡在保存液中;解剖液浸标本,即将植物的某一器官加以解剖,以显露出主要观察的部位,并浸泡在保存液中;系统发育浸制标本,即将植物系统发育如生活史各环节的材料放在一起浸泡在保存液中;比较浸制标本,即将植物器官相同但类型不同的材料放在一起浸泡在保存液中。

在制作植物的浸制标本时,要选择发育正常、具有代表性的新鲜标本。采集后,先在清水中除去污泥,经过整形,放入保存液中。如标本浮在液面,可用玻璃棒暂时固定,使其下沉,待细胞吸水后,即自然下沉。

浸制标本制作的关键是保存液的配制,下面介绍几种常用的保存液的配制方法。

(一)普通浸制标本保存液的配制

普通浸制标本主要用于浸泡教学用的实验材料,方法简单,易于掌握。常用的保存液配方如下:

A. 甲醛液(最常用,价格最低)

甲醛(市售者含量为 40%)   5～10mL

蒸馏水   100mL

B. 酒精液(价格略贵,所浸制的标本较甲醛液软一些)

95%酒精   100mL

蒸馏水   195mL

甘油   5～10mL

C. 甲醛、醋酸、酒精混合液(简称 FAA,浸制效果较前两种好,但价格较贵)

70%酒精   90mL

甲醛   5mL

冰醋酸   5mL

(二)原色液浸标本保存液的配制

原色液浸标本主要用于科学研究和教学上示范之用,其方法较为复杂,分别介绍如下。

1.绿色浸制标本

绿色浸制标本的基本原理是用铜离子置换叶绿素中的镁离子,它的做法是利用酸作用把叶绿素分子中的镁分离出来.使它成为没有镁的叶绿素植物黑素。然后使用另一种金属(醋酸铜中的铜)进入植物黑素中,使叶绿素分子中心核的结构恢复有机金属化合状态。根据这种原理,我们可以用下述几种方法制作:

(1)取醋酸铜粉末,徐徐加入50%的冰醋酸中,用玻璃棒搅拌之,直至饱和为止,称为母液。1份母液加4份水稀释,加热至85℃时,将标本放进去,这时标本由绿色变成黄绿色,这说明叶绿素已转变为植物黑素(醋酸作用),继续加热时,标本又变成偏蓝的绿色,这说明铜原子已经代替了镁原子,此时停止加热,用清水冲洗标本上的药液后放入5%的甲醛液或70%的酒精中保存。因为由铜原子作核心的叶绿素是不溶解在甲醛溶液或酒精中的,同时这种化合物很稳定,不易分解破坏,因此,经过这样处理过的绿色就可以长久保存。

(2)比较薄嫩的植物标本,不用加热,放在以下的保存液中浸泡即可。

50%酒精	90mL
甲醛	5mL
甘油	2.5mL
冰醋酸	2.5mL
氯化铜	10g

(3)有些植物表面附有蜡质,不易浸泡,但在以下保存液中效果较好。

硫酸铜饱和水溶液	750mL
甲醛	50mL
蒸馏水	250mL

将标本在上述溶液保存液中浸泡2周,然后放入4%～5%的甲醛溶液中保存。

(4)植物的绿色果实,放在以下溶液中效果较好。

硫酸铜	85g
亚硫酸	284mL
蒸馏水	2485mL

将标本在上述保存溶液中浸泡3周后,再放入以下保存液中长久保存。

亚硫酸	28.4mL
蒸馏水	3785mL

2.红色浸制标本

(1)
硼酸	450g
75%～90%酒精	200mL
甲醛	300mL
蒸馏水	400mL

(2)
6%亚硫酸	4mL
氯化钠	60g
甲醛	8mL
硝酸钾	4g

| 甘油 | 240mL |
| 蒸馏水 | 3875mL |

3.黑色、紫色浸制标本

(1)甲醛	450mL
95％酒精	2800mL
蒸馏水	2000mL

（此液产生沉淀，需过滤后使用）

(2)甲醛	450mL
饱和氯化钠水溶液	1000mL
蒸馏水	8700mL

4.黄色浸制标本

亚硫酸	568mL
80％～90％酒精	568mL
蒸馏水	4500mL

5.白色、浅绿色浸制标本

(1)氯化锌	225g
80％～90％酒精	900mL
蒸馏水	6800mL

(2)氯化锌	50g
甲醛	25mL
甘油	25mL
蒸馏水	1000mL

(3)15％氯化钠水溶液	1000mL
2％亚硫酸钠	20mL
甲醛溶液	10mL
2％硼酸	20mL

6.无色透明浸制标本

将标本放入95％酒精之中，在强烈的日光下漂白，并不断更换酒精，直至植物体透明坚硬为止。

当保存液配制完毕后，将植物标本放入浸泡，加盖后用熔化的石蜡将瓶口严密封闭。贴上标签（注明标本的科名、学名、中名、产地、采集时间与制作人），若浸制标本和蜡叶标本是同号标本，应将蜡叶标本的采集号注在浸制标本的标签上，以防混乱。浸制标本做好后，应放在阴凉不受日光照射处妥善保存。

第三节　常用植物学网络资源

近年来，随着互联网的快速发展，国内外出现了众多与植物分类学有关的信息网站，熟悉和掌握这些网站的特点和利用范围，可以为同学们从课堂外获得相关植物学知识提供方便的途径。以下撷取植物标本和分类命名有关的主要信息网站予以简单介绍。

1. 中国植物科学网 http://www.chinaplant.org/

中国植物科学的门户平台,包含了植物志和图鉴、中文植物学期刊、植物学工具数据库、国际植物组织、国内外著名植物学研究单位等极其丰富的链接。

2. 常用植物学数据库

(1)国际植物名称索引 http://www.ipni.org

国际植物名称索引(Index Kewensis)始建立于 1885 年,收录 1753 年以来全世界所有发表的维管植物学名及其参考文献的数据库。该网站由 Index Kewensis (IK)、Gray Card Index (GCI)和 Australian Plant Names Index (APNI) 3 个索引组成。

(2)世界标本馆索引 http://sweetgum.nybg.org/ih/

世界标本馆索引(Index Herbariorum)由国际植物分类学会编撰,1990 年出版了第 8 版,共收录全世界 168 个国家的 3382 个公共标本馆(室)及其 10475 名工作人员的信息。该网站由国际植物分类学会和纽约植物园共同创建,在线索引可实现按标本馆代码、所在单位、所在城市、标本馆工作人员等检索词的检索。

(2)中国数字植物标本馆 http://www.cvh.org.cn/

收录了国内主要科研院所标本馆(室)的数字化标本,目前标本馆和标本的数量仍在不断添加中。同时提供中国植物志、Flora of China、国内各地方植物志电子版的链接。

(3)中国数字植物标本馆图库 http://www.cvh.ac.cn/

图片来源是植物学工作者和爱好者拍摄的活体植物照片,截止 2009 年 2 月底已收录 10 万余张图片。

(4)我国台湾地区植物标本数据库

台湾大学植物标本馆(TAI) http://tai2.ntu.edu.tw

台湾"中央研究院"植物标本馆(HAST) http://hast.sinica.edu.tw/

台湾植物志 http://tai2.ntu.edu.tw/fot/

3. 植物学论坛

(1)普兰塔——生态学与生物多样性论坛 www.planta.cn

中国科学院植物研究所生物多样性与生态安全研究组创建,栏目几乎囊括了生态学与生物多样性研究的主要领域及其常用研究技术。

(2)义妹——原本山川 极命草木论坛 www.emay.com.cn

中国科学院植物研究所创建,普兰塔的姊妹论坛,讨论内容偏重于植物分类、分布及系统进化。

(3)之江草木——浙江省植物学会论坛 www.zjflora.com

由浙江省植物学会主办,致力于浙江省乃至华东地区植物种类、植被类型的科学交流与普及。

第四节　植物分类检索表的编制与使用

植物分类检索表(key)是鉴定植物类群的重要资料工具之一,在植物志和植物分类专著中都有检索表。

一、检索表的类型

按内容分有分科检索表、分属检索表、分种检索表，分别鉴定科、属、种，所用的特征分别用科的特征、属的特征和种的特征。一般植物分类参考书中均有此 3 种检索表。也有在某一地区把该地区的植物不按科、属系统而编制成某地区植物检索表，还有运用树木冬季形态编制成树木冬态检索表等。

根据其编排的形式分通常有以下 4 种类型。

（一）定距检索表

定距检索表是一种比较古老又较常用的检索表，此种检索表中每一对相对应性质的特征给予同一号码，并列在书页左边相等的距离处，然后按检索主次顺序将一对对特征依次编排下去，逐项列出。所属的次项向右退 1 字之距开始书写，因而书写行越来越短（距离书页左边越来越远），直到在书页右边出现科、属、种等各分类等级为止。

这种检索表的优点是：条理性强，脉络清晰，读者可一目了然，便于使用，不易出错，即使在检索植物过程中出现错误，也容易查出错在何处，目前大多数植物分类著作均采用定距检索表。缺点是：如果编排的特征内容（也就是涉及的分类群）较多，两对应特征的项目相距必然甚远，不容易寻找（克服办法是标出对应特征项目的所在页码），同时还会使检索表文字向右过多偏斜而浪费较多的篇幅（克服办法是当另起一页时，最左边的一行向左移至顶格的位置，其余的也作相应的移动）。《中国植物志》《浙江植物志》及本手册的"种子植物分科检索表"均采用这种形式的检索表。

例如：植物 7 大类群检索表

1. 植物体构造简单，无根、茎、叶的分化，无多细胞构成的胚 ················· （低等植物）
  2. 植物体不为藻类和菌类所组成的共生体。
    3. 植物体内含叶绿素或其他光合色素，营自养生活 ················· 藻类植物
    3. 植物体内无叶绿素或其他光合色素，营异养生活 ················· 菌类植物
  2. 植物体为藻类和菌类所组成的共生体 ················· 地衣类植物
1. 植物体构造复杂，有根、茎、叶的分化，有多细胞构成的胚 ················· （高等植物）
  4. 植物体有茎、叶和假根的分化，而无真根和维管组织 ················· 苔藓植物
  4. 植物体有茎、叶和真根，且具维管组织。
    5. 植物以孢子繁殖 ················· 蕨类植物
    5. 植物以种子繁殖。
      6. 胚珠裸露，不为心皮所包被 ················· 裸子植物
      6. 胚珠被心皮构成的子房包被 ················· 被子植物

（二）平行检索表

平行检索表的编排是将每一对相对应性质的特征相邻地编排在一起，供读者对照和比较。在每类特征描述之末，提供往下继续查找的项目号码，或给出植物某分类等级，此号码可引导读者查阅另一对特征，如此继续下去，直至出现欲查分类等级为止。这种检索表的优点是排列整齐，便于对照，弥补了定距检索表的不足，但没有定距检索表那样一目了然，而且篇幅同样也较浪费。

例如：植物 7 大类群检索表

1. 植物体无根、茎、叶的分化，无胚（低等植物） ················· 2
1. 植物体多有根、茎、叶分化，有胚（高等植物） ················· 4

2. 植物体为菌类和藻类所组成的共生体 ·· 地衣类植物
　　2. 植物体不为菌类和藻类所组成的共生体 ·· 3
　　　　3. 植物体内含有叶绿素或其他光合色素,营自养生活 ····························· 藻类植物
　　　　3. 植物体内不含叶绿素或其他光合色素,营异养生活 ····························· 菌类植物
　　　　　　4. 植物体有茎、叶和假根的分化,而无真根和维管组织 ····················· 苔藓植物
　　　　　　4. 植物体有茎、叶和真根,且具维管组织 ····································· 5
　　　　　　　　5. 植物以孢子繁殖 ··· 蕨类植物
　　　　　　　　5. 植物以种子繁殖 ··· 6
　　　　　　　　　　6. 胚珠裸露,不为心皮所包被 ··· 裸子植物
　　　　　　　　　　6. 胚珠被心皮构成的子房包被 ······································· 被子植物

这种检索表目前已经很少见到,一般都改用下面的平行齐头检索表。

（三）平行齐头检索表

　　平行齐头检索表的编排形式和平行检索表基本相同,不同的是该类检索表的各项特征均排在书页左边的同一直线上,既整齐美观又节省篇幅,但唯一不足的是没有定距检索表那样醒目。《苏联植物志》《中国的真菌》中的检索表即采用这种形式。

　　例如:植物 7 大类群检索表

1. 植物体无根、茎、叶的分化,无胚(低等植物) ·· 2
1. 植物体多有根、茎、叶分化,有胚(高等植物) ·· 4
2. 植物体为菌类和藻类所组成的共生体 ·· 地衣类植物
2. 植物体不为菌类和藻类所组成的共生体 ·· 3
3. 植物体内含有叶绿素或其他光合色素,营自养生活 ································ 藻类植物
3. 植物体内不含叶绿素或其他光合色素,营异养生活 ································ 菌类植物
4. 植物体有茎、叶和假根的分化,而无真根和维管组织 ······························ 苔藓植物
4. 植物体有茎、叶和真根,且具维管组织 ·· 5
5. 植物以孢子繁殖 ··· 蕨类植物
5. 植物以种子繁殖 ·· 6
6. 胚珠裸露,不为心皮所包被 ·· 裸子植物
6. 胚珠被心皮构成的子房包被 ·· 被子植物

（四）连续平行检索表

　　连续平行检索表,又称动物学检索表,在处理方法上综合了不定距检索表和平行检索表的优点,即将具有相对应特征的植物排在一起,便于对照,用起来较方便,同时,把检索表的各项特征均排在书页左边的一直线上,显得较整齐也节约篇幅,因而现时在植物分类检索表中也有较多的采用。

　　例如:植物 7 大类群检索表

1(6). 植物体无根、茎、叶的分化,无胚 ··· (低等植物)
2(5). 植物体不为菌类和藻类所组成的共生体。
3(4). 植物体内含有叶绿素或其他光合色素,营自养 ···································· 藻类植物
4(3). 植物体内不含叶绿素或其他光合色素,营异养生 ································· 菌类植物
5(2). 植物体为菌类和藻类所组成的共生体 ··· 地衣类植物
6(1). 植物体多有根、茎、叶分化,有胚 ··· (高等植物)
7(8). 植物体有茎、叶和假根的分化,而无真根和维管组织 ··························· 苔藓植物
8(7). 植物体有茎、叶和真根,且具维管组织。
9(10). 植物以孢子繁殖 ··· 蕨类植物

10(9). 植物以种子繁殖 ·· (种子植物)

11(12). 胚珠裸露,不为心皮所包被 ·· 裸子植物

12(11). 胚珠被心皮构成的子房包被 ·· 被子植物

二、植物分类检索表的编制

编制植物分类检索表,要求必须掌握植物的特征。首先作者对被编制的植物类群的形态特征要非常熟悉,特别是精确掌握每一类群的各种变异和变异幅度,然后找出各类群(科、属或种)之间的共同特征和主要区别,才能进行编制。检索表的编制,一般要考虑类群间的亲缘关系和系统发育;但通常为了方便应用,可以不考虑它们之间的亲缘关系,而是按照人为的方法进行编制,主要原则是要能把各类群精确地区别开来。

植物分类检索表采用二歧归类的方法编制而成,对一群植物先把各个类群植物的分类性状特征进行比较分析,抓住相同点和不同点。选取某一个或几个性状,根据是与否、上与下、这样与那样等,将该群植物分成相对的 2 部分,然后又分别对其中的每部分用别的某个或几个性状分成 2 部分······直至分到所要求的分类单位为止,最后把分的过程和所用的性状,按一定格式排列出来就成了检索表。

编制的基本步骤是:

1. 首先要确定编制的是分科、分属,还是分种的检索表。接着对各分类群的形态特征进行认真观察和分类性状比较分析,列出相似特征(共性)和区别特征(特性)的比较表,才能进行编制。

2. 在选用区别特征时,最好选用稳定的、明显相反的特征,如单叶或复叶,木本或草本;或采用易于区别的特征。尽可能不采用似是而非的、渐次过渡的特征,如叶的大小,植株毛的多少等特征作为划分依据,如选择蓝花和红花作为划分依据,则会难倒手持紫花的鉴定者,因为同种植物的花色受发育阶段等多种因素影响而发生变化,有些种类的花色甚至在一天之中也有变化,如牵牛花在早晨为蓝色,中午渐变为红色(花中所含的花青素颜色随细胞液由碱性变为酸性而变色)。

3. 采用的特征要明显,最好选利用肉眼、手持放大镜或解剖镜就能看到的特征,防止采用需要显微镜或电镜才能看到的显微或亚显微解剖特征。

4. 检索表的编排号码,每个数字只能并且必须用 2 次。

5. 有时同一种植物,由于生长的环境不同而产生形态特征的变化,既有乔木,也有灌木,遇到这种情况时,在乔木和灌木的各项中都可编进去,这样才保证可以查到。

6. 在编制分科(属)检索表时,由于有些植物的特征不完全符合所属的某一分类群的特征,如蔷薇科的心皮从多数到定数,花从上位、周位到下位,果实有聚合蓇葖果、聚合瘦果、核果、梨果等类型,为保证能查到各种植物,在编制时都要考虑进去。因此,在检索表中常常会在不同的地方出现相同的分类等级,如在"种子植物分科检索表"中蔷薇科、虎耳草科、旋花科等科会出现多次。因此,初学者在编制检索表时,必须持谨慎的态度。

7. 为了证明你编制的检索表是否实用,还应到实践中去验证。如果选用的特征准确无误,且在实践检验中不导致错误鉴定,那么,此项工作就算完成了。

判断一个检索表好坏,除编制的格式是否正确外,从内容上可从以下 3 方面去分析:一是检索表中所用的特征对于被检索的植物类群来说是否是稳定的和主要的,一般来说应该是划分这些类群的主要依据;二是利用这些特征去把其中的某一部分植物划分成两部分时,界线是

清楚的,切忌模棱两可;三是被应用的特征是直观的、便于应用的,一般都是能在标本上或野外记录上能直接反映出来的。

三、如何利用分类检索表来鉴定植物

中国植物志和地方植物志的陆续出版为我们鉴定植物种类提供了很大的方便。因为检索表所包括的范围各有不同,所以,有全国性检索表、地方性检索表,也有观赏植物或药用植物检索表等。在具体使用时,应根据不同的需要,选择合适的检索表。最好是根据要鉴定植物的产地确定检索表,如果要鉴定的植物是浙江产的,那么,最好利用《浙江植物志》,如无产地的植物检索表,有时也可用邻近地区的相应检索表。

鉴定植物的关键,是检索者必须有良好的植物学形态术语方面的基础知识。在检索前,必须对被检索的植物形态特征作仔细的观察研究,特别对花、果实的各部分构造,要作认真细致的解剖观察,如花冠和雄蕊的类型、子房的位置、心皮和胚珠的数目、胎座和果实的类型等,都要搞清楚,一旦描述错误,就会出现差错。

关于如何利用植物分类检索表来鉴定植物,现以诸葛菜为例加以说明。我们对诸葛菜的标本进行观察可以发现:诸葛菜为一或二年生草本,茎、叶有白粉;单叶互生,基生叶和茎下部的叶片呈大头羽状分裂,有叶柄,茎中、上部的叶片无柄,基部两侧耳状抱茎;总状花序顶生,花淡紫红色;萼片4,花瓣4,成十字形花冠,雄蕊6,成四强雄蕊(花丝4长2短),雌蕊由2个合生心皮组成,子房上位;长角果具喙,线形,具四棱,成熟时裂成两瓣,中间具假隔膜,内含有多数种子。根据这些特征就可以利用检索表从头按次序逐项往下查,首先要鉴定出该种植物所属的科,再用该科的分属检索表,查出它所属的属;最后利用该属的分种检索表,查出它所属的种。

根据上述特征,我们利用《浙江植物志(第一册)》所附"被子植物门分科检索表",检索的过程为:1—2—3'—70—71—72'—93'—103—104—105—106—107'—111—112'—114—115—116—117(十字花科),(上面数字中标有"'"的是指检索表中相同并列编码的第二个数字)。再查《浙江植物志(第三卷)》,把诸葛菜与十字花科的特征进行对比,符合十字花科的特点;进一步查十字花科分属检索表,过程为:1'—4'—14—15(诸葛菜属),验证确实属于诸葛菜属;诸葛菜属在浙江省有1种1变种,核对结果,证明该种植物是属于十字花科 *Cruciferae*、诸葛菜属 *Orychophragmus* Bunge、诸葛菜 *Orychophragmus violaceus*(Linn.)O. E. Schulz。

四、鉴定植物时的注意事项

为了保证鉴定结果的正确,一定要防止先入为主、主观臆测,不能倒查检索表,同时要遵照以下要求:

1. 标本一定要完整。除营养体外,要有花和(或)果实。有的植物,如异叶茴芹 *Pimpinella diversifolia*,基生叶为单叶,茎生叶为三出复叶,采集标本时要注意别漏掉基生叶;另外,仔细挖掘、观察地下部分,它们对有些种类的鉴定相当重要,如玉竹 *Polygonatum odoratum* 与黄精 *Polygonatum sibiricum*,玉竹的根状茎呈扁圆柱形,而黄精的根状茎通常结节状,膨大部分大多呈鸡头状,一端粗,一端渐细,故又称鸡头黄精。

2. 要全面、仔细地观察标本,特别是花和果实的特征,写出要鉴定植物的花程式,最好能画出花图式。

3. 鉴定时,要根据观察到的特征,从检索表的起始处按顺序逐项往下查,不能跳查。检索

表的结构都是以两个相对的特征进行编写的,相对的两项特征具有相同的号码和相对称的位置;你所要鉴定植物的特征到底符合哪一项,要仔细核对,每查一项,必须对相应的另一项也要查看,否则容易发生错误,然后顺着符合的顺序依次往下查,直到查出为止。查检索表的过程是环环相扣、步步相连的,只要其中一步错了,就不可能得到正确结果。

4. 在查检索表的过程中,同学们通常会遇到如子房位置、复叶、雄蕊、胎座、果实类型等植物学术语,如果没有很好掌握,对相应的概念没有真正理解,就会查不下去,那么需要马上去补习。因此,查检索表的过程就是检验你对基本理论知识是否牢固掌握的过程,如果能顺利完成检索,说明已基本掌握。查分科、分属、分种检索表的方法和过程是基本一致的。

5. 在检索表中常常会在不同的地方出现相同的分类等级,如《浙江植物志(第一卷)》所附"被子植物门分科检索表"中蔷薇科出现 6 次、虎耳草科出现 10 次,另外毛茛科、十字花科、罂粟科、旋花科等科也出现多次。但对具体一种植物而言,检索步骤一般是唯一的。

6. 为了证明鉴定结果是否正确,应该找有关的专著或资料进行核对,检查是否符合该科、该属、该种的特征,植物标本上的形态特征是否和书上的文字、图片一致。如果基本符合,就可证明鉴定的结果是正确、可靠的。比较谨慎的说法是,根据现有的资料,该标本可能是该分类群,或说与该分类群接近。应该说不符合的情况是经常发生的,应该努力去寻找原因。常见的原因有:一是查错,二是所用的检索表没有包含标本所属的分类群(科、属、种等)。无论哪种原因都必须仔细观察或解剖标本,再去认真地检索一次,对于判断不准的相对 2 项,可两条分别检索,再用植物志、图鉴等工具书进行核对。如仍不符合,还要搞清楚在哪几条特征上不符合,不符合的程度如何,是否是地区或生境不同造成的变异(区分是否为变异是比较复杂的),然后才能得出所用的检索表没有包含标本所属分类群的结论,此时应找别的检索表和文献资料查对。至于新分类群,只有在查阅了大量的文献资料,特别是最近的和专门研究的资料后才能下结论,往往还需要请教有关的专家。

在使用检索表的过程中,常常会出现的情况是,在检索表中所用的特征在标本上缺如,如检索表上用的是花的特征,而标本上只有果,或检索表中用的是果的特征,而标本上只有花而无果,这时可另找检索表检索;若仍无济于事,则只能根据标本现有的特征去分析推断看不见的特征。如根据花去推断果的形态,或根据果去分析花的特征等等;或者是按前面所说的,将检索表的相对 2 项同时检索,然后用文献资料核对,最后也许能解决问题。

第五节　植物种类识别与鉴定的技巧

在野外实习中,要学会运用已学过的分类原理和方法去提高识别科、属、种的能力。如何才能真正提高这种鉴别能力呢？最有效的方法是到实践中去把学过的分类理论和实际的东西结合起来,而植物分类学的野外实习正是这种最有效的实践活动。虽然在上一节我们学习了利用分类检索表鉴定植物种类的方法,这是最基本也是最可靠的方法,但花费时间较多,且在实际工作中特别是实习中经常会碰到标本不完整的情况,如有花无果或有果无花,甚至花、果全无的营养体标本,这时单靠检索表就难以鉴定。要解决这些问题,除多实践外,掌握一些便捷的方法和技巧也是很好的途径。这些方法和技巧归纳起来有以下三点。

一、抓住主要分类依据，采用层层缩小的方法提高识别能力

为了便于掌握这种方法，在此仅举二例，加以具体说明，希望能起到举一反三的作用。当我们在野外采到一种不认识的植物时，首先要观察它的全部特征，然后根据观察到的特征，运用已学过的各个类群的主要分类依据，采用层层缩小的方法，去鉴别这种植物到底应属于哪一科、哪一属的植物。

如果见到这种植物具有真正的花（形成果实），那可肯定是属于被子植物；如果这种植物具有羽状或网状叶脉，花的基数又是 4～5 数、直根系，那它不可能是单子叶植物，而是一种双子叶植物。其次，可观察该种植物的营养体和花、果的特征，如果我们看到的这种植物是一种具有卷须的草质藤本植物，而且卷须是侧生于叶柄基部或叶腋、单性花、子房下位、侧膜胎座、瓠果等特征，就可确定它是属于葫芦科的植物了。最后根据花药卷曲、雄蕊 3（$A_{(2+1)}$）、花瓣成流苏状的特征，便可知道它是属于葫芦科的栝楼属 *Trichosanthes* 中的植物。本属在天目山地区有二种，即栝楼 *Trichosanthes kirilowii* 和王瓜 *Trichosanthes cucumeroides*。它们之间的区别在于：栝楼种子为卵状椭圆形，1 室，压扁，果实通常为近球形，果梗较长；王瓜种子为横长圆形，3 室，中央室呈凸起的增厚环带，两侧室大，中空，果实通常为卵圆形或卵状椭圆形，果梗较短。

要是看到的那种植物是一种具有卷须的木质或草质藤本植物，并有卷须与叶对生，两性花，雄蕊对着花瓣、浆果等特征的话，那么这种植物就不是葫芦科的植物，而是属于葡萄科的植物了。在浙江省常可见葫芦科的绞股蓝属 *Gynostemma* 与葡萄科的乌蔹莓属 *Cayratia*，两属植物外形上非常相似，均为多年生草质藤本，具卷须、鸟趾状复叶、肉质浆果，一不注意就会搞错，但只要抓住以下特征就不会搞错：

	乌蔹莓 *Cayratia japonica*	绞股蓝 *Gynostemma pentaphyllum*
卷须着生位置	卷须与叶对生	卷须侧生于叶柄基部或叶腋
托　叶	有，早落	无
花及花程式	两性花； $\lozenge * K_4 C_4 A_4 \underline{G}_{(2,2,2)}$	单性异株；$\male * K_{(5)} C_{(5)} A_5$ $\female * K_{(5)} C_{(5)} \overline{G}_{(3,3,2)}$

只要我们能把课堂上讲授的重点科、属特征和室内做过实验的科、属、种特征进行比较，并能从分类依据上掌握，那么上述方法是一种行之有效的方法。

二、使用倒查检索表的方法提高识别能力

关于植物检索表的编制和运用，在前面已有详细的说明。运用植物检索表来鉴定植物，是提高我们识别科、属、种能力的最有效的方法。因此，在平时的学习和野外实习中要求每一个同学都能掌握，并能熟练运用。在以后的实际工作中，通常会碰到自己不认识的种类，在没有老师指导的情况下，就需要自己根据掌握的基础知识，加上实践经验的积累，运用植物分类检索表，进行检索。不要忘记植物分类检索表是掌握鉴别植物种类的钥匙。

在这里，给大家介绍一种特别的方法——倒查书本和检索表。

大家知道，检索表是要从前往后查的，需要有足够的耐心和认真，否则常常查到最后，自己都不知道查对了没有，况且这样查很费工夫，在紧张的实习阶段往往没有充裕的时间做这工作。可是实习阶段要是不练习使用检索表，自学能力就难以提高，为此提供一种对初学者来说

省时省力的学习方法——倒查检索表。实习过程中教师对多数植物名称已有指点、启发或作过介绍,学生应充分利用已掌握的信息,每天选择几种有花、有果、特征明显的植物作为提高独立鉴定植物能力的材料。具体方法是:先通过索引找到描述该植物形态特征及其插图的页次,仔细阅读书中该植物的特征描述,从中逐步纠正自己对植物学名词术语不确切的理解。这点非常重要,只有理解确切了,才能正确地使用检索表。然后阅读该植物所在属和科的检索表,从中掌握两方面的知识,一是这类植物有哪些共同特征,二是各种植物之间的鉴别要点是什么。例如,山茶科柃属多种植物有相似的外形,通过倒查检索表得知它们的共同特征是灌木、单叶互生、革质,花小、单性异株、腋生,它们之间的鉴别要点通常不在花部,而在茎是否有棱,茎和芽是否有毛。这样就为进一步认识该属植物抓住了鉴别要点。再举一个例子,毛茛属多种植物之间的鉴别要点在于基生叶的形态、毛的有无及聚合果的形态,花的结构则是它们共有的特征。有了这方面的知识,在继续实习中就应该把注意力集中到这类植物的鉴别要点上,唯有牢牢抓住鉴别要点,才能节省鉴定的时间,提高野外鉴别的效率和效果。需要说明的是,倒查检索表的目的是为了尽快掌握某一类群植物的鉴别要点和共同特征,而通常查检索表的目的是为了查出植物的名称,二者的应用环境和目的是不同的。

三、利用鉴别性特征提高识别科、属的实际能力

各个学校野外实习通常时间较短,一般为 1~2 周,要在如此短的时间内认识几百种植物会有一定困难。植物生长有很强的季节性,在植物学野外实习过程中,通常会碰到要识别有花无果、有果无花、甚至无花无果的植株(标本);另外,在中草药的原植物鉴定时,也常会碰到不完整的中草药标本或药材碎片(如叶类药材等),会遇到较大困难,甚至束手无策,无从下手。

为了更好地帮助同学们进行植物分类鉴定和药材鉴别,根据自己的实践经验,参考有关文献资料,结合天目山植物资源情况,把某些容易鉴别的突出特征在被子植物各科中可能出现的科、属列出一份清单。我们可以利用这份清单,根据某些特征,对不完整的中草药植株(标本)或药材碎片进行鉴定,首先判断可能属于哪一科(或属),再根据有关资料进一步核实,最后鉴定其属、种。

本文中提供的鉴别性特征仅适用于天目山及其邻近地区。其中所列出的科名是根据恩格勒(Engler,1964)系统的概念(浙江植物志即采用该系统)。

(一)具块根的类群

蓼科(何首乌)、毛茛科(乌头属,天葵,单叶铁线莲)、防己科(千金藤属)、樟科(乌药)、豆科(土圞儿,野葛)、葡萄科(白蔹)、萝藦科(牛皮消)、旋花科(甘薯)、玄参科(玄参属,地黄属)、葫芦科(栝楼属)、禾本科(淡竹叶)、百部科(百部属)、百合科(天门冬属,萱草属,山麦冬属,沿阶草属)。

(二)具块茎或球茎的类群

罂粟科(紫堇属)、茅膏菜科(光萼茅膏菜)、茄科(马铃薯)、葫芦科(雪胆属)、莎草科(荸荠属)、天南星科、百合科(部分)、薯蓣科、姜科、兰科。

(三)具鳞茎的科

酢浆草科、百合科(部分)、石蒜科。

(四)茎方形的科(仅包括草本植物)

苋科(牛膝属)、大戟科(山靛属)、金丝桃科(黄海棠,地耳草)、野牡丹科(多数种)、报春花科(少数种)、马鞭草科(部分)、唇形科、玄参科(部分)、茜草科(部分)、爵床科。

（五）茎上有刺的类群

1. 枝刺：榆科（刺榆属）、桑科（柘属）、蔷薇科（火棘属，山楂属，木瓜属，梨属）、豆科（皂荚属）、芸香科（枸橘属，金橘属，柑橘属）、鼠李科（雀梅藤属，鼠李属）、大风子科（柞木属）、仙人掌科、胡颓子科（胡颓子属）、柿科（柿属部分种）、茄科（枸杞属）。

2. 皮刺：桑科（葎草属）、蓼科（蓼属中的杠板归，刺蓼等）、蔷薇科（悬钩子属，蔷薇属）、豆科（含羞草属，云实属）、芸香科（花椒属）、葡萄科（刺葡萄）、五加科（五加属，刺楸属，楤木属）、茜草科（茜草属）、百合科（菝葜属）。

3. 叶刺或托叶刺或叶柄刺：小檗科、苋科（苋属刺苋）、豆科（刺槐属）、鼠李科（枣属）、茜草科（虎刺属）、清风藤科（清风藤）。

（六）节及其附近膨大成关节状的类群（仅包括草本具对生叶的科）

金粟兰科、苋科（牛膝属）、爵床科、透骨草科。

（七）具卷须的类群

葫芦科（卷须侧生于叶柄基部）、葡萄科（卷须与叶对生）、豆科（野豌豆属，香豌豆属，豌豆属）、百合科（菝葜属）。

（八）具叶柄下芽的类群

豆科（刺槐属、香槐属）、悬铃木科。

（九）有白色或黄色乳汁的类群

桑科（桑属、榕属、柘属、构属）、罂粟科（血水草属，荷青花属，博落回属）、漆树科（漆树属）、大戟科（油桐属，乌桕属，大戟属）、夹竹桃科、萝藦科、旋花科（甘薯属）、桔梗科、菊科（舌状花亚科）。

（十）叶或茎有腺体的类群

此处的腺体是指具有一定的位置（常位于叶柄，叶柄顶端，叶轴上或叶片近基部的边缘，稀在叶缘锯齿上）、一定的形状（疣状、脐状、盾状、粒状及腺毛状），而且数量极少。

杨柳科（响叶杨）、蔷薇科（李属）、豆科（部分）、苦木科（臭椿属）、大戟科（油桐属、乌桕属）、凤仙花科、萝藦科、紫葳科、忍冬科（荚蒾属、接骨草属）。

（十一）叶具油点或腺点的类群

油点是一种埋藏在组织中油质的、球形或条形的囊状体，对光视之，为半透明；腺点是指外生的、黄色、红色或黑色的油状或胶状物质，其中有的是无柄的腺毛。油点和腺点在叶上无一定的位置，而数量通常是多数的。

胡桃科、芸香科、苦木科、藤黄科、桃金娘科、紫金牛科、报春花科、马鞭草科（部分）、唇形科（部分）、玄参科（部分）、忍冬科（部分）。

（十二）叶具钟乳体的科

钟乳体是一种埋藏在组织中的碳酸钙结晶体，通常呈点状或短线状。

桑科、荨麻科、爵床科。

（十三）叶盾状着生的类群

蓼科（杠板归）、睡莲科、防己科（千金藤属、轮环藤属、蝙蝠葛属）、小檗科（八角莲属）、蔷薇科（盾叶莓）、大戟科（蓖麻）。

（十四）互生、羽状复叶（包括羽状三出复叶）的类群

1. 木本：胡桃科、木通科（猫儿屎属）、小檗科（十大功劳属，南天竹属）、钟萼木科、蔷薇科（花楸属，悬钩子属，蔷薇属）、豆科（许多属）、芸香科（花椒属，枸橘桔属）、苦木科（苦木属，臭椿

属)、楝科(楝属,香椿属)、大戟科(重阳木属)、漆树科(黄连木属,盐肤木属,漆树属)、省沽油科(瘿椒树属)、无患子科(无患子属,栾树属)、清风藤科(泡花树属)、五加科(楤木属)。

2.草本:毛茛科(牡丹属,毛茛属,唐松草属,银莲花属)、小檗科(红毛七属,淫羊藿属)、十字花科(泡果荠属,碎米荠属)、虎耳草科(落新妇属)、蔷薇科(假升麻属,水杨梅属,委陵菜属,草莓属,龙牙草属,地榆属)、豆科(许多属)、芸香科(松风草属)、茄科(茄属马铃薯)。

(十五)互生、掌状复叶(包括掌状三出复叶)的类群

1.木本:木通科(木通属,鹰爪枫属,野木瓜属,大血藤属)、葡萄科(蛇葡萄属,爬山虎属)、五加科(鹅掌藤属,五加属)。

2.草本:毛茛科(天葵属)、白花菜科(白花菜属)、蔷薇科(委陵菜属,蛇莓属)、豆科(车轴草属)、酢浆草科(酢浆草属)、葡萄科(乌蔹莓属)、葫芦科(雪胆属,绞股蓝属)。

(十六)具对生复叶的类群(仅包括双子叶植物)

1.掌状复叶:七叶树科(七叶树属)、马鞭草科(牡荆属)。

2.羽状复叶:毛茛科(铁钱莲属)、芸香科(黄檗属,吴茱萸属)、省沽油科(省沽油属,野鸦椿属)、槭树科(槭树属部分种)、木犀科(白蜡树属,连翘属)、紫葳科(凌霄花属)、唇形科(丹参属部分种)。

(十七)具轮生叶的类群(仅包括双子叶植物)

景天科(八宝属、景天属部分种)、金鱼藻科(金鱼藻属)、小二仙草科(狐尾藻属)、五加科(人参属)、夹竹桃科(夹竹桃属)、玄参科(石龙尾属)、苦苣苔科(吊石苣苔属)、茜草科(茜草属,拉拉藤属)、桔梗科(桔梗,轮叶沙参)。

(十八)具特殊花冠类型的类群

花冠的形状往往成为不同类别植物所特有的特征。

蔷薇形花冠——蔷薇科植物	十字形花冠——十字花科植物
蝶形花冠——豆科蝶形花亚科植物	假蝶形花冠——豆科云实亚科植物
唇形花冠——唇形科、玄参科植物	管状花冠、舌状花冠——菊科植物
漏斗形花冠——旋花科植物和部分茄科植物	钟形花冠——桔梗科植物

(十九)具副花冠的类群

副花冠是有些植物在花冠和雄蕊之间的瓣状附属物。

萝摩科、石蒜科(水仙属)。

(二十)具副萼的类群

有的植物在花萼之外还有一轮萼状物(苞片),称副萼。

蔷薇科(水杨梅属,委陵菜属,蛇莓属,草莓属)、锦葵科(蜀葵属,棉属,木槿属)。

(二十一)花有距的类群

花萼或花冠基部向外延长成管状或囊状突起,称其为距。

毛茛科(乌头属,翠雀属,飞燕草属)、罂粟科(紫堇属)、牻牛儿苗科(天竺葵属)、凤仙花科(凤仙花属)、堇菜科(堇菜属)、兰科(大部分属)。

(二十二)具有典型雄蕊类型的类群

单体雄蕊——锦葵科植物

二体雄蕊——(9)+1或(5)+(5)型:蝶形花亚科植物;(3)+(3)型:罂粟科紫堇属植物

多体雄蕊——藤黄科、楝科植物	二强雄蕊——唇形科、玄参科植物
四强雄蕊——十字花科植物	聚药雄蕊——菊科植物

（二十三）具特征性果实的类群

连萼瘦果——菊科植物　　　　　　　颖果——禾本科植物

双悬果——伞形科植物　　　　　　　荚果——豆科植物

角果——十字花科植物　　　　　　　柑果——芸香科柑橘属植物

瓠果——葫芦科植物　　　　　　　　梨果——蔷薇科梨亚科植物

椹果——桑科桑属植物　　　　　　　隐头果——桑科榕属植物

（二十四）叶（苞片）上开花（花序）、结果的类群

椴树科（椴树属）、山茱萸科（青荚叶属）、百部科（百部）。

第六节　植物群落的基本知识及调查方法

一、有关植物群落的基本知识

当我们去野外识别植物时，一般仅从分类学角度区分植物的类群，如这一株植物是什么科、什么属、什么种，它有哪些形态学特征等，却很少从生态学角度去观察，如该植物一般在怎样的生境中生长，它处于什么植物群落中的哪一层次，群落的基本特征如何，各层次的优势种群是什么，这一植物在某一群落中的密度、年龄结构等特征怎样，等等；而采用科学的方法了解这些植物群落学知识，对我们认识植物的类群，并将它应用于理论研究和生产实践中，具有十分重要的意义，这也是将本节内容加入实习指导手册的目的。

（一）植物种群（plant population）的概念和基本特征

（1）植物种群是指在一定空间中同一植物种类的个体的组合。它占据着特定空间，同时又具有潜在杂交能力。Population 这个术语从拉丁语派生，一般译为人口，在遗传学中常译作"群体"，而在分类学中一般译为"居群"，"种群"是生态学和进化论中的译法。植物种群有着独有的特征，如密度、年龄结构、性比、内分布型等。

（2）种群密度（population density）。一个种群的个体数目多少，称为种群数量（number）或大小（size）。如果用单位面积或单位容积内的个体数目来表示种群大小，则叫做种群密度，如每公顷有多少株树。植物种群密度一方面取决于植物本身的生物学特性，如繁殖能力、种子的传播特性，另一方面取决于环境条件，即资源的丰富程度和生存空间所允许的限度等，并通过种群内部的自我调节，保持相对稳定。

（3）种群年龄结构（age structure）。种群的年龄结构是指不同年龄组的个体在种群内的比例或配置情况。年龄锥体（age pyramid）是以不同宽度的横柱从上到下配置而成的图。可按锥体形态把种群分为增长型、稳定型和下降型三种。对森林中的乔木种群来说，因年龄的判定不现实，通常用个体所处的大小级代替年龄来描述种群结构。

（4）种群的分布格局（distribution pattern）。组成种群的个体在其生活空间中的位置状态或布局称为种群的分布格局。它大致可分为三类：均匀（uniform）、随机（random）和集群（group）分布。在自然群落中的种群，呈随机分布的比较少见，均匀分布的极其罕见，而集群分布最为常见。

（5）种间联结与相关性（species association and correlation）。种间联结指群落中不同种群在空间分布上的相互关联性。它通常指成对种群的存在与否，是两个种群出现的相似性的

一种尺度,是定性的数据。而种间相关性则不局限于种类的存在与否,它涉及的是两个变量,反映了定量的关系。不同种类的个体在空间上的联结程度和相关性的测定,对研究两个种群的相互关系以及群落的组成和动态很有意义,它是客观认识自然种群的一种有效的途径。

(二)植物群落(plant community)和植被(vegetation)的概念

我们在野外可以发现,自然界的任何植物都极少单独生长,几乎都是聚集成群的。并且,群居在一起的植物并非杂乱的堆积,而是一个有规律的组合,这种一定植物种类的组合,会在环境相似的不同地段有规律地重复出现。每一个这样组合的单元就是一个植物群落,而植被则是一个地区植物群落的总和。

1.植物群落的基本特征

植物群落的基本特征,主要指群落的外貌、结构、种类组成及其数量特征等。

(1)群落的外貌(physiognomy)。群落的外貌指群落的外表形态或相貌。它是群落与环境长期适应的结果,主要取决于植物种类的形态习性、生活型和叶型、周期性等。形态习性有高度、树冠形态、树皮外观等。生活型(life form)是植物对于综合环境条件的长期适应而在外貌上反映出来的植物类型,Raunkiaer曾建立了一个应用广泛的生活型分类系统,他以温度、湿度、水分作为揭示生活型的基本因素,以植物体在度过生活不利时期对恶劣条件的适应方式作为分类的基础。具体的是以休眠芽或复苏芽所处的位置的高低和保护的方式为依据,把高等植物分为高位芽植物、地上芽植物、地面芽植物、隐芽植物和一年生植物五大生活型类群,在各类群之下再按照植物体的高度、芽有无芽鳞保护、落叶或常绿、茎的特点(草质、木质),以及旱生形态与肉质性等特征,再细分为30个较小的类群(具体见调查方法一节)。植物的叶型指叶片的形状和大小,它包括单、复叶,全缘或非全缘叶,叶质(厚革质、革质、纸质、膜质),以及按叶面积大小划分的叶型级。某一地区某一植物群落内各类生活型(叶型)的数量对比关系称为生活型谱(叶型谱)。生活型谱与叶型谱在群落外貌研究中十分重要。周期性指群落中与季节性(或年际)等气候变化相关联的明显的周期现象,或称季相(aspect),它与优势植物的物候相很有关系。

(2)群落的结构(structure)。群落结构是指群落的所有种类及其个体在空间中的配置状态。它包括垂直结构、水平结构和时间结构等。垂直(vertical)结构又称成层现象,是指群落的垂直分化或成层现象,它保证了群落对环境条件的充分利用;它有地上与地下成层现象之分,它们是相对应的。在成熟的森林群落中,通常可以分为乔木层、灌木层、草本层和地被层四个基本层次,另有藤本、附生等层间植物。水平(horizontal)结构是指群落在空间上的水平分化或镶嵌现象。水平分化的基本结构单位是小群落(microcommunity),它反映了群落的镶嵌性或异质性,形成原因是生境分布的异质性。时间(temporal)结构是指群落结构在时间上的分化或配置,它反映了群落结构随着时间的周期性变化而相应地发生更替,这主要是由层片结构的季节性等变化引起的。

(3)群落的种类组成(species composition)。种类组成是形成群落结构和功能的基础,严格意义上指该群落所含有的一切植物,但常因研究对象和目的等的不同有所侧重,如森林群落的种类组成一般仅针对维管植物而言。种类组成的结果是建立在种类的数量特征(numerical characteristics,亦即群落中种群的数量特征)的取得的基础之上的,后者一般用以下几个参数来表征:种的多度(abundance),表示某一种在群落中个体数的多少或丰富程度,通常多度为某一种类的个体数与群落中同一生活型或同一层次的植物种类个体数的总和之比。密度(density),指单位面积上某种植物的个体数,它由该种植物的个体数与样方面积之比求得。盖度

(coverage),指植物在地面上覆盖的面积比例,表示植物实际所占据的水平空间的面积,它可分为投影盖度和基部盖度。投影盖度指植物枝叶所覆盖的土地面积;而基部盖度是指植物基部所占的地面面积,通常用基面积或胸高处断面积来表征。频度(frequency),是指某一种类的个体在群落中水平分布的均匀程度,表示个体与不同空间部分的关系,为某种植物出现的样方数与全部样方之比。优势度(dominance),指某个种在群落中所具有的作用和地位的大小,美国学者提出用重要值(importance value)来表示,其计算方法为:重要值=[相对密度或多度($A\%$)+相对频度($F\%$)+相对显著度(乔木种类)($D\%$)或相对盖度(灌木、草本种类)($C\%$)]/3。重要值越大的种,在群落中的作用和地位越高。

2. 植物群落的物种多样性

物种多样性(species diversity)或称物种丰富度,是指群落中的物种数目、各物种的个体数及其均匀度,是反映群落组织水平的一个重要指标。它由 Fisher 于 1943 年首次提出,Whittaker(1972)将它分为三类:α 多样性——群落或生境内的物种丰富度;β 多样性——在一个环境梯度上,从一个生境到另一个生境所发生的种的多度变化的速率和范围;γ 多样性——在一个地理区域内(如岛屿)一系列生境中种的多度,它是这些生境中 α 多样性和生境之间 β 多样性两者的结合;三类多样性之间的关系为 $\beta=\gamma/\alpha$。对某一植物群落而言,物种多样性则指其 α 多样性。不同植物群落类型的物种多样性有差异,随着纬度和海拔高度的增加,群落的物种多样性呈逐渐减少的趋势。衡量物种多样性的指标(物种多样性指数)通常有以下几个:Margalef 物种丰富度指数、Simpson(优势度)指数、Shannon-Weaver 指数、Pielou 均匀度指数和种间相遇几率(PIE)。

3. 植物群落的演替(succession)

这里先介绍裸地这一概念:裸地(或称芜原,barren)是指没有植物生长的地段,它是群落形成的最初条件和场所之一。裸地的成因主要有地形变迁、气候现象、生物作用、人类影响等。裸地有原生(primary)和次生(secondary)之分,原生裸地是指从来没有植物生长过的地面,或原来虽存在过植被,但被彻底消灭了(包括原有植被下的土壤);次生裸地指原有植物生长过的地面,原有植被虽已不存在,但原有植被影响下的土壤条件仍基本保留,甚至还残留原有植物的种子或其他繁殖体。在这两种情况下,植被形成的过程是不同的。

演替是一个植物群落被另一个植物群落所取代的过程。它是群落动态(dynamics)中一个最重要的特征。植物群落演替因分类依据的不同可以划分为各种类型,按裸地性质分类,演替可分为原生演替和次生演替。原生演替指在原生裸地上开始进行的演替,它根据基质的不同可分为旱生和水生演替两个系列。旱生演替系列是从岩石表面开始的,它一般经过以下几个阶段:地衣植物阶段、苔藓植物阶段、草本植物阶段、木本植物阶段,演替使旱生生境变为中生生境。水生演替系列是从淡水湖沼中开始的,它通常有以下几个演替阶段:自由漂浮植物阶段、沉水植物阶段、浮叶根生植物阶段、直立水生植物阶段、湿生草本植物阶段、木本植物阶段,演替从水生生境趋向最终的中生生境。次生演替指在次生裸地上开始的演替,比较典型的是森林的采伐演替和草原的放牧演替。森林如云杉林被皆伐后,要经过以下几个演替阶段:采伐迹地阶段、小叶树种(桦、杨)阶段、云杉定居阶段、云杉恢复阶段。草原的放牧演替则一般由以下几个阶段构成:放牧不足阶段(草甸化阶段)、轻微放牧阶段(针茅属阶段)、针茅消灭阶段(羊茅属阶段)、早熟禾废墟阶段、放牧场阶段。

不管是原生还是次生演替,其进展演替的最终结果是形成成熟群落(mature community),或称顶极群落(climax community)。演替顶极是由美国学者 Clements 提出的,这一学说对植物群落学产生了巨大影响。Clements 把一个群落比拟为一个有机体，并认为，一个气候区只有一个潜在的演替顶极，是这种气候下所能生长的最终型的群落，该地区所有的群落最后向着唯一的一个顶极群落(气候顶极，climatic climax)演替，他的这一学说称为气候顶极或单元顶极假说(monoclimax hypothesis)。但英国学者 Tansley 认为，在每一气候带内，不仅有一个气候演替顶极类型，而是有几个甚至很多个顶极类型，这些类型决定于土壤、小气候和其他局部条件，因此有气候、土壤、地形、火烧、动物等演替顶极之分，这一学说称为多元顶极假说(polyclimax hypothesis)，现在支持多元顶极假说的人越来越多。美国学者 Whittaker 等在提出植被连续性概念的基础上，提出了顶极格局假说，认为一个演替顶极是一个稳定状态的群落，其特征取决于它本身生境的特性，生境梯度决定种群的格局，如果生境变化，种群的动态也相应地改变。由于生境的多样性，植物种类又繁多，所以顶极群落的数目很多。他认为，顶极群落与其用镶嵌来解释，不如用与环境梯度格局相应的逐渐过渡的群落格局来解释，格局中的中心、分布最广的(稳定状态的、未受干扰的)群落类型，就是占优势的或气候的演替顶极，反映了该地区的气候。并认为顶极群落是种群结构、能量流动、物质循环以及优势种替代的稳固状态，不同于演替阶段(或称演替系列)群落，顶极群落的种群围绕着一种稳定的、相对不变化的平均状况进行波动。

4. 植物群落的分类

植物群落的分类是植物群落学中最复杂的问题之一，从 19 世纪至今，植物生态学家们根据不同的原则建立了多种植物群落分类系统，分类系统的建立主要依据以下几种原则：外貌原则、结构原则、区系原则、优势度原则、生态原则、演替原则和外貌—生态原则等。通常用群丛、群系和植被型作为分类的单位。苏联学派、北欧学派、法瑞学派、英美学派等植物生态学学派均有自己的分类系统。

这里简单地介绍一下中国植被的分类系统。中国植被分类的依据是，在划分植被的高级类型时，侧重于外貌、结构和生态地理等方面，而在确定中级以下分类单位时，主要着重于植物种类组成。采用的主要分类单位有三级，即植被型(高级单位)、群系(中级单位)和群丛(基本单位)，每一级分类单位之上，各设一个辅助单位，之下设亚级。具体的分类系统为：植被型组(如阔叶林)、植被型(如常绿阔叶林)、植被亚型(如典型常绿阔叶林)、群系组(如青冈林)、群系(如青冈、红楠林)、亚群系(大多数无)和群丛(青冈、红楠—短柱柃—狗脊群落)。

5. 植物群落的分布

地球表面的热量，随所在纬度位置的变化而变化，水分则随着距离海洋的远近以及大气环流和洋流特点而变化。水热结合导致气候、植被、土壤等的地理分布，一方面沿纬度方向呈带状发生有规律的更替，称为纬度地带性；另一方面从沿海向内陆方向呈带状发生有规律的更替，称为经度地带性，它们又合称为水平地带性。此外，随着海拔高度的增加，气候、土壤和植物群落也发生有规律的更替，称为垂直地带性。它们统称为三向地带性。以我国的植被为例，在沿海地区，从南到北因热量条件的变化，分布着热带雨林带→亚热带常绿阔叶林带→暖温带落叶阔叶林带→温带针阔叶混交林带→寒温带针叶林带；在温带地区，自东至西，因水分条件的变化，依次分布着落叶阔叶林或针阔叶混交林→草原→荒漠；在我国的长白山，从山脚到山顶，随水热条件的变化分布着落叶阔叶林带→针阔叶混交林带→山地针叶林带→山地矮曲林带→山地冻原带。天目山植被类型及其垂直地带性分布规律可参见本书的第一章第三节。

地球上因三向地带性的作用，及其他区域性条件的影响，分布着各种各样的植被类型，如：热带雨林(rain forest)，是热带地区的地带性植被类型；亚热带常绿阔叶林(evergreen broad-leaved forest),是亚热带地区的地带性植被类型；温带落叶阔叶林(deciduous broad-leaved forest)，为温带地区的地带性植被类型；寒温带针叶林(coniferous forest)，是寒温带的地带性植被类型；温带草原(steppe)，是温带半干旱地区地带性植被；荒漠(desert)，为干旱/极干旱地区的典型植被；冻原(tundra)，是寒带的典型植被。

二、植物群落调查方法

要了解某一植物群落的特征，就必须在野外识别植物群落或植被片段，并通过取样的途径对其进行描述和研究，因为对其作百分之百的调查十分费时，并且对调查的大部分目的而言根本无须这么做。根据研究目的，常用的调查方法有两种：一种以群落外貌(与结构)为基础，它适合于小比例尺/大范围的研究或高级分类单位的划分；另一种则以群落的种类组成或区系成分为基础，它对大比例尺/小范围的研究更为合适，但法瑞学派也把它用于大范围的植被分类与制图。

（一）以外貌为基础的方法

如上所述，群落的外貌特征主要指其形态习性、生活型和叶型、周期性，并常用生活型谱和叶型谱等来表述。生活型谱和叶型谱的建立一般以群落内种类采集为基础，也可根据大量的样方调查(方法见后)的结果，所得的种类越全越好。在获得某一植物群落的生活型谱和叶型谱后，可对其外貌特征、群落类型、生境特点等进行进一步的分析。一般植被高级单位以外貌为主要分类依据。

1. 生活型

这里介绍一下 Raunkiaer 的生活型系统。

（1）高位芽植物(phanerophytes，简写为 Ph)

高位芽植物的休眠、复苏芽或顶端嫩枝的位置距地面至少 25cm 以上，可分为巨型(30m 以上)、中型(8~30m)、小型(2~8m)以及矮型(0.25~2m)等四类，或称为大、中、小、矮高位芽植物。具体有 15 个亚型：常绿的芽无保护的大高位芽植物、常绿的芽无保护的中高位芽植物、常绿的芽无保护的小高位芽植物、常绿的芽无保护的矮高位芽植物、常绿的芽具保护的大高位芽植物、常绿的芽具保护的中高位芽植物、常绿的芽具保护的小高位芽植物、常绿的芽具保护的矮高位芽植物、落叶的芽具保护的大高位芽植物、落叶的芽具保护的中高位芽植物、落叶的芽具保护的小高位芽植物、落叶的芽具保护的矮高位芽植物、肉质多浆汁的高位芽植物、多年生草本高位芽植物。

（2）地上芽植物(chamaephytes，简写为 Ch)

地上芽植物的芽或顶端嫩枝位于或接近地表，一般不高于土表 25cm。可分为 4 个亚型：半灌木地上芽植物、被动地上芽植物、主动地上芽植物、垫状植物。

（3）地面芽植物(hemicryptophytes，简写为 H)

地面芽植物的芽位于地表，可分为 3 个亚型：原地面芽植物、半莲座状地面芽植物、莲座状地面芽植物。

（4）隐芽植物(cryptophytes，简写为 Cr)

隐芽植物的芽埋于地表以下或水体中，可分为 2 类 7 个亚型：地下芽植物(geophytes，简写为 G)，含根茎地下芽植物、块茎地下芽植物、块根地下芽植物、鳞茎地下芽植物、没有发达的根茎、块茎或鳞茎的地下芽植物；沼生和水生植物，含水生植物、沼生植物。

（5）一年生植物(therophytes，简写为 T)

这类植物以种子的形式度过不利时期。

2.叶型

同一群落内或不同群落间,叶型常有明显的差异,而不同生境内的群落,其叶型差异尤为显著。叶型研究大多按 Raunkiaer 所创的叶型分类系统来进行叶型分析,其中叶面积大小可分为 6 级,鳞叶或细叶(leptophyll),叶面积为 $0\sim25\text{mm}^2$;微叶(nanophyll),叶面积为 $26\sim225\text{mm}^2$;小叶(microphyll),叶面积为 $226\sim2025\text{mm}^2$;中叶(mesophyll),叶面积为 $2026\sim18225\text{mm}^2$;大叶(macrophyll),叶面积为 $18226\sim164025\text{mm}^2$;巨叶(megaphyll),叶面积大于 164025mm^2。除了叶面积大小外,全缘或非全缘、单叶或复叶、叶质也是需在叶型谱中列出的指标。叶质中厚革质、革质、纸质和膜质一般分别代表硬叶常绿、常绿、落叶、禾草类的叶片。

(二)以群落结构和种类组成为基础的方法

用此方法可获得每一种类的多度、密度、盖度、频度、优势度等参数,从而可进行进一步的分析和分类。由于每一国家和地区的植被特点和文化背景的差异,不同的植物群落学学派的方法也各异,这里主要介绍英美学派的样方法。一般在植被的低级单位分类时以此方法为主。

1.样方法

样方法(quadrat method)是植物群落调查中比较科学的、综合性的方法,采用这种方法可获得很多参数,从而能较准确地描述植物群落的各项特征。

(1)野外调查步骤

用样方法调查植物群落一般有以下五个步骤:

①将植物群落或植被分成片段,并初步识别它。这需要有一定的研究经验和对群落的认识水平。

②在已识别的群落片段中选择样地(plot)。选择的样地应符合下列要求:代表性,即样地的大小应包括属于该群落的绝大多数种类(即最小面积要求);一致性,即样地范围内可能确定的生境应是一致的;同质性,群落尽可能是同质的,比如,样地内不应该有大的林窗,或不应是一个种在样地的半边占优势,而另一个种在样地的另半边占优势。

③决定取什么形状和大小的样地,样地内怎样划分样方。形状如正方形、矩形、圆形等等。样地大小一般采用最小面积(minimal area),并要求在该面积范围里,群落的种类组成及数量特征等能得以充分的体现。

④决定要记录或测量的是哪些参数或统计指标(主要是能反映群落和种群特征的那些参数)。

⑤ 对群落进行详细调查。

(2)最小面积的确定方法

最小面积的确定十分重要,通常是采用逐步扩大样地面积的方法,用种的数目与样地的关系,绘制一个"种—面积"曲线(图 3-32),再根据肉眼识别,或以预定的坡度或曲率,判断曲线开始平伸的一点所示的面积,作为最小面积。不同群落类型的最小面积是不一样的,如几种主要的森林植被类型的最小面积为:热带雨林——$2500\sim4000\text{m}^2$,南亚热带常绿阔叶林——1200m^2,中亚热带常绿阔叶林——$400\sim800\text{m}^2$(一般取 400m^2),落叶阔叶林——$200\sim500\text{m}^2$,常绿针叶林——$100\sim250\text{m}^2$。在进行某一种植物群落调查时,首先需要通过大面积样地的调查得出最小面积,然后用多个最小面积的样地进行具体的调查。

(3)调查内容

在确定所调查的群落的地点后,先根据表 3-1 对群落(样地)的概貌进行记录,并用样绳拉

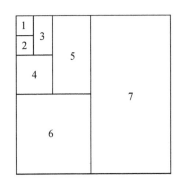 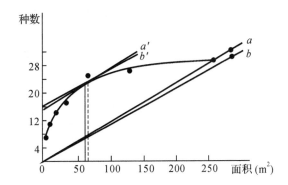

图 3-32 确定样方最小面积的程序

（按左图所示方式，成倍扩大样方面积，记录出现的种数，根据记录绘出如右图所示的种—面积曲线）

好样地（以中亚热带常绿阔叶林 20m×20m 为例），样地内分 16 个 5m×5m 乔木层调查样方、8 个 2m×2m 灌木层调查样方、8 个 1m×1m 草本层调查样方（图 3-33），然后分乔木层、灌木层和草本层分别按表 3-2 和表 3-3 作调查和记录，同时记录样地内藤本植物种类。调查的工具和材料除了样绳和记录表外，尚需带海拔仪、指南针、坡度仪、铅笔、橡皮、卷尺等。

表 3-1　群落（样地）概貌登记表*

总样地号		样地号		海拔		坡向			坡度	
群落类型				总郁闭度			样地面积		m×m	
地形特点		土壤类型		土壤厚度						
岩石裸露率		死地被层覆盖率				死地被层厚度				
人类干扰程度			周围生境状况							
乔木层高度		盖度		优势种			伴生种			
第一亚层高度		盖度		第二亚层高度		盖度		第三亚层高度		盖度
灌木层高度		盖度		优势种			伴生种			
第一亚层高度		盖度		第二亚层高度		盖度		第三亚层高度		盖度
草本层高度		盖度		优势种			伴生种			
常见藤本植物										

*注：群落类型和土壤类型尽可能为较低的分类单位；总郁闭度指群落所有植物在地面的投影面积与相应的地面面积之比（0~1）；地形特点如山顶、山脊、上坡、中坡、下坡、沟谷、山麓等；盖度为植冠在地面的投影面积占相应的地面面积的百分比（0~100％）；藤本植物最好能记全。

表 3-2　乔木层调查记录表*

样方(格子)号	种类	胸径(围)(cm)	基径(围)(cm)	树高(m)	冠幅(m×m)	长　势

*注：表中胸径（围）/基径（围）为胸高处（树干上坡方向离地面 1.3m）/基部（树干上坡方向离地面 10cm）处的直径（周长），如在 1.3m/10cm 处有两个以上树干，需分别测定，在几个数据间加上"＋"，它们属同一株，密度、多度和频度等指标中以一个个体计算，但在显著度中应相加，凡属于同一根系向上长的树干均应如此处理；枝下高为明显影响树冠的第一主枝的高度；冠幅为树冠宽幅最大处直径乘以与之垂直的直径；长势分好、较好、一般、差，一些比较特殊的状况如多高处截断或被砍等可注出。

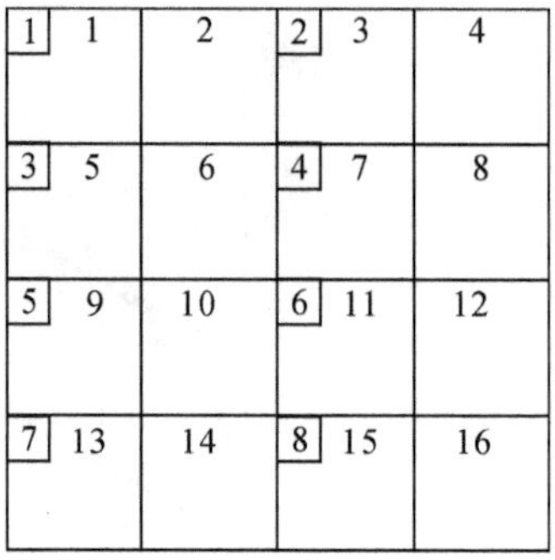

図中の格子：

1️⃣ 1	2	2️⃣ 3	4
3️⃣ 5	6	4️⃣ 7	8
5️⃣ 9	10	6️⃣ 11	12
7️⃣ 13	14	8️⃣ 15	16

图 3-33　20m×20m 样地及其中的样方设置图

图中，1～16 为乔木层调查样方，面积均为 5m×5m，在其中选择 8 个样方，用机械布点法，在其角上布置2m×2m灌木层样方和1m×1m的草本层样方(1～8 号)各 8 个。

表 3-3　灌木层和草本层调查记录表*

样方号	种类	个体数	盖度(%)	高度(cm)		
				最高	一般	最低

* 注：表中个体数指样方内某一种类的丛数(由同一根系长成)；盖度指这一种类所有个体的植冠在地面的投影面积之和占样方面积的百分比。

(4)数据处理和分析

①垂直结构

将按表 3-2 和表 3-3 得出的数据，以高度为横坐标、个体数为纵坐标，绘出高度—个体数直方图，从而可知群落的垂直分层状况。

②种类组成

密度＝某一种类的个体数/取样面积，

相对密度(%)＝某一种类的密度/所有种类的密度之和×100%；

显著度＝乔木层某一种类的胸高处断面积/取样面积，

相对显著度(%)＝某一种类的显著度/所有种类的显著度之和×100%；

盖度＝灌木层或草本层某一种类的盖度/取样面积，

相对盖度(%)＝某一种类的盖度/所有种类的盖度之和×100%；

频度＝某一种类出现的样方数/取样样方数，

相对频度(%)＝某一种类的频度/所有种类的频度之和×100%；

重要值＝[相对密度(A%)＋相对频度(F%)＋相对显著度(乔木种类)(D%)或相对盖度(灌木、草本种类)(C%)]/3。

③物种多样性指数

Margalef 物种丰富度指数 $R = (s-1)/\ln N$

Simpson 指数 $\lambda = 1 - \sum_{i=1}^{s} N_i^2/N^2$

Shannon-Wiener 指数 $H = -\sum_{i=1}^{s} (N_i^2/N^2) \times \log_2(N_i^2/N^2)$

简化式：

$$H = 3.3219(\lg N - 1/N \times \sum_{i=1}^{s}(N_i^2/N^2) \times \log_2(N_i^2/N^2)$$

根据 Shannon-Wiener 指数推算的 Pielou 均匀度指数 J：

$$J = H/3.3219 \times \{\lg N - [(s-\beta) \times \alpha \times \lg\alpha + \beta \times (\alpha+1) \times \lg(\alpha+1)]/N\}。$$

种间相遇几率 $PIE = \sum_{i=1}^{s}(N_i/N) \times [(N-N_i)/(N-1)]$

$$= N/(N-1) \times (1 - \sum_{i=1}^{s}N_i^2/N^2)。$$

以上各式中，s 为所有种类数，N_i 为第 i 个种类的个体数，N 为所有种类的总个体数，β 是 N 被 s 整除后的余数，$\alpha = (N - \beta)/s$。

对植物群落演替的研究，可以采用两种方法：其一为永久样地法，即设一固定样地，将其中的每一个体标记，长期调查其群落特征，可知演替进程中群落的变化；其二用"空间差异代替时间变化"法，即选在群落特征上似具延续性的一些群落，调查其群落特征，也可得出演替进程中群落特征的变化特点。由于森林群落的演替较为漫长，前一种方法不是很现实，后一种常被应用。

前面曾提到，植物群落分类的高级单位一般以外貌—生态结合法来确定，低级单位则常根据种类组成确定。所以，在上述调查结果的基础上，可以对不同的植物群落进行分类。

此外，如果对不同水平和垂直梯度的植物群落进行调查，可得出群落水平和垂直分布特点、群落特征的变化规律，以及它们与环境因子之间的相互关系。

三、植物种群调查方法

1. 野外调查

植物种群结构的野外调查采用 Greig-Smith 提出的"相邻格子法"。对常绿阔叶林的乔木种群来说，与群落特征调查相匹配，先选择一个面积为 $20m \times 20m$ 的样地，样地中包含 16 个 $5m \times 5m$ 的基本格子（图 3-33 中的 1～16），然后对每个格子中该种群胸径≥2.5cm 的个体用每木调查法进行调查（图 3-33，表 3-1），对处于灌木层的个体分以下三级调查格子中的个体数：高度≥100cm、33cm≤高度<100cm、高度<33cm（表 3-4）。数据处理建立在 16 个格子调查的基础上，即 $N=16$。

表 3-4　胸径<2.5cm 灌木层个体数量登记表

格子号	种类	个体数		
		高度≥100cm	33cm≤高度<100cm	高度<33cm

2. 数据处理

(1)种群的大小级结构

在进行种群大小级结构分析时，大小级的确定十分重要，一般采取以下方法：

第一级（Ⅰ）：高度<33cm；　　　　　　　第二级（Ⅱ）：33cm≤高度<100cm；

第三级（Ⅲ）：胸径≤2.5 cm，高度≥100cm；　第四级（Ⅳ）：胸径 2.5～7.49cm；

第五级（Ⅴ）：胸径 7.5～22.49cm；　　　　第六级（Ⅵ）：胸径≥22.5cm。

划分出大小级后，根据每一大小级的数量（Ⅰ～Ⅲ需乘以 12.5），统计出每一大小级占种群数量的百分比,然后以大小级为横坐标、每一大小级百分比为纵坐标,绘出种群的大小级结构图。

（2）种群的分布格局

种群分布格局常用以下几种方法测定:用方差与均值比率、负二项式法判定主要种群及其各大小级,用 Lloyd 的平均拥挤指数（m^*）和聚块指数（C）、David 和 Moore 的丛生指标（I）、负二项式参数（k）来度量主要种群的集群程度。具体计算公式见相关参考书。

（3）种间联结与相关性

两者的计算也需建立在相邻格子法调查的基础上。

测定种间联结性,通常是先把成对种群在格子中的存在与否的数据排列成 2×2 联列表:

种群 A

种群 B		$+$	$-$	
	$+$	a	b	$a+b$
	$-$	c	d	$c+d$
		$a+c$	$b+d$	

其中 a 为两个种都存在的格子,b 为 B 种存在而 A 种不存在的格子,c 为 A 种存在而 B 种不存在的格子,d 为两个种都不存在的格子,n 为总格子数。那么,

当　　$ad \geqslant bc$ 时　　　　　　　　$AC = (ad-bc)/[(a+b)(b+d)]$

　　$ab > ad$ 及 $d \geqslant a$ 时　　　$AC = (ad-bc)/[(a+b)(a+c)]$

　　$bc > ad$ 及 $a > d$ 时　　　$AC = (ad-bc)/[(b+d)(c+d)]$

式中,AC 为联结系数（association coefficient）,表示种间联结程度。或者可用 χ^2 表示:

$$\chi^2 = \frac{n[(|ad-bc|)-n/2]^2}{(a+b)(c+d)(a+c)(b+d)}$$

来检验两个种是独立分布,还是彼此联结分布的概率。测定的范围是从 0（彼此独立分布）到 1（完全正联结）和 -1（完全负联结）。

正联结表明一个种依赖于另一个种,或相互依赖,或者是它们对生境的适应性是相同或相似的。负联结则意味一个种通过对另一个种的影响而排斥它,这可以是单纯的空间排斥、竞争或他感作用,也可能是它们对生境的适应和反应是不同的。

联结系数或 χ^2 常被排列成半矩阵、星状图、树枝状图、昴状图或丛图,以较形象地显示种间联结性。

种间相关性常用且最有效的测定方法是相关系数（correlation coefficient,简写 r）:

$$r = \frac{\sum_{i=1}^{n}(X-\overline{X})-(Y-\overline{Y})}{\sqrt{\sum_{i=1}^{n}(X-\overline{X})^2 - \sum_{i=1}^{n}(Y-\overline{Y})^2}}$$

式中,X、Y 是格子中两个种的个体数,$\overline{X}$、$\overline{Y}$ 为它们的平均值,n 是格子总数。r 的范围为 -1 ～ 0 ～ 1,其绝对值越大,反映两个种群的正 / 负相关性越高,即 r 为 1 时达到最大的正相关,r 为 -1 时达到最大的负相关。

第四章 天目山常见植物的观察与识别

第一节 实习线路及其常见植物

以禅源寺为中心,可以组织多条实习路线,下面介绍其中 5 条路线的主要植被类型和常见植物种类。

天目山植物学实习路线示意图

一、禅源寺—竹祥山庄—太子庵—进山门—禅源寺

从禅源寺前树林开始,沿寺西(左侧)上山古道石阶路到竹祥山庄,再沿林区公路上行到太子庵,然后沿山坡小路到进山门,再沿林区公路经寺东返回禅源寺前。该地段海拔高度从340—440m,为山谷盆地,植物分布较为集中而丰富。由于人为活动的长期影响,栽培种类较多。

该地段地带性植被,有禅源寺左右青龙山和白虎山上的小块常绿阔叶林,但由于毛竹林的入侵,处于残存状态。乔木上层有细叶青冈、苦槠、枫香、榉树、香樟、响叶杨等古老树种,平均高度达25~30m。乔木下层有杉木、椴树及毛竹,平均高10~15m。灌木层由檵木、映山红、大叶胡枝子、乌药和乔木树种的苦槠、青冈、冬青、白栎等的幼树组成,高1.5~2m。草本层高0.5~0.8m,其组成绝大部分是喜阳耐旱的植物,如蕨、芒萁、海金沙、芒等。禅源寺前的小块常绿、落叶阔叶混交林,乔木层有浙江楠、麻栎、柳杉、银杏、枫香、细叶青冈、香樟、黄山栾树、椴树、金钱松、杭州榆等,高度20~30m,灌木层有山核桃、糙叶树、大叶早樱、响叶杨、盐肤木、麻栎等的幼树,高度6~10m,草本层有浙江蝎子草、苎麻、吉祥草、鱼腥草、苔草等,高度0.5~1m。毛竹林为人工栽植,太子庵、青龙山、白虎山、留椿屋分布较集中。毛竹林结构单一,林冠起伏不大,形成单层水平郁闭。林下植被的发育状况与竹林密度和人为活动有关。林下灌木有苦竹、山胡椒、野鸦椿、大叶胡枝子、化香、六月雪、阔叶箬竹等,高度1~2m。草本层有多花黄精、泽兰、兔儿伞、鸭儿芹、百合、渐尖毛蕨、海金沙等,一般高20~40cm。另外还有禅源寺前后的柳杉林,为人工栽培,天目山特有的森林景观在此可见一斑。

在这里,我们可以看到很多形态各异的植物。银杏,属银杏科,单属单种,中生代孑遗植物,我国特产,天目山是其冰期避难所之一,枝叶奇特,有长短枝之分,叶似扇形,秋后金黄色,为著名的园林观赏树;种子名白果,营养丰富可食用;叶含银杏黄酮,对治疗心血管疾病有显著疗效。禅源寺内的古罗汉松属罗汉松科,它的叶子比普通罗汉松短,因此称短叶罗汉松,肉质假种皮紫黑色,下部具红色膨大的种托,形似身披红色袈裟打坐的罗汉,故名。它上面还附生着象鼻兰,浙江特产,模式标本采自天目山,但今不复在,令人扼腕、深思。野珠兰,又称华空木,属蔷薇科,为路边和林缘常见植物。庐山楼梯草是路边阴湿处的常见草本,看了其叶片排列及其叶形就知道它为什么叫这个名字了。紫弹树、朴树都属榆科,前者果柄比叶柄长2~3倍,后者果柄与叶柄近等长。我国特有孑遗植物、珍贵速生绿化树种水杉在此引种五十余年,成片大树,秋冬时节形成独特风景。有一种枝叶上长满粗长螫毛的植物,人的皮肤一旦触及就会发痒起泡,疼痛难忍,这就是模式标本采自天目山的浙江蝎子草,属荨麻科,大家还是少惹它为妙。葫芦科的绞股蓝,草质藤本,叶似鸟足状,常缠绕在其他植物上,全株含多种皂苷,堪与人参媲美,故有"南方人参"之誉。葡萄科的乌蔹莓,叶形与绞股蓝极为相似,两者区别在于乌蔹莓卷须与叶对生,茎节和叶柄顶端紫红色。还有一种喜攀爬于其他植物上的缠绕藤本,花初放时白色,后渐变黄色,因而称为金银花,其叶经冬不凋,故又名忍冬,属忍冬科忍冬属,为清热解毒良药。龙葵属茄科植物,它的花序不像其他植物一样生于枝顶或叶腋中,而是生于叶腋外的茎上,因此可形象地称为节外生枝(因花序是枝的变态)。无患子科的黄山栾树,圆锥花序顶生,分支开展,蒴果泡囊状,在开花、结果和叶子变色落叶前都极有观赏价值,是前几年大力推广的园林绿化树种。多种国家保护的珍稀植物在此生长和繁衍,有地下粗长坚硬块根的野荞麦,属蓼科,可治跌打损伤;有喜生荒野的大豆的野生近缘种野大豆;有树干通直高大,叶缘具桃型锯齿的珍贵用材树种榆科的榉树;有四季常绿的绿化良木樟科的香樟、浙江楠。另外,还有多种该地产的国家保护的珍稀植物在此安家,如材质坚硬、号称"地球独生子"的天目铁木;

仅产天目山、果翅开张似羊角的羊角槭;夏日开花、白中带红的夏蜡梅;长有白色大苞片、形态别致的香果树等等。

二、禅源寺—黄坞口—南大门—火焰山脚—雨华亭—禅源寺

从禅源寺前沿公路经派出所、南苑、画眉山庄,往下到黄坞口、南大门,从大路左侧沿火焰山脚小路上行到雨华亭后返回禅源寺前。海拔从 360m 到 290 m。生境类型比较复杂,植物种类较多。

沿途常见的植被有火焰山脚的常绿阔叶林,乔木层有青冈、木荷、石栎、华东楠、紫楠、冬青、豹皮樟等,灌木层有檵木、山矾及木荷、青冈的幼树,草本层有狗脊、三脉紫菀、鳞毛蕨、苔草等。层外植物有鸡矢藤、南五味子、菝葜等。杉木林多为人工纯林,上层乔木除建群种杉木外,混生的则为木荷、野柿、马尾松、檫木等;灌木层有细齿枸、山蚂蝗等,林下草本有金星蕨、蕨、襄荷和狗脊等。马尾松林是我国亚热带地区东部分布最广、资源最为丰富的植被,在西天目山海拔 800m 以下分布较广,但成片不多。火焰山可见人工马尾松纯林和混交林。乔木层以马尾松为主,混生有杉木、枫香和麻栎,高度在 15~25m,灌木层常见有白栎、映山红、檵木、美丽胡枝子、隔药枸、乌饭树、黄檀、多花木蓝、野鸦椿及青冈、苦槠和木荷幼树,高度在 1.5~3m。草本层有芒萁、蕨、五节芒、芒、白茅,高度在 0.5~1m。火焰山沟谷地段石灰性土壤上人工栽植的柏木纯林,高度在 15m 左右,林相整齐美观,树干通直,灌木层植物有盐肤木、牡荆等,高 2.0~3.5m,草本层为五节芒,地被植物有苔藓、地衣。

此地常见的植物种类乔木有杜仲,属杜仲科,单属单种,国家保护植物,树皮入药,补肝、肾,治腰膝痛、高血压等症。枫杨喜生长于溪流两旁,称溪沟树,裸芽,叠生副芽,密被锈褐色腺鳞,偶数羽状复叶,坚果具 2 斜上伸展的翅,形如元宝,又称元宝树。形体高大粗壮的枫香,属金缕梅科,叶片 3 裂,秋后变为红色或黄色,是著名的红叶树种,头状花序球形,果实药用,名"路路通"。另一种金缕梅科的植物牛鼻栓,蒴果木质,成熟时褐色,卵球形,形似牵牛鼻子的木栓子,故称。常见的灌木有叶背布满绢质伏贴长柔毛,喜生于溪流中的银叶柳。小核果橙红色、纤维质佳的小构树。能作为养蚕饲料,聚花果味美可生食的桑树。果瓣薄革质、裂开后露出红色种子的崖花海桐,其根、叶及种子药用,可治毒蛇咬伤。叶形细小,常被人们挖取制作优美树桩的檵木。花开时节,一片金黄的棣棠花。叶子经冬不凋,果实被锈色鳞片,成熟时红色,酸甜可食的胡颓子。火焰山脚林下长有许多喜阴湿的植物,如牛膝,茎四棱形,节常膨大如牛膝盖,具细长的穗状花序;舌瓣鼠尾草又名长叶丹参,茎四棱形,叶对生,背面常紫红色;玄参科的天目地黄,花紫红色,因地下根茎皮黄色而得名;过路黄是报春花科细小藤本,茎匍匐状,喜生于路边,开黄色小花因而得名;还有凤了蕨、渐尖毛蕨、江南卷柏、翠云草等蕨类植物。藤本植物也颇多,如桔梗科缠绕植物羊乳,2 对叶片常于小枝顶端成簇生状,又名四叶参,叶背面粉白,茎断面有白色乳汁,根纺锤形入药。中华常春藤,五加科藤本,茎借气生根攀援,叶有二形,果成熟时转为黄色,可供观赏。桑科珍珠莲叶革质,先端尾尖,茎叶折断后有乳汁,长有跟榕树一样的隐花果。具气根,喜攀援于树上、墙上、岩石上的络石,大家可细细观察一下它与扶芳藤、薜荔的区别在哪里。卷须先端膨大成吸盘,喜攀山坡岩石和墙壁,秋季色彩红艳的爬山虎。大芽南蛇藤(哥兰叶)的黄褐色枝条上散布淡黄色点状皮孔,腋芽粗大,具坚硬刺状的芽鳞。在雨华亭溪沟边生长的三尖杉,属三尖杉科,叶线形细长,柔软,果熟时红色,全体含三尖杉碱,对治疗白血病有较好疗效。胡桃科乔木青钱柳,奇数羽状复叶,坚果具圆盘状翅似铜钱,人称摇钱树。

三、禅源寺—黄坞口—管理局—黄坞—太子庵—禅源寺

从禅源寺前沿公路经老派出所、南苑、画眉山庄下行,从黄坞口右拐,经过管理局,再从黄坞口进入黄坞,然后翻越小山脊到太子庵,沿公路返回禅源寺。海拔从 300m 到 550m。

该地段地带性植被类型,为常绿阔叶林,往往被人工杉木林、柳杉林、马尾松林和混交林替代,更多的是被毛竹林所替代。因这些人工林为常绿林,密度大,林下光线严重不足,灌木和草本稀少。

伫立在一口天酒店门口的是榆科的红果榆,先花果后长叶,当我们发现它开始长叶时,它已经是硕果累累。短尾柯叶形变化大,从幼树的狭长条形至成树的宽椭圆形,雄花序直立。石楠属蔷薇科,叶厚革质,叶缘有尖锐锯齿。短柄枹,叶片较窄,集生在小枝顶端,近无柄,它与白栎的区别是叶缘为锯齿而非波状。宁波溲疏,落叶灌木,通常有星状毛,圆锥或聚伞花序,花白色。山梅花,叶对生,基出 3 脉,花 4 基数,芳香,雄蕊多数,蒴果 4 瓣裂。杜鹃,又名映山红,花冠鲜红色,为酸性土指示植物。马银花,常绿灌木,花紫白色,单生于枝端叶腋,叶片顶端短尖而微凹,中脉延伸成小凸尖。大叶冬青,叶厚革质,长圆形,墨绿透亮,主脉在表面凹陷,在背面显著隆起,干叶可泡茶,叫"苦丁茶"。青冈,属壳斗科,叶背灰白色,叶片较宽。红楠,樟科常绿乔木,叶厚革质,倒卵形,背面粉绿色,叶柄时有红色,是近年来大力推广的绿化树种。山胡椒,属樟科落叶灌木,叶互生,枯叶经冬不落,似枯树一棵,又称假死柴。野鸦椿,属省沽油科,果实熟时红色,种子黑色具假种皮。金缕梅,属金缕梅科,嫩枝和芽有星状毛,花先叶开放,带状,金黄色。芸香科的臭辣树,奇数羽状复叶对生,蓇葖果 5 裂,入药可止咳。

常见的草本植物有华双蝴蝶,龙胆科缠绕藤本,基生叶 4 片莲座状着生,2 大 2 小。五节芒是天目山常见的禾本科高大草本,圆锥花序宽大而稠密,长可达 50cm,禾本科植物还可以见到皱叶狗尾草、油芒等。千里光,有攀援状茎,花果期秋冬季到次年春,民间有谚云:何人识得千里光,全家一世不生疮。草本植物还有飞蛾藤、婆婆针、天目地黄、三脉紫菀等。

四、禅源寺—雨华亭—忠烈祠—红庙—火焰山岗—朱陀岭

从禅源寺出发,经过雨华亭、忠烈祠,沿上山公路一直到红庙,从红庙南侧开辟的实习小路上火焰山岗防火线,再从防火线下到九狮村的朱陀岭自然村,然后回到红庙,沿石阶路下山。海拔从 360m 至 560m。

沿途常见的植被有杉木林、马尾松林、柳杉林、柏木林,还有山核桃林、檫木林、杜仲林,它们都为人工林。古老的天然响叶杨林在青龙山东坡长得特别好,与枫香形成特有的低山落叶林景观。实习小路上有一片落叶阔叶林植被,乔木层为麻栎和檫木,灌木层有猫乳、长叶冻绿、圆叶鼠李、山檀、浙江大青、丁香杜鹃、中国旌节花、枳椇等,草本层有宝铎草、六角莲、多花黄精、山麦冬等。

这一带的常见植物有壳斗科的麻栎,叶背绿色,叶缘锯齿具芒尖。杉木,属杉科,叶线形,先端刺尖,树干通直,生长快,材质好,是南方优良速生用材树。国家保护的野生植物榧树,属红豆杉科,从开花受粉到种子成熟需跨两个年度,每年的 5~9 月同时有两代种子在树上生长。杨柳科的响叶杨,叶对空气流动极其敏感,其他植物叶子尚未摇动时,它已开始晃动了,当风稍大时,树叶就开始发出随风而动的响声。山核桃是天目山区的特产,著名干果,芽密被黄褐色腺鳞,羽状复叶具小叶 5~7,叶片下面有橘红色腺点。泡桐,玄参科高大乔木,花大而美丽,是庭园观赏树种。豆科的黄檀,可能是天目山最迟抽叶的乔木树种,其他落叶树都抽枝发叶时它却还在休眠,人称"不知春",无顶芽,奇数羽状复叶。八角枫科的八角枫,叶形似枫叶而有 6~8 角,花冠裂片细长而反卷,外形似金银花。忠烈祠门口种着一棵濒危植物——樟科的天目木

姜子,模式标本产自天目山,其叶基部耳形,树皮成圆块状剥落。女贞,常用作绿篱,修剪成灌木状,其实它是木犀科常绿乔木,常用作绿篱。山茱萸科山茱萸,先叶开花,黄色,秋果红色,果皮名萸肉或药枣,是著名中药。山合欢,属豆科,二回羽状复叶,小叶中脉偏向内侧边缘,雄蕊花丝黄白色或粉红色,长于花冠数倍,花开时节别具特色,有落英缤纷的感觉,为荒山荒坡先锋树种。国家保护植物鹅掌楸,属木兰科,叶形奇特似马褂,又名马褂木。木兰科还有披针叶茴香,与茴香极为相似,聚合果有蓇葖10～13,蓇葖先端有长而弯曲的尖头,有毒,要注意区分。化香是胡桃科的落叶小乔木,奇数羽状复叶,小叶7～23片,果序直立枝顶,圆锥形,经冬变褐而不凋。另一种桑科的薜荔,与络石极为相似,区别在于叶互生,隐头花序中有雄花和瘿花,有薜荔榕小蜂终身寄生其中。南天竹属小檗科植物,三至四回羽状复叶,互生,叶轴具关节,浆果球形,成熟时鲜红色,与绿叶相衬,为常见盆栽观赏植物。葡萄科的刺葡萄,茎粗壮,幼枝密生直立或顶端稍弯曲的皮刺,枝和刺均呈棕红色,卷须分叉,根可供药用,治跌打损伤、筋骨酸痛。贯众属鳞毛蕨科,奇数一回羽状复叶,叶轴贯穿众羽片。狗脊蕨属乌毛蕨科,根状茎密被棕色鳞片,形似狗的背脊。兰科的绶草花序呈螺旋状旋转生长,又名"盘龙参"。虎耳草属虎耳草科,匍匐茎细长,叶基部心形或截形,上面绿色,常具白色或淡绿色斑纹,下面紫红色,5个花瓣2大3小,常生于阴湿处,可治中耳炎。蓼科的金线草,全草密被粗伏毛,地下茎粗壮而短,叶上面中央有八字形墨迹斑,托叶鞘状,花深红色,排列成顶生稀疏瘦长的穗状花序,生于山林下阴湿处。百部根状茎粗短,细根簇生,肥大成肉质纺锤状块根,茎大多缠绕,叶对生或轮生,总花梗大部分贴生于叶片中脉上,形成叶上开花奇观,块根含生物碱,为中药百部,有润肺止咳之效。石蒜,花鲜红色,花葶抽出时,叶子已枯,形成小片繁花似锦的景观。窃衣属伞形科二年生草本,双悬果表面密被斜上内弯的皮刺,常吸附于人和动物身上,被带往远方生活。透骨草属透骨草科,花淡紫色,花蕾时直立,花时平展,花后下垂,极有特色。

五、禅源寺—进山门—五里亭—开山老殿—仙人顶

该路线海拔从340m到1506m,是西天目山植被分布的精华地段,植物种类丰富,珍稀植物繁多。

海拔900m以下沟谷地段的常绿阔叶林有不同类型,三里亭以下的常绿阔叶林,乔木层有青冈、细叶青冈、紫楠、薄叶润楠、榧树、枫香等,灌木层有紫楠幼树、阔叶箬竹、中国绣球等,草本层有庐山楼梯草、乌蔹莓等。三里亭至七里亭间的常绿阔叶林,乔木层有细叶青冈、豹皮樟等,灌木层有野鸦椿、接骨木、毛花连蕊茶、隔药柃等。七里亭周围的常绿阔叶林,乔木层有细叶青冈、小叶青冈、交让木等,灌木层有隔药柃、建始槭、八角枫等。

海拔800—1100m地段的常绿、落叶阔叶混交林,较有特色的有以天目木姜子、交让木为主的常绿、落叶阔叶混交林。乔木层有天目木姜子、交让木、石栎、蓝果树、青钱柳、香果树等,灌木层种类有接骨木、马银花、金缕梅等。以短柄枹、小叶青冈为主的常绿、落叶阔叶混交林。乔木层有短柄枹、小叶青冈、交让木、雷公鹅耳枥,灌木层有大果山胡椒等。

落叶阔叶林分布于1100m至1380m处,为高海拔植被类型。林木主干粗短,多分叉,树高一般在10～15m左右。雷公鹅耳枥是浙江省各种鹅耳枥中分布最广又最常见的一种,常与大柄冬青组成较稳定的落叶阔叶林。乔木层以雷公鹅耳枥和大柄冬青占优势,还有阔叶槭、椴栎、南京椴、苦枥木等落叶树以及少量能耐山地凉爽气候的常绿种类,如交让木、云锦杜鹃、小叶青冈等。灌木层以成片生长的华箬竹为主要特色,其他灌木有中国绣球、山樝、荚蒾、白檀等。以青钱柳、天目木姜子为主的落叶林,林相古老,树体高大,颇具原始森林特色,由于天目

木姜子在省内仅见于浙西北山区和浙东天台山,而在西天目山生长最为良好,可视为具天目山特色的森林群落;乔木层由青钱柳、天目木姜子、阔叶槭、小叶白辛树、稠李、毛叶山桐子、缺萼枫香、华东野胡桃、毛鸡爪槭等构成;灌木层主要有大果山胡椒、刚竹属种类、鸡桑等;草本层有大头橐吾、紫萼、荞麦叶大百合等,多为一些叶大、花艳、较耐阴湿的草本;层外植物有钻地风、黑蕊猕猴桃、紫藤;树干和岩石上布有苔藓和地衣。以短柄枹为主的落叶林,短柄枹在乔木层中占绝对优势,其他落叶树种有茅栗、雷公鹅耳枥、刺楸、苦枥木、灯台树等;灌木层有成片的华箬竹、三花悬钩子、野鸦椿、宜昌荚迷、中国绣球、盾叶莓等;草本层有三脉紫菀、淡竹叶、三叶委陵菜;层外植物有菝葜、扶芳藤等。

落叶矮林分布于海拔1380m以上,为山顶植被。因海拔高、气温低、风力大、雾霜多等因素,植物多低矮丛生,偏冠,呈灌木状。主要有天目琼花、湖北海棠、三桠乌药和四照花占优势的高山落叶矮林群落。

巨大的柳杉林是西天目山最具特色的植被,从海拔330m到1150m处都有分布,在开山老殿一带古老大树集中连片,形成闻名中外的大树王国。乔木层可分为两层,上层柳杉占绝对优势,伴生树种仅有金钱松,树高30～40m,胸径100～200cm,郁闭度0.8以上,亚层以落叶阔叶树为主,主要有银杏、香果树、交让木、天目木姜子、豹皮樟等。灌木层主要是一些耐阴湿的种类,常见有大果山胡椒、海州常山、野桐、青灰叶下珠、细齿枵、老鼠矢、圆锥绣球、毛果南烛等。林下草本层有集中连片生长的翠云草,为本群落的特征,其他常见的有天目藜芦、荞麦叶大百合、斑叶兰、山麦冬、全缘灯台莲、及己、庐山楼梯草等。在林内常见有大藤盘绕、小藤攀悬,苔藓密布的独特景观。

常见植物种类有:从禅源寺到七里亭,海拔330—900m,木本种类有杉科的柳杉,叶钻形,内弯,螺旋状着生枝上,树枝柔软下垂,称凤尾杉。金钱松,松科植物,世界五大庭园树种之一,叶在长技螺旋状着生,在短枝则辐射状簇生,秋叶金黄似金钱,故名。细叶香桂,樟科植物,基部三出脉,叶揉之有樟脑香味。建始槭,属槭树科,三出复叶,小叶有短柄,秋叶变红色。阔叶箬竹,禾本科灌木,叶形宽阔,可裹粽子。吴茱萸,属芸香科,奇数羽状复叶,有小叶9～11片,叶上有油点,果可入药。红果钓樟,属樟科,果实鲜红。棣棠花,属蔷薇科,开金黄色花,观赏价值极高。华东野胡桃,属胡桃科,小枝有腺毛,叶有细锯齿,雌花序直立,果实为肉质核果,比核桃小。天目木兰,属木兰科,一年生小枝绿色,粉红色的花先叶开放,是早春观花植物。薄叶润楠,属樟科乔木,叶革质,上面亮泽,绿化观赏价值很高。紫楠,属樟科乔木,叶革质,叶下被棕色毛。尾叶樱,属蔷薇科,叶先端具尾状尖,是早春观花植物。青灰叶下珠,属大戟科,果实挂于枝叶之下,成熟时紫黑色,形似一串串小黑珍珠。草本植物有山蚂蝗,属豆科,羽状复叶有小叶3片,果实表面有钩刺,可被人和动物带往远方传播。南山堇菜,属堇菜科,叶3～5全裂并再裂。九头狮子草,属爵床科,花序中一般有九花,形似狮头。山蓝,属大戟科,可制靛蓝。淡竹叶,属禾本科,有纺锤形小块根,叶片具明显横脉是其识别特征。藤本植物有菝葜,属百合科,叶下面无白粉,果成熟时红色,地下茎块状,称金刚刺。黄独,属薯蓣科,叶互生,叶腋有珠芽,块茎可入药。华中五味子,木兰科藤本植物,枝无棱和翅膜,叶两面绿色,果实成熟时鲜红,可入药。

七里亭至老殿,海拔900m到1100m,包括狮子口、大树王、西茅蓬、新茅蓬一带,植物种类成分复杂。在普同塔前,屹立着一株几乎没有树皮,胸径仍有233cm的大柳杉,每年迎来成千上万人前来瞻仰。这株大柳杉宋朝时就称"千秋树",清朝乾隆皇帝下江南,登临天目山时,曾用玉带围抱过它,并敕封为"大树王",当时胸径已达275cm,在经历了近200年的顶礼膜拜、至爱有加后,不幸于20世纪30年代死亡,所幸的是,现在"大树王"的子孙还很繁盛,胸径200cm

以上的大树还有 10 余株,100cm 以上的大树近 500 株,50cm 以上的大树上千株,50cm 以下的柳杉数以万计。银杏为中生代孑遗植物,与恐龙同时代生长,被称为"活化石"。西天目山是现今野生银杏的产地之一,天目山保护区内分布有野生银杏大树 244 株,生长各具特色,树姿有的古朴优雅,有的雄伟挺拔,有的婀娜多姿,给人一种自然野生的感觉。在开山老殿下方 100m 处的悬崖上生长着一株古老银杏,主干凌驾在半空中,像一条飞腾的古龙,其身后,还萌生有 20 余株大小不等、生长年代不同的银杏,生机盎然,被人们惯称为"五代同堂",占地有 20 多平方米,远远望去成了一片树林。悬崖下,数根通天棒从谷底直冲而上,这就是被人们称为"冲天树"的金钱松,最高者达 58m,为我国特产的珍稀树种,目前金钱松尚无高过此树的报道,可谓是金钱松的世界之最。在天目山胸径 100cm 以上的金钱松有 8 株,50cm 以上的有上百株。乔木层常见种类有天目木姜子,属樟科,叶近心形,基部耳形,花黄色,数朵聚集,先叶开放,天目山是模式标本产地。青钱柳、属胡桃科,小枝髓成薄片状,雌雄花序均下垂,坚果,果翅圆盘状。秃糯米椴、华东椴,都属椴树科,花序梗部分贴生于苞片上。蓝果树,属蓝果树科,树叶入秋变红,是著名观叶树种。灯台树、四照花都属山茱萸科,灯台树枝端弯曲似灯台,叶互生,四照花叶对生,聚合果形似荔枝可食。雷公鹅耳枥属桦木科乔木,果实为小坚果,其下有叶状果苞,材质坚硬。色木槭属槭树科,叶三至五裂,裂片全缘,翅果张开呈钝角。毛鸡爪槭,属槭树科,叶形细小,五至七裂,秋叶鲜红。湖北山楂,蔷薇科灌木,叶卵形,基部截形,果可生食。交让木,虎皮楠科常绿乔木,叶厚革质,新叶长成时,老叶全部掉落,故有交让之称。小叶青冈叶背灰白色,有丁字毛,叶片较窄;细叶青冈,叶背面灰绿色,中部以上有锯齿,叶脉明显。灌木层主要树种有隔药柃,属山茶科,花小,但有芳香,为冬季重要蜜源植物。小叶石楠,属蔷薇科,花序通常有 1～2 花,无总花梗。铁青树科的青皮木,浙江仅产一种,叶片纸质卵圆形,光滑无毛,叶脉基部和叶柄带红色,常生于路旁。老鼠矢,属山矾科,叶厚革质,下面灰白色,上面中脉凹陷,团伞状花序。接骨木属忍冬科,果实鲜红,可供观赏。日本常山属芸香科,生长期挥发出浓浓的气味,人们把它叫做臭常山。草本层有及已,属金粟兰科,4～6 叶相对而生,又称四块瓦、四叶对,可药用。天目藜芦,属百合科,叶宽大,花序细长花细小。朱砂根,属紫金牛科,叶上边缘锯齿间齿缝有腺体,果鲜红色。斑叶兰,属兰科,植株细小,叶上有色斑,可治蛇伤。鹿蹄草,林下小草本,茎生叶莲座状。由于气候湿润、多云雾、因而林内密布苔藓、地衣。

老殿继续往上,海拔从 1100m 到 1500m,多为低矮小乔木或灌木,除黄山松外,几乎全为落叶树。常见树种有成片生长的四照花,果实累累的雷公鹅耳枥,寄生有白蜡虫的白蜡树,秋叶鲜红的色木槭。青榨槭,叶卵圆形,不分裂,翅果张开呈水平状。刺楸,五加科落叶乔木,枝散生粗刺,叶掌状分裂。灌木树种有短柄川榛,桦木科,果称榛子,可食。茅栗,属壳斗科,无顶芽,叶背被腺鳞及灰白色绒毛,每一总苞有坚果 2～3 个,坚果比板栗小,可食。中国绣球,叶下面脉腋有毛,伞形聚伞花序,花二型,周围的放射花不孕,萼片 3～4 枚花瓣状,中央的花小型,可孕。天目琼花,叶掌状三裂,具掌状脉,花与中国绣球一样也二型,但不孕花增大的是花冠。盾叶莓,叶盾状,掌状 3～5 浅裂,茎上有刺和白粉。沿途路边还可以看见许多草本植物,如花冠唇形、紫红色,苞片两边具多条刺毛状长齿的矮小草本植物卵叶山萝花,属玄参科。大叶唐松草二到三回羽状复叶,具长柄,花序圆锥状,小花(萼片)白色或淡蓝色。仙人顶上路边遍布粉红色花序的荨麻科植物小赤麻;秋子梨因生长于高海拔仙人顶故又称仙顶梨;网脉葡萄的网状叶脉明显下凹;气象观测台前有一棵巨大的扶芳藤如蟠龙般卧在巨石上;还可见到从低海拔到高海拔均有分布的果实坛状、成熟时黑色或蓝色的落叶乔木山矾和开小白花的蔷薇科落叶灌木野珠兰等植物。

第二节　常见植物的识别要点

一、大型真菌 Macrofungi

蝉花 Cordyceps sobolifera（Hill.）B. et Br.（麦角科）:由虫体和子座组成。子座较粗壮，直径 4～8mm,肉桂茶褐色;子囊壳全部或 4/5 埋陷于子座组织中,表面光滑,孔口不突出或稍突出。生于蟪蛄等蝉的若虫上。药用。

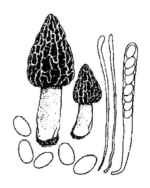

图 4-1 蝉花	图 4-2 竹黄	图 4-3 尖顶羊肚菌
(仿《中国大型真菌》)	(仿《中国大型真菌》)	(引自《中国食用菌百料》)

竹黄 Shiria bambusicola Henn.(肉座菌科):子座不规则瘤状,粉红色;初期平滑,后龟裂,肉质,长 1.5～4cm,渐变为木栓质。生于苦竹等植物枝条上。药用。

尖顶羊肚菌 Morchela conica Pers.(羊肚菌科):子实体的菌盖长达 4～8cm,菌盖棱纹的颜色与凹坑同色或较淡。凹坑往往长形,浅褐色;棱纹常纵向排列。生灌木丛中地上。食用、药用。

木耳 Auricularia auricula（L. ex Hook.）Underw.（木耳科）:子实体外形耳状、叶状,子实层平滑,不孕面毛短,往往有色,基部显色。生阔叶树腐木上。食用、药用。

图 4-4　木耳(陈锡林)	图 4-5　毛木耳(陈锡林)	图 4-6　银耳(仿《中国大型真菌》)

毛木耳 A. polytricha（Mont.）Sacc.（木耳科）:子实体外形耳状、叶状,子实层平滑或稍有皱褶;担子果全部胶质,不孕面毛长,无色,仅基部有色。生阔叶树腐木上。食用、药用。

银耳 Tremella fuciformis Berk.（银耳科）:子实体纯白色,叶状。生阔叶树腐木上。食用、药用。

茭白黑粉菌 Ustilago esculenta P. Henn.（黑粉菌科）:生于茭白茎内,使茎膨大。孢子不光滑,带有刺或疣,孢子堆在寄主体内一定部位,呈黑色。食用、药用。

图 4-7 茭白黑粉菌　　　　　图 4-8 鸡油菌　　　　　图 4-9 皱盖假芝
（仿《中国大型真菌》）　　　（仿《中国大型真菌》）　　　（仿《中国大型真菌》）

鸡油菌 Cantharellus cibarius Fr.（鸡油菌科）:子实体全部黄色,伞状;菌盖中央微凹,不呈漏斗形,较厚,边缘波纹状卷曲;菌褶宽密。生林中地上。食用、药用。

皱盖假芝 Amauroderma rude（Gerk.）Pat.（灵芝科）:菌盖表面暗色,既无光泽,也无似漆样光泽,近圆形或近肾形,管口每毫米 3～4 个;菌肉灰黄色;柄偏生。药用。

图 4-10 灵芝　　　　　　图 4-11 裂迭树舌　　　　　图 4-12 树舌
（仿《中国大型真菌》）　　　（仿《中国大型真菌》）　　　（仿《中国大型真菌》）

灵芝 Ganoderma lucidum（W. Curt. ex Fr.）Karst.（灵芝科）:菌盖表面有似漆样光泽,菌盖肾形,半圆形或近圆形,黄褐色或红褐色;菌肉大多数为两层,靠近皮壳色淡,接近菌管层色深;子实体有柄;柄侧生。生阔叶树上。药用。

裂迭树舌 G. lobatum（Schw.）Atk.（灵芝科）:菌盖表面无似漆样光泽;菌盖表面无任何发亮物质;菌盖可连续 2～3 年,无柄。菌肉褐色或深褐色;菌肉中有黑色壳质层。生阔叶树腐木上。药用。

图 4-13 鲑贝革盖菌　　　　　图 4-14 云芝　　　　　　图 4-15 红栓菰
（仿《中国大型真菌》）　　　　（陈锡林）　　　　　　　（陈锡林）

树舌 G. applanatum（Pers.）Pat.（灵芝科）：菌盖表面无似漆样光泽；菌盖灰色，灰褐色或锈褐色，皮壳脆；菌肉褐色或深褐色。菌肉中无黑色壳质层；子实体无柄，生阔叶树上。药用。

鲑贝革盖菌 Coriolus consors（Berk.）Imai.（多孔菌科）：菌盖近光滑，环带不明显，往往呈粉黄色或浅橘红色，后褪为近白色。菌管管口初期即开裂为齿状。生阔叶树腐木上。药用。

云芝 Coriolus versicolor（Fr.）Quel.（多孔菌科）：菌盖革质，半圆形至贝壳状，常相互连接，表面有细长毛或绒毛，有多色环带。菌管管口正常，后期有时开裂。生阔叶树腐木上。药用。

红栓菌 Trametes cinnabarina（Jacq.）Fr.（多孔菌科）：菌盖橙色至红色，后期褪色，有微细绒毛或光滑；菌肉橙色，管口每毫米 2～4 个。生阔叶树腐木上。药用。

点柄粘盖牛肝菌 Suillus granulatus（L. ex Fr.）S. F. Gray（牛肝菌科）：菌柄无菌环，盖缘无菌幕残片；表面光滑，色深，淡黄色或黄褐色；子实体黄色，近柄处管孔常见滴状液体；孔口有淡褐色腺点。生林中地上。药用。

图 4-16　占柄粘盖牛肝菌　　　　图 4-17　松乳菇　　　　　　图 4-18　裂褶菌
（仿《中国大型真菌》）　　　　（仿《中国大型真菌》）　　　　（仿《中国大型真菌》）

松乳菇 Lactarius deliciosus（L. ex Fr.）Gray.（红菇科）：褐红色，肉桂色。乳汁橘红色；菌盖、菌柄及菌褶受伤后立即变为绿色。生混交林中地上。食用、药用。

裂褶菌 Schizophyllum commune Fr.（裂褶菌科）：菌盖扇形或肾形，边缘内卷，具多数裂瓣，白色或灰白色，上有绒毛或粗毛；菌肉薄，白色；菌褶窄，自基部辐射而出，沿边缘纵裂而反卷，色白或灰，有时淡色。生阔叶树或毛竹腐木上。药用。

图 4-19　糙皮侧耳　　　　　　图 4-20　冬菇　　　　　　　图 4-12　长根菇
（仿《中国大型真菌》）　　　　（仿《中国大型真菌》）　　　　（仿《中国大型真菌》）

糙皮侧耳 Pleurotus ostreatus（Jacq. ex Fr.）Quel.（白蘑科）：菌盖光滑，白色至灰色；菌柄长 1～5cm，孢子印白色；孢子椭圆形或圆柱形，长 7～11μm。生阔叶树腐木上。食用、药用。

冬菇 Collybia velutipes（Curt. ex Fr.）Quel.（白蘑科）：子实体生腐木上，菌盖深肉桂色，胶黏；柄上覆有细绒毛。生阔叶树腐木上。食用、药用。

长根菇 C. radicata（Relh. ex Fr.）Quel.（白蘑科），子实体生地上，具长假根；菌盖光滑，粘。菌盖扁球形至扁平，中央稍凸；菌褶较稀；孢子（13～17）×（8～11）μm。生阔叶树林中地上。食用、药用。

黄伞 Pholiota adiposa（Fr.）Quel.（球盖菇科）：子实体伞状，菌盖有褐色鳞片，不黏，鳞片不反卷，黄色；孢子光滑。孢子长 7～9μm。生阔叶树腐木上。药用。

图 4-22　黄伞（仿《中国大型真菌》）　　　　图 4-23　林地蘑菇（仿《中国大型真菌》）

林地蘑菇 Agaricus silvaticus Schaeff. ex Fr.（黑伞科）：子实体菌盖近白色，具红褐色鳞片；菌盖大，宽超过 5～10cm。菌环单层。菌肉白色；孢子椭圆形，光滑。生林中地上。食用。

红鬼笔 Phallus rubicundus（Bosc.）Fr.（鬼笔科）：孢托柄橘红色，菌盖多皱，有臭味。生雷竹林中地上。药用。

图 4-24　红鬼笔（仿《中国大型真菌》）　　　　图 4-25　头状马勃（仿《中国大型真菌》）

头状马勃 Calvatia craniiformis（Schw.）Fr.（马勃科）：孢子稍粗糙或近光滑，菌体不孕，基部发达，孢子直径 3～4μm；孢丝直径 2～4μm，不孕基部与孢体间无横隔，生林中地上。药用。

二、苔藓植物 Bryophyta

光萼苔 Porella platyphylla（L.）Pfeiff.（光萼苔科）：植物体有茎叶分化，茎长 4～8cm，二回羽状分支；侧叶阔卵形至卵圆形，两侧不对称，基部下延，腹叶阔卵形或近圆形，基部两侧明显下延。

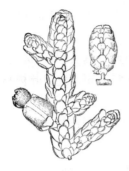  

图 4-26　光萼苔(引自《高植图》)　　图 4-27　地钱(引自《高植图》)　　图 4-28　蛇苔(引自《高植图》)

地钱 Marchantia polymorpha Linn.（地钱科）：植物体扁平，呈叶状，多次二歧分叉，表面绿色；具宽阔中肋及明显的六角形气室。雄托盘状，边缘波状浅裂成 7～8 瓣，雌托扁平，深裂成 9～11 个指状的裂瓣，叶状体背面中央常生有杯状的胞芽杯。药用，能清热解毒、消炎生肌。

蛇苔 Conocephalum conicum（Linn.）Dum.（蛇苔科）：植物体为叶状体，深绿色，多回二歧分叉。背面有肉眼可见的六角形或菱形气室。腹面淡绿色，有假根，腹面两侧各有一列深紫色鳞片。雌器托幼时向内卷，老时略向上卷。消肿止痛，治毒蛇咬伤和疔疮。

曲尾藓 Dicranum scoparium Hedw.（曲尾藓科）：植物体高达 10cm，密集丛生，叶密生，披针形，一向侧曲，叶缘内卷呈管状，叶上部边缘具有齿，中肋背面常具有 2～3 列栉片。雌雄异株，孢蒴长圆柱形，成熟时呈弓形背曲。

 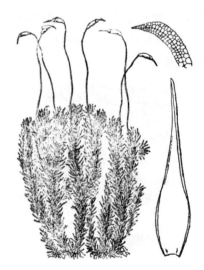

图 4-29　曲尾藓(引自《高植图》)　　　　图 4-30　白发藓(引自《高植图》)

白发藓 Leucobryum glaucum（Hedw.）Aongstr.（白发藓科）：植物体灰绿色，密集丛生，高 2～5cm，茎具分支，叶卵状披针形，内凹，上部渐尖，全缘，中肋平滑。蒴柄细长，孢蒴倾立或弓形弯曲，蒴帽兜形。

卵叶紫萼藓 Grimmia ovalis（Hedw.）Lindb.（紫萼藓科）：植物体形小，疏松丛生，高 0.5～1.5cm；叶长卵形，先端圆钝具白色芒尖，中肋粗壮，叶缘强烈背卷。蒴柄橙黄色，孢蒴圆柱形，直立，蒴帽兜形。

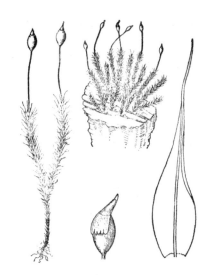

图 4-31　卵叶紫萼藓（引自《高植图》）　　　　　　图 4-32　葫芦藓（引自傅承新）

葫芦藓 Funaria hygrometrica Hedw.（葫芦藓科）：植物体鲜绿色，茎短，直立，高可达 3cm，叶呈莲座状着生于茎的中上部，舌状或长舌状，全缘平滑；雌雄同株，孢蒴平列或悬倾，不对称，梨形，红褐绿色，蒴柄红褐色，先端呈弧形弯曲，蒴盖平凸形，蒴齿双层。

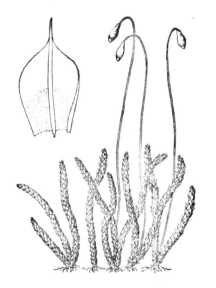

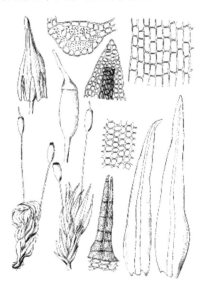

图 4-33　银叶真藓（引自《高植图》）　　　　　　图 4-34　中华缩叶藓（郭水良）

银叶真藓 Bryum argenteum Hedw.（真藓科）：植物体密集，小型丛生，湿时灰绿色，干时银白绿色，叶成覆瓦状排列，阔卵形，叶片先端细胞不具有叶绿体而呈无色透明；雌雄异株，蒴柄紫红色，孢蒴短粗，卵圆形或短柱形。可入药治细菌性痢疾、鼻窦炎。

中华缩叶藓 Ptychomitrium sinense（Mitt.）Jaeg.（缩叶藓科）：植物体纤细，茎直立，高约 1cm，叶干燥时内卷，潮湿时倾立，阔椭圆状披针形，先端锐尖，叶边全缘，中肋长达叶尖；蒴柄长 7～8mm，孢蒴长圆筒形，蒴盖圆锥形，具细长喙，蒴帽钟状，全盖孢蒴。

虎尾藓 Hedwigia ciliata（Hedw.）Ehrh. ex P. Beauv.（虎尾藓科）：植株直立或倾立，叶干时覆瓦状紧贴，湿时倾立，长卵形，有长尖，渐下成狭长形，具密而分叉的疣；雌雄同株，孢子体侧生于短枝顶端,蒴柄短,孢蒴隐埋于苞叶中,卵形或球形,开裂后孢蒴口大,无蒴齿,蒴盖平滑。

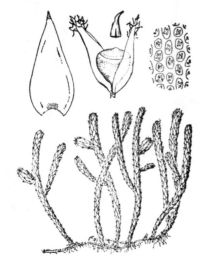

图 4-35　虎尾藓(引自《高植图》)

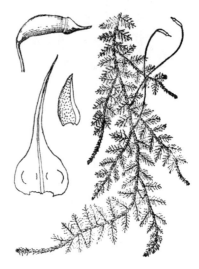

图 4-36　大羽藓(引自《高植图》)

大羽藓 Thuidium cymbifolium（Doz. et Molk.）Doz. et Molk.（羽藓科）:植物体大,常交织成片,匍匐,一至三回羽状分支,鳞毛多数,分叉,密布于茎和枝上;茎叶三角状卵圆形,中肋背面具刺疣或鳞毛。孢蒴长卵形,略弯曲,蒴盖圆锥形,蒴帽兜形。全草有清热、拔毒、生肌等功能,治疗烫伤。

羽枝青藓 Brachythecium plumosum（Hedw.）B.S.G.（青藓科）:植物体粗壮,平卧,不规则或近规则羽状分支,茎叶密生,卵状披针形成或卵形,先端具长叶尖,叶全缘或具齿突,中肋长达叶片中上部;叶细胞狭长形,长为宽的 7～9 倍;雌雄同株。蒴柄红色,孢蒴长椭圆形。

图 4-37　羽枝青藓(引自《高植图》)

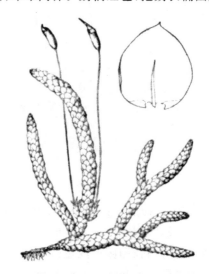

图 4-38　鼠尾藓(引自《高植图》)

鼠尾藓 Myuroclada maximowiczii（Borsz.）Steere et Schof.（青藓科）:植物体粗壮,大片丛生,主茎匍匐,具有鳞片状小型叶,密生假根;枝茎由于覆瓦状密被叶片而形似鼠尾,常一向侧曲,单生或具不规则分支;枝生叶圆形或阔椭圆形,强烈内凹,中肋单一;孢蒴近直立,圆柱形。

三、蕨类植物 Pteridophyta

石松 Lycopodium japonicum Thunb. ex Murray.（石松科）：多年生草本，地上茎匍匐蔓生，下生根托，侧枝二叉分支；叶螺旋状排列，线状钻形，顶端丝状；孢子叶穗有柄，常2～6个生于孢子枝上部。全草入药。（《浙植志》1：8）

翠云草 Selaginella uncinata (Desv.) Spring（卷柏科）：多年生草本，主枝蔓生，顶端着地生根，分支处有根托；主枝上的叶一型；分支上的叶二型，上面常呈蓝绿色；孢子叶穗生小枝顶端，孢子异型。可供观赏和药用。（《浙植志》1：12）

图 4-39 石松（王泓）

图 4-40 翠云草（王泓）

江南卷柏 Selaginella moellendorfii Hieron（卷柏科）：多年生草本，主茎直立，上部分支；主枝上的叶螺旋排列，向上贴生，分支上的叶二型，呈2列排列；孢子叶穗四棱柱形，生枝顶。全草药用。（《浙植志》1：15）

图 4-41 江南卷柏（王泓）

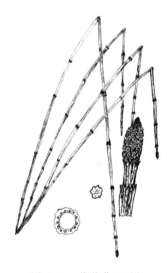

图 4-42 节节草（王泓）

节节草 Equisetum ramosissimum Desf.（木贼科）：多年生草本，地上茎直径1～3 mm，具

分支,中空具节,节间有棱脊8～16条,粗糙;叶退化,下部联合成鞘;长圆形孢子叶球生于主茎和分支顶端。全草药用。(《浙植志》1:19)

紫萁 Osmunda japonica Thunb.(紫萁科):多年生草本,根状茎斜升;叶簇生,高达1 m,二回羽状;能育羽片狭缩成穗状,孢子囊生下面中脉两侧;不育羽片长圆状披针形,侧脉叉状分离。根状茎药用。(《浙植志》1:28)

芒萁 Dicranopteris pedata(Houtt.)Nakaike(里白科):多年生草本,根状茎长而横走;叶直立,叶轴1至3回二叉分支,各分叉处有一休眠芽,末回羽片篦齿状羽状全裂;孢子囊群圆形,无盖,生于小脉中部。酸性土壤指示植物,可作药用。(《浙植志》1:36)

图4-43 紫萁(王泓)　　　　　　　　图4-44 芒萁(王泓)

海金沙 Lygodium japonicum(Thunb.)Sw.(海金沙科):多年生草本,根状茎横走;植株攀缘,长达数米;叶三回羽状,能育羽片三角形,长宽近相等;孢子囊穗突出叶缘外呈流苏状。叶和孢子药用。(《浙植志》1:40)

图4-45 海金沙(王泓)　　　　　　　图4-46 乌蕨(王泓)

乌蕨(乌韭)**Sphenomeris chinensis**(Linn.)Maxon(鳞始蕨科):多年生草本,根状茎短而

横走;叶近生或簇生,叶片卵状三角形,三至四回羽状分裂;孢子囊群生于叶裂片顶端小脉上,囊群盖半杯形。全草药用。(《浙植志》1:71)

蕨 **Pteridium aquilinum** (Linn.) Kuhn var. **latiusculum** (Desv.) Underw.(蕨科):多年生草本,根状茎长而横走;叶远生,叶片卵状三角形,三至四回羽状;孢子囊群线形,生于叶缘,囊群盖分内外 2 层。嫩叶可作蔬菜,根状茎可制取淀粉或药用。(《浙植志》1:73)

井栏边草 **Pteris multifida** Poir.(凤尾蕨科):多年生草本,叶簇生,两型:能育叶一回羽状,下部羽片常 2～3 叉,叶轴两侧具狭翅;孢子囊群线形,沿叶边连续分布,叶缘反卷成假囊群盖。全草供药用或观赏。(《浙植志》1:79)

图 4-47 蕨(王泓)

图 4-48 井栏边草(王泓)

凤丫蕨 **Coniogramme japonica** (Thunb.) Diels(裸子蕨科):多年生草本,根状茎横走,叶远生,2 回羽状,上部一回羽状,侧脉在主脉两侧形成 1～2 行网眼,外侧小脉分离,顶端有纺锤形水囊;孢子囊群线形,沿侧脉着生。可供观赏或药用。(《浙植志》1:108)

图 4-49 凤丫蕨(王泓)

图 4-50 华东蹄盖蕨(王泓)

华东蹄盖蕨 **Athyrium niponicum** (Mett.) Hance(蹄盖蕨科):多年生草本,根状茎短而斜

升;叶近生,革质,二回羽状至三回浅羽裂;孢子囊群沿侧脉上侧着生,长圆形,往往有弯钩而成马蹄形,囊群盖与囊群同形。可供药用。(《浙植志》1:138)

金星蕨 Parathelypteris glanduligera(Kunze)Ching(金星蕨科):多年生草本,根状茎长而横走;叶近生,一回羽状至2回深羽裂,背面有橙黄色球形腺体及短柔毛,叶脉分离;孢子囊群小,生于侧脉近顶端处,囊群盖圆肾形。药用。(《浙植志》1:165)

狗脊蕨 Woodwardia japonica(Linn. f.)Smith(乌毛蕨科):多年生草本,根状茎粗短;叶丛生,叶柄具阔鳞片,叶片一回羽状;孢子囊群条形,生于主脉两侧的网眼上并与主脉平行,条形囊群盖开向主脉。耐阴性强,可作园林观赏植物,根状茎药用。(《浙植志》1:205)

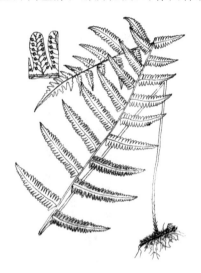

图 4-51 金星蕨(王泓)

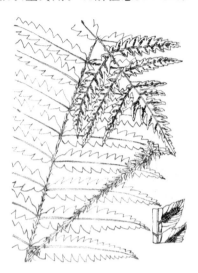

图 4-52 狗脊蕨(王泓)

贯众 Cyrtomium fortunei J. Smith(鳞毛蕨科):多年生草本,根状茎粗短;叶簇生,叶柄基部密生阔鳞片,叶片披针形,一回羽状,羽片镰刀形;孢子囊群圆形,散生叶背,囊群盖圆盾形。可供观赏或药用。(《浙植志》1:212)

图 4-53 贯众(王泓)

图 4-54 两色鳞毛蕨(王泓)

两色鳞毛蕨 Dryopteris setosa(Thunb.)Akasawa(鳞毛蕨科):多年生草本,根状茎粗短,

直立;叶柄至羽轴密生二色鳞片(基部棕褐色,上部栗黑色),叶片3～4回羽裂;孢子囊群圆形,生于主脉与叶边之间,囊群盖圆肾形,淡棕色。(《浙植志》1:270)

瓦韦 Lepisorus thunbergianus (Kaulf.) Ching(水龙骨科):多年生附生草本,根状茎长而横走;单叶,近生,条状披针形;孢子囊群圆形,沿中脉两侧各排成一列,无囊群盖,孢子囊间具盾状隔丝。全草药用。(《浙植志》1:314)

石韦 Pyrrosia lingua (Thunb.) Farwell(水龙骨科):多年生附生草本,根状茎长而横走;单叶,远生,背面密生红黄色星状毛,能育叶比不育叶略长而窄,孢子囊群在侧脉间紧密而整齐地排列,布满叶背面或其上部。全草药用。(《浙植志》1:306)

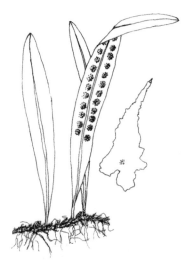

图 4-55 瓦韦(王泓)

图 4-56 石韦(王泓)

槐叶蘋 Salvinia natans (Linn.) All. (槐叶萍科):一年生浮水植物,根状茎横走;叶三列轮生;上面二列浮水叶矩圆形,下方一列沉水叶细裂成须根状;孢子异型,大、小孢子囊分别生于大、小孢子果内。(《浙植志》1:335)

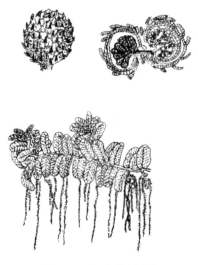

图 4-57 槐叶蘋(王泓)

图 4-58 满江红(王泓)

满江红(绿萍,红萍) **Azolla imbricata** (Roxb.) Nakai(满江红科):一年生小型浮水植物,

根状茎纤细;叶鳞片状,2 列互生,下有许多悬垂水中的须根,每叶有上下 2 裂片;孢子异型,大、小孢子囊分别生于大、小孢子果内。(《浙植志》1：336)

四、裸子植物 Gymnospermae

银杏 Ginkgo biloba Linn.（银杏科）:落叶乔木,老树基部易萌生小树;枝有长短枝之分;叶互生于长枝上而簇生于短枝上,扇形,顶端常 2 裂,叶脉二叉状;雌雄异株,种子核果状。种子可食用或入药,称为"白果";叶含银杏内酯,可药用;也是优良的园林绿化树种。(《浙植志》1：339)

雪松 Cedrus deodara（Roxb.）Loud.（松科）:常绿乔木,大枝平展,枝有长短枝之分;针叶长 2～2.5cm,互生于长枝上而簇生于短枝上;雌雄同株,球花生于短枝顶端。树姿优美,为世界著名的五大园林树种之一。(《浙植志》1：352)

图 4-59　银杏(王泓)

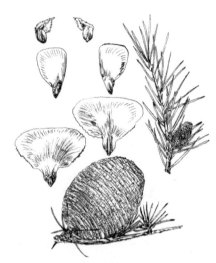

图 4-60　雪松(王泓)

金钱松 Pseudolarix amabilis（Nels.）Rehd.（松科）:落叶乔木,枝有长短枝之分;叶条形,在长枝上互生,在短枝上呈轮状簇生,因叶于秋季变成美丽的金黄色而得名。特产于我国南部,国家二级保护植物,亦为世界著名的五大园林树之一。(《浙植志》1：351)

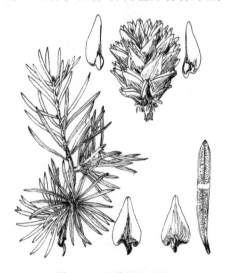

图 4-61　金钱松(王泓)

图 4-62　马尾松(王泓)

马尾松 Pinus massoniana Lamb.（松科）：常绿乔木，树皮红褐色，不规则片状；冬芽锈色；叶二针一束，细软而较长（10～20cm）；球果有短梗，种鳞鳞盾扁平，种子具翅。为南方重要造林树种，材用或提取松脂供工业用。（《浙植志》1：355）

黄山松（台湾松）Pinus taiwanensis Hayata（松科）：与马尾松的区别在于针叶较短（5～13cm）而硬，球果几无柄，鳞盾稍肥厚隆起，横脊显著，鳞脐有短刺。多分布于海拔800m以上。材用。（《浙植志》1：356）

柳杉 Cryptomeria japonica（Linn. f.）D. Don var. **sinensis** Sieb. et Zucc.（杉科）：常绿乔木，树皮灰棕色，纵裂成长条片剥落；大枝斜展或平展，小枝常下垂；叶螺旋状互生，钻形，两侧略扁，叶基下延，先端内曲；球果近球形，种子边缘有窄翅。材用或庭园绿化。（《浙植志》1：362）

杉木 Cunninghamia lanceolata（Lamb.）Hook.（杉科）：常绿乔木，树皮褐色，纵裂成长条片状脱落；叶条状披针形，微弯，两面均具气孔线；球果近球形，熟时苞鳞革质，种鳞各具种子3粒。为我国南方重要用材树种。（《浙植志》1：361）

 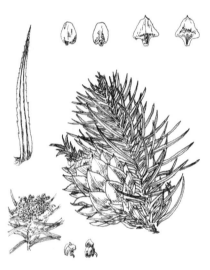

图 4-63　柳杉（王泓）　　　　　　　　图 4-64　杉木（王泓）

柏科 Cupressaceae 常见植物检索表

常绿乔木或灌木，叶鳞形或刺形，对生或互生。球花单性，同株或异株。珠鳞和苞鳞完全合生，着生1至多数直立胚珠，交互对生或3～4片轮生。种子两侧有窄翅。天目山常见有9种，多为优良材用树种或庭院观赏植物。

1. 叶全为鳞叶，球果的种鳞为木质或革质，熟时开裂。
 2. 种鳞覆瓦状排列，不呈盾状，球果长圆形卵状，当年成熟。
  3. 小枝较窄，背面无明显白粉带；每种鳞有种子2粒。
   4. 枝条平展或近平展，中间鳞叶上面有一明显腺点；种鳞4～6对，薄革质，背部无尖头，种子两侧有窄翅 ……………………………………………………………… 1. **北美香柏 Thuja occidentalis**
   4. 枝条直立或斜展，鳞叶上无腺点；种鳞4对，厚木质，背部有1反曲尖头，种子无翅 ………………………………………………………………………… 2. **侧柏 Platycladus orientalis**
  3. 小枝较阔而扁平，背面有宽大明显的白粉带；每种鳞有种子3～5粒 …… 3. **罗汉柏 Thujopsis dolabrata**
 2. 种鳞盾形而隆起，镶嵌状排列，球果球形，次年或当年成熟。
  5. 鳞叶小，长2mm 以内；球果有4～6对种鳞，种子两侧有窄翅。

6.生鳞叶小枝直立或斜展,背面多少有白粉。

    7.鳞叶尖锐,侧面的鳞叶较中间鳞叶稍长,鳞叶下面有明显的白粉 ······················· ··· 4. **日本花柏 Chamaecyparis pisifera**

    7.鳞叶钝,两侧鳞叶较中间鳞叶稍短,鳞叶下面白粉稍少 ······ 5. **日本扁柏 Chamaecyparis obtusa**

6.生鳞叶小枝下垂,背面无白粉 ······································ 6. **柏木 Cupressus frnebris**

5.鳞叶较大,两侧鳞叶长 4～6mm;球果有 6～8 对种鳞,种子上部有 1 对大小不等的翅 ················ ··· 7. **福建柏 Fokienia hodginsii**

1.叶为刺形叶或鳞叶,或同一植株上兼有鳞叶和刺叶;球果熟时不裂或仅顶端开裂。

  8.全为刺叶或全为鳞叶,或同一植株上兼有鳞叶和刺叶,刺叶基部下延,无关节;雄球花单生枝顶,球果成熟时不开裂 ······································ 8. **圆柏 Sabina chinensis**

  8.全为刺叶,基部有关节,不下延;球花单生叶腋,球果熟时种鳞顶端微裂 ································ ··· 9. **刺柏 Juniperus formosana**

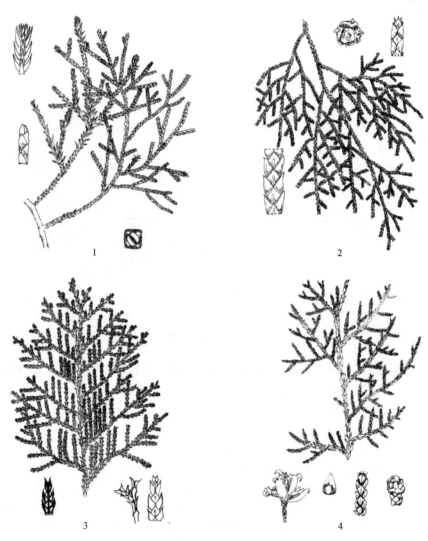

图 4-65　柏科常见种(1.圆柏　2.柏木　3.日本花柏　4.侧柏)(王泓)

短叶罗汉松 Podocarpus macrophyllus（Thunb.）D. Don var. **maki**（Sieb.）Endl.（罗汉松科）:常绿乔木;叶条状披针形,两面中脉显著而缺侧脉;雌雄异株,种子成熟时下方有比它大

· 86 ·

数倍的红色种托,形似披着红袈裟的罗汉而得名。栽培供观赏。(《浙植志》1:382)

三尖杉 Cephalotaxus fortunei Hook. f.(三尖杉科):常绿乔木或灌木;小枝对生,叶螺旋状排列,因基部扭转排成羽状 2 列;叶线状披针形,微弯,背面有两条白色气孔带;雌球花生于小枝基部的苞腋内;种子核果状。(《浙植志》1:383)

图 4-66　短叶罗汉松(王泓)

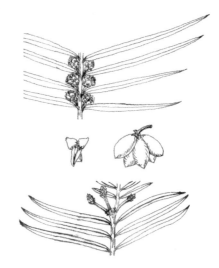

图 4-67　三尖杉(王泓)

榧树 Torreya grandis Fort. et Lindl.(红豆杉科):常绿乔木;小枝对生或近轮生,叶由于基部扭转排成羽状二列;叶条形,中脉不明显,背面二条灰褐色气孔带与中脉带近等宽;雌球花成对生于叶腋,基部有苞片;种子核果状,可食用。(《浙植志》1:389)

南方红豆杉 Taxus wallichiana Zucc. var. **mairei**(Lemee et Lévl.)L. K. Fu et N. Li(红豆杉科):常绿乔木;叶近镰刀形,由于基部扭转排成羽状二列,背面中脉两侧各有一条淡黄或淡灰色气孔带;雌球花单生,种子成熟时生于杯状肉质的红色假种皮中。可观赏、材用或药用。(《浙植志》1:386)

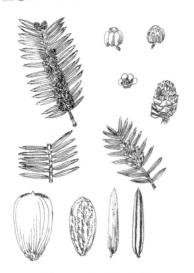

图 4-68　榧树(王泓)

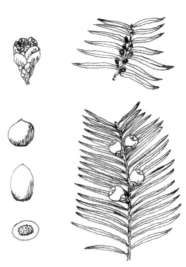

图 4-69　南方红豆杉(王泓)

五、被子植物 Angiospermae

（一）双子叶植物纲 Dicotyledoneae

鱼腥草 Houttuynia cordata Thunb.（三白草科）：多年生草本，有鱼腥味；叶心形，全缘，托叶下部与叶柄结合成鞘状；穗状花序在枝端与叶对生，基部有白色花瓣状苞状 4 枚；花无被。嫩根状茎可食用，全草入药。（《浙植志》2：4）

宽叶金粟兰 Chloranthus henryi Hemsl.（金粟兰科）：多年生草本，茎直立，单生或数个丛生；叶对生，常 4 片生于茎上部，叶缘有锯齿；穗状花序顶生或腋生；全草药用。（《浙植志》2：11）

图 4-70　鱼腥草（金孝锋）

图 4-71　宽叶金粟兰（金孝锋）

响叶杨 Populus adenopoda Maxim.（杨柳科）：落叶乔木，幼时树皮有菱形皮孔；叶互生，叶片卵形，边缘锯齿内弯，顶端有腺体，背面幼时密生短绒毛，叶柄扁，顶端有 1 对显著的腺体；柔荑花序下垂，花单性，雌雄异株，无被；蒴果，种子有绵毛。（《浙植志》2：13）

图 4-72　响叶杨（金孝锋）

图 4-73　银叶柳（金孝锋）

银叶柳 Salix chienii Cheng（杨柳科）：落叶小乔木，小枝有毛；叶互生，叶片椭圆状长圆形,背面密生灰白色绢状毛;柔荑花序直立,花无被,雄蕊 2 枚;蒴果,种子具绵毛(柳絮),绿化树种。(《浙植志》2:17)

胡桃科 Juglandaceae 常见种类检索表

落叶乔木,羽状复叶;花单性,雄花序柔荑状,雌花序柔荑状或穗状,子房下位,1 室或不完全 2～4 室;坚果核果状或具翅。天目山常见的有 4 属 6 种,为木本油料植物或材用树种。

1. 枝具有实心髓。

  2. 雌雄花序均为下垂柔荑花序密被褐黄色腺鳞,果为核果状,外果皮常 4 瓣裂(山核桃属 *Carya* Nutt.)。

    3. 冬芽为裸芽,复叶有 5～7 小叶,小叶片不为镰刀形,果长 2～2.5cm ……… 1. 山核桃 C. cathayensis

    3. 冬芽为鳞芽,复叶有 11～17 小叶,小叶片微呈镰刀形,果长 3.7～4.5cm …… 2. 薄壳山核桃 C. illinoensis

  2. 雌雄花序均为直立柔荑花序,小坚果扁平,两侧具窄翅(化香属 *Platycarya* Sieb. et Zucc.)………

  ………………………………………………………… 3. 化香树 P. strobilacea

1. 枝具片状髓。

  4. 果具有 2 个向两侧伸展的翅,雄花序常单生于叶痕腋部,雄花花被不整齐(枫杨属 *Pterocarya* Kunth)。

    5. 羽状复叶叶轴两侧无窄翅 ……………………………… 4. 华西枫杨 P. insignis

    5. 羽状复叶叶轴两侧有窄翅 ……………………………… 5. 枫杨 P. stenoptera

  4. 果具有圆盘状翅,果核位于翅的中央(青钱柳属 *Cyclocarya* Iljinsk.) ……… 6. 青钱柳 C. paliurus

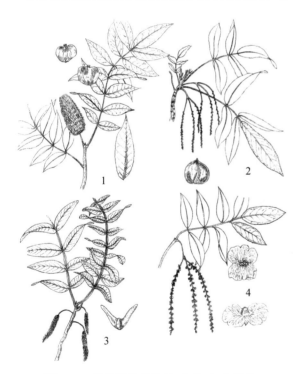

图 4-74　胡桃科常见种(1.化香,2.山核桃,
3.枫杨,4.青钱柳)(金孝锋)

图 4-75　天目铁木(金孝锋)

天目铁木 Ostrya rehderiana Chun(桦木科):落叶乔木,树皮浅纵裂,枝幼时被短柔毛,叶片长椭圆形或卵状椭圆形,侧脉 13～16 对,边缘有细密尖锐的重锯齿,叶柄密被褐色短柔毛,小坚果卵圆形,包于囊状果苞内。(浙江志 2:40)

壳斗科 Fagaceae 常见种类检索表

　　木本,单叶互生,羽状脉直达叶缘,雌雄同株,无花瓣,雄花成柔荑或头状花序;雌花 2～3 朵生于总苞中,子房下位,坚果,外包由总苞形成的壳斗。天目山常见的有 6 属 18 种 2 变种,壳斗科植物是亚热带常绿阔叶林的建群种或优势种,大多数作材用,部分果实可食。

1.雄花序头状(水青冈属 *Fagus* Linn.)。

　　2.叶缘锯齿明显,侧脉 8～12 对,叶柄长 1～2 cm ……………………………… 1. **水青冈 F. longipetiolata**

　　2.叶缘波状,侧脉 10～14 对,叶柄长 0.6～1 cm ……………………………… 2. **米心水青冈 F. engleriana**

1.雄花序为柔荑花序。

　　3.雄花序直立或斜展。

　　　　4.落叶,叶缘有锯齿,无顶芽(栗属 *Castanea* Mill.)。

　　　　　　5.每一总苞有坚果 2～3 个。

　　　　　　　　6.叶背无腺鳞,被灰白色、黄灰色绒毛,叶柄长 1～2 cm,坚果大 ……………………… 3. **板栗 C. mollissima**

　　　　　　　　6.叶背面被黄褐色腺鳞,叶柄短,6～7 mm,坚果小 ……………………… 4. **茅栗 C. seguinii**

　　　　　　5.每一总苞内有坚果 1 个 ……………………………… 5. **锥栗 C. henryi**

　　　　4.常绿,叶全缘或有锯齿,小枝有顶芽。

　　　　　　7.雄花序细软,壳斗全包坚果,叶二列(栲属 *Castanopsis* Spach)。

　　　　　　　　8.叶基部明显不对称,叶下面光滑无毛,壳斗外有分支或不分支的刺 ……………… 6. **甜槠 C. eyrei**

　　　　　　　　8.叶基部两侧对称,叶下面有灰白色蜡层,壳斗外有环列的瘤状鳞片 ……… 7. **苦槠 C. sclerophylla**

　　　　　　7.雄花序较粗,壳斗不全包坚果,叶螺旋状生(石栎属 *Lithocarpus* Bl.)。

　　　　　　　　9.小枝及芽密被细绒毛 ……………………………… 8. **石栎 L. glaber**

　　　　　　　　9.小枝无毛,有沟槽,具棱角 ……………………………… 9. **短尾柯 L. brevicaudatus**

　　3.雄花序细柔下垂。

　　　　10.壳斗的鳞片结合成圆环,叶常绿(青冈属 *Cyclobalanopsis* Oerst.)。

　　　　　　11.叶片基部以上有锯齿。

　　　　　　　　12.叶下面无毛,有细锯齿,微被白粉,边缘锯齿细而浅短 ……………… 10. **细叶青冈 C. myrsinaefolia**

　　　　　　　　12.叶下面灰白色或苍白色,有贴伏毛,边缘细锯齿明显 ……………… 11. **小叶青冈 C. gracilis**

　　　　　　11.叶片中部以上有锯齿,叶下面贴生微细单毛 ……………… 12. **青冈 C. glauca**

　　　　10.壳斗上的鳞片螺旋状生,结果时不形成同心环带(栎属 *Quercus* Linn.)。

　　　　　　13.叶具波状缺刻或粗锯齿,叶形常较大。

　　　　　　　　14.叶柄短,长不及 1cm,叶常集生于枝端。

　　　　　　　　　　15.小枝无毛,叶具粗锯齿,尖头微内弯 ……………… 13. **短柄枹栎 Q. serrata var. brevipetiolata**

　　　　　　　　　　15.小枝有毛或密被毛。

　　　　　　　　　　　　16.叶波状缺刻较浅,先端圆,下面密被星状毛 ……………… 14. **白栎 Q. fabri**

　　　　　　　　　　　　16.叶波状缺刻先端较尖,下面沿脉有星状毛或无毛,壳斗的鳞片披针形 ………………

　　　　　　　　　　　　　　…………………………………………………… 15. **黄山栎 Q. stewardii**

　　　　　　　　14.叶柄长 1～3 cm,叶多散生或集生近枝顶。

　　　　　　　　　　17.叶先端钝圆,微有凹缺,波状缺刻的先端钝圆或微有钝尖头,叶下面被稀疏星状毛 ………

　　　　　　　　　　　　…………………………………………………… 16. **槲栎 Q. aliena**

　　　　　　　　　　17.叶先端尖,波状缺刻具微内弯的尖头或钝尖头,叶背密被星状毛 ………………

　　　　　　　　　　　　……………………………… 17. **锐齿槲栎 Q. aliena var. acuteserrata**

　　　　　　13.叶缘锯齿具毛刺状长尖毛。

　　　　　　　　18.小枝带栗褐色,叶宽 1.6～3.1cm,先端渐长尖;苞片两型,壳斗近基部的鳞片三角形,上部鳞片窄线形,反曲 ·· 18. 小叶栎 **Q. chenii**
　18. 小枝带褐黄色,叶宽 2.7~6.0cm,先端渐尖,壳斗的鳞片锥形,反曲。
　　19. 叶下面密被白色星状毛,果顶平圆 ·················· 19. 栓皮栎 **Q. variabilis**
　　19. 叶下面绿色,无毛或微有毛,果顶端圆 ············· 20. 麻栎 **Q. acutissima**

图 4-76　壳斗科常见种(1.板栗,2.苦槠,3.麻栎,4.石栎,5.青冈,6.短柄枹栎,7.白栎)(金孝锋)

　　糙叶树 Aphananthe aspera(Thunb.)Planch.(榆科):落叶乔木,树皮纵裂;叶互生,叶片卵形或椭圆状卵形,三出脉,侧脉直达齿尖,上下两面均有平伏硬毛,手感粗糙。花腋生,雌雄同株,排成聚伞花序,核果。(《浙植志》2:75)

　　朴树 Celtis sinensis Pers.(榆科):落叶乔木,叶基圆形偏斜,叶片中部以上有疏而浅锯齿;花杂性同株,雌雄花均腋生,核果单生或 2~3 个并生叶腋,果梗与叶柄近等长。风景或材用树种。(《浙植志》2:80)

图 4-77　糙叶树（金孝锋）　　　　　图 4-78　朴树（金孝锋）

小构树 Broussonetia kazinoki Sieb. et Zucc. （桑科）：落叶灌木,有乳汁;枝被短柔毛;叶互生,叶片卵形,边缘有锯齿,有时 2—3 裂,两面有糙伏毛;雌雄异株,聚花果球形,直径 1 厘米。果实（褚实子）及根入药。（《浙植志》2：84）

葎草 Humulus scandens (Lour.) Merr.（桑科）：缠绕草本,茎、枝、叶柄有倒生皮刺,单叶对生,叶片 5～7 掌状深裂,两面均有粗糙刺毛,背面有黄色小腺点。雌雄异株,瘦果为增大的苞片包围。（《浙植志》2：98）

图 4-79　小构树　　　　　　　　图 4-80　葎草（吴斐婕）

桑 Morus alba Linn.（桑科）：落叶小乔木,有乳汁;叶互生,叶片卵形至阔卵形,边缘有锯齿;雌雄异株,柔荑花序腋生;聚花果成熟时黑紫色,花被肉质化。叶饲蚕,茎皮供造纸,果实生食或药用。（《浙植志》2：82）

浙江蝎子草 Girardinia chingiana Chien（荨麻科）：多年生草本,茎常四棱形,茎叶均具有螫毛（小心别扎手）;叶片互生,上部常三中裂至深裂,边缘有粗锯齿,具有掌状脉。单性花,雌雄同株,排成穗状花序,花小,花被不显著,有毒。（《浙植志》2：104）

图 4-81 桑（引自《浙植志》）　　　　图 4-82 浙江蝎子草（金孝锋）

榕属 Ficus Linn.（桑科）分种检索表

木本，有乳汁。托叶大而且抱茎，脱落后在节上留有环痕；花单性，隐头花序。多数种类茎皮可作纤维，有的种类果实可食。天目山有 2 种 3 变种。

1. 攀缘灌木，常绿。

　2. 果枝叶片卵状椭圆形，先端钝，下面网脉突起成蜂窝状，隐花果单生叶腋，二型叶 ………… 1. 薜荔 **F. pumila**

　2. 果枝叶片不为卵状椭圆形，先端渐尖或尾尖，隐花果单生或成对腋生。

　　3. 叶片披针形或椭圆状披针形，先端渐尖或长尖，下面网脉稍隆起，构成不显著的小凹点 ………………
　　　……………………………………………………………… 2. 爬藤榕 **F. sarmentosa** var. **impressa**

　　3. 叶长椭圆形，长圆状披针形，先端长渐尖或尾尖，叶背面网脉隆起成蜂窝状。

　　　4. 叶下面密被褐色柔毛或长柔毛，不为粉绿色，隐花果圆卵形或圆锥形，顶端尖 ………………
　　　　……………………………………………………………… 3. 珍珠莲 **F. sarmentosa** var. **henryi**

　　　4. 叶下面究绿色，无毛或被疏毛，隐头果球形，顶端不尖 …… 4. 白背爬藤榕 **F. sarmentosa** var. **nipponica**

1. 直立灌木，落叶；果实可食用 ………………………………………………………… 5. 无花果 **F. carica**

　苎麻 Boehmeria nivea（Linn.）Gand.（荨麻科）：半灌木；茎、花序和叶柄密生柔毛；叶互生，宽卵形或近圆形，表面粗糙，背面密生交织的白色柔毛；花雌雄同株，团伞花序聚成圆锥状，雌花序位于雄花序之上；纤维植物。（《浙植志》2：115）

　糯米团 Gonostegia hirta（Bl. ex Hassk.）Miq.（荨麻科）：多年生草本，茎匍匐或斜升；叶对生，叶片卵形或卵状披针形，表面密生点状钟乳体，基出三脉，弧形；花单性同株，簇生叶腋；全草药用。（《浙植志》2：121）

图 4-83　榕属常见种（1.薜荔,2.爬藤榕,3.珍珠莲,4.白背爬藤榕）(金孝锋)

图 4-84　苎麻(金孝锋)

图 4-85　糯米团(金孝锋)

透茎冷水花 Pilea pumila（Linn.）A. Gray（荨麻科）：一年生草本，茎肉质，鲜时透明；叶对生，边缘具有钝圆的锯齿、两面散生狭条形的钟乳体，基脉三出；聚伞花序短而紧密。（《浙植志》2：106）

马兜铃 Aristolochia debilis Sieb. et Zucc.（马兜铃科）：多年生缠绕草本，全株无毛；叶互生，叶片三角状椭圆形，基部两侧成圆耳状。花单生叶腋，花被管状弯斜；蒴果球形，成熟时中部以下连同果梗一起开裂呈提篮状。果、茎、根入药，分别名为"马兜铃"、"天仙藤"、"青木香"。（《浙植志》2：137）

图 4-86　透茎冷水花（金孝锋）

图 4-87　马兜铃（金孝锋）

杜衡 Asarum forbesii Maxim.（马兜铃科）：多年生草本，叶 1～2 枚，肾形或圆心形，上面偶有云斑；花单生叶腋，花被筒钟形，内侧具有突起的网格；球形蒴果。全草入药。（《浙植志》2：142）

金线草 Antenoron filiforme（Thunb.）Roberty et Vautier（蓼科）：多年生草本，全株被粗伏毛，节稍膨大；叶片椭圆形，上面中央常有八字形墨记斑，托叶鞘筒状，顶截形，具短缘毛；花疏生成顶生或腋生的长穗状花序。全草入药。（《浙植志》2：146）

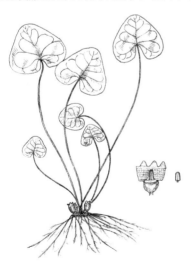

图 4-88　杜衡（金孝锋）

图 4-89　金线草（金孝锋）

野荞麦 Fagopyrum dibotrys（D. Don）Hara（蓼科）：多年生草本，全株光滑，地下有粗大结节状坚硬块根；茎中空；叶互生，叶片三角形或卵状三角形，边缘及两面上具有乳头状突起，托叶膜质，筒状；花白色。国家二级重点保护野生植物，块根入药。（《浙植志》2：148）

羊蹄 Rumex japonicus Houtt（蓼科）：多年生草本，主根粗大；叶互生，叶片长椭圆形，边缘波状，托叶鞘筒状；圆锥状花序顶生，两性花，淡绿色，结果时内轮花被片增大，表面有网纹。根入药。（《浙植志》2：175）

图 4-90　野荞麦（金孝锋）

图 4-91　羊蹄（金孝锋）

蓼属 Polygonum Linn.（广义）常见种分种检索表

蓼属为蓼科植物，广义蓼属共同特征：多为草本，节部常膨大，具有托叶鞘；叶互生，全缘；花小，两性，排成穗状、头状、圆锥状花序；花梗短，具关节，瘦果三棱形或双凸镜状。现多数学者主张将它划分为：蓼属、何首乌属、虎杖属，天目山常见有 20 种 2 变种。

1.茎缠绕或直立，花被外 3 片在结果时增大成翅(何首乌属 *Fallopia* Adans. 或虎杖属 *Reynoutria* Houtt.)。

  2.茎缠绕，根先端膨大成块状，花两性 …………………………………… 1. **何首乌 Fallopia multiflora**

  2.茎直立，半灌木状，无块根，根状茎木质化，横走，花单性异株 ………… 2. **虎杖 Reynoutria japonica**

1.茎直立，花被外 3 片在结果时不增大成翅(蓼属 *Polygonum* Linn.)。

  3.叶基部具关节，托叶鞘数裂，花簇生于叶腋 ……………………………… 3. **萹蓄 P. aviculare**

  3.叶基部无关节，托叶鞘不分裂或 2 裂，花生于苞片内，再集成各种花序。

    4.植株具肉质或木质肥厚根茎，托叶鞘无缘毛 ……………………………… 4. **支柱蓼 P. suffultum**

    4.植株不具肉质或木质肥厚根茎，托叶鞘常有缘毛。

      5.植物体无倒生钩刺或刺状突起，托叶鞘先端平截。

        6.花序头状，分支或不分支。

          7.多年生草本，叶基部深裂成一对裂片，叶下面无腺点，托叶鞘筒状 ……………………………

          …………………………………………………………… 5. **赤胫散 P. runcinatum** var. **sinense**

          7.一年生草本，叶基部不分裂，在叶下面有黄色腺点，托叶鞘非筒状 ……… 6. **尼泊尔蓼 P. nepalense**

        6.花序穗状、总状或呈圆锥状。

          8.托叶鞘顶端有绿色草质环状翅或干膜质裂片，植物体密生开展长柔毛 …… 7. **荭草 P. orientale**

          8.托叶鞘顶端无绿色草质环状翅，顶端平截。

            9.全株被开展的长毛和腺毛 ………………………………………………… 8. **粘毛蓼 P. viscosum**

9.植株无开展的长毛和腺毛。

  10.托叶鞘顶端无缘毛,叶片下常有腺点 ……………………… 9.**酸模叶蓼 P. lapathifolium**

  10.托叶鞘顶端有缘毛,叶片下有或无腺点。

    11.穗状花序上的花簇连续成较紧密的圆柱状,仅下部偶有间断。

      12.托叶鞘顶端有长的粗硬毛,叶披针形,革质或近革质……… 10.**蚕茧草 P. japonicum**

      12.托叶鞘顶端有较细的缘毛,叶狭披针形至卵形,膜质。

        13.小花梗细长,远伸出苞片外 ……………………… 11.**愉悦蓼 P. jucundum**

        13.小花梗短,稍伸出或不伸出苞片外。

          14.托叶鞘紧抱茎,长 1～2.5cm,具长仅为托叶鞘 1/5－1/4 的缘毛,雄蕊 6 枚,花柱 2 条,果扁平 ………………………………… 12.**春蓼 P. persicaria**

          14.托叶鞘不紧抱茎,长仅 0.4～1.3cm,具与托叶鞘等长的缘毛,雄蕊 8 枚,花柱 3 条,果三棱形。

            15.叶椭圆状披针形或卵状披针形,基部楔形,花淡紫色至深红色 ……………… ………………………………………… 13.**长鬃蓼 P. longisetum**

            15.叶线状披针形或线状长圆形,基部截形、近圆形或阔楔形,花绿白色,少紫红色 ……………………………… 13a.**圆基长鬃蓼 P. longisetum** var. **rotundatum**

    11.穗状花序上的花簇较稀疏,常间断。

      16.茎常直立,上部多分支,叶有辛辣味;花被具有显著的腺点,托叶鞘内常簇生 1～2 朵花,瘦果扁平 ……………………… 14.**水蓼 P. hydropiper**

      16.茎常平伏或斜升,基部多分支,叶无辛辣味;花被无腺点,托叶鞘内无花,瘦果三棱形 …………………………… 15.**丛枝蓼 P. posumbu**

5.植物体具有倒生钩刺或刺状突起,托叶鞘先端斜形。

  17.茎缠绕或攀援。

    18.叶正三角形,盾状生,花被果时变蓝色,稍肉质 …………… 16.**杠板归 P. perfoliatum**

    18.叶形多种,非盾状生,花被果时非肉质化。

      19.叶三角形或三角状戟形,托叶鞘叶状,近圆形,合生抱茎 ………… 17.**刺蓼 P. senticosum**

      19.叶长三角状箭形,托叶鞘具条状披针形或歪三角形叶状边缘,不合生抱茎 ………… ………………………………………… 18.**大箭叶蓼 P. darrisii**

  17.茎直立或半平卧。

    20.圆锥花序分支疏散,花稀少不成头状,植株具星状毛,茎近圆形,叶片卵状椭圆形或戟形 ………………………………… 19.**稀花蓼 P. dissitiflorum**

    20.头状花序,植株无星状毛,茎具四棱。

      21.叶三角状戟形,常 3 浅裂,基部戟形或截形,托叶鞘顶端有短缘毛,总花梗散生腺毛 ……… ………………………………………… 20.**戟叶蓼 P. thunbergii**

      21.叶长卵状披针形,基部箭形,托叶鞘顶端无缘毛,2 裂,总花梗平滑无毛 ………… ………………………………………… 21.**箭叶蓼 P. sieboldii**

图 4-92　蓼属（广义）常见种（1.何首乌，2.虎杖，3.赤胫散，
4.水蓼，5.杠板归，6.稀花蓼，7.长鬃蓼，8.刺蓼）（金孝锋）

　　藜 Chenopodium album Linn.（藜科）：一年生草本，茎有沟纹和绿色条纹；叶互生，叶片菱状三角形，有不规则牙齿或浅裂，两面被有粉粒，顶端嫩叶常粉红色。花簇生，胞果。嫩茎叶食用，全草入药。（《浙植志》2：186）

　　牛膝 Achyranthes bidentata Blume（苋科）：多年生草本，根圆柱形，土黄色；茎直立，常四棱形，节部膨大；叶对生，叶片卵形或椭圆形；穗状花序腋生或顶生，花在后期反折。根入药，根茎叶含昆虫蜕皮激素。（《浙植志》2：203）

　　刺苋 Amaranthus spinosus Linn.（苋科）：一年生草本；叶互生，叶片菱状卵形，全缘，叶柄基部有 1 对硬刺；单性花，雄花集成顶生穗状花序，雌花簇生于叶腋或雄花序的下部。全株作野菜及饲料，也可入药。（《浙植志》2：195）

图 4-93　藜(引自《高植图》)　　　　　　　图 4-94　牛膝(金孝锋)

紫茉莉 Mirabilis jalapa Linn.（紫茉莉科）：一年生草本,茎直立,节稍膨大;单叶对生,叶片卵形或卵状三角形;花1至数朵生于枝顶,有短柄,每花基部有5裂萼状总苞;花被红色、粉红色、白色或黄色,漏斗状。(《浙植志》2：208)

图 4-95　刺苋(引自《高植图》)　　　　　　图 4-96　紫茉莉(金孝锋)

美洲商陆 Phytolacca americana Linn.（商陆科）：多年生草本,肉质根粗壮,圆锥形;茎直立,常紫红色,中部以上多分支;叶互生,卵状长椭圆形;总状花序顶生或与叶对生,弯垂,果黑紫色,果序明显下垂。(《浙植志》2：211).

石竹 Dianthus chinensis Linn.（石竹科）：多年生草本;叶对生,叶片线状披针形,基部狭窄成短鞘,围抱茎节;花单生或数朵成聚伞花序,小苞片4～6,长约萼筒的1/2,花瓣边缘有不整齐的浅锯齿。观赏草本。(《浙植志》2：241)

牛繁缕 Myosoton aquaticum（Linn.）Moench（石竹科）：多年生草本;茎和花序轴一侧有白色软毛;茎多分支,叶对生,叶片卵形或宽卵形,上部叶基部略抱茎,下部叶有柄;花瓣5,白色,2深裂几达基部,花柱5,蒴果瓣裂。作野菜和饲料,也入药。(《浙植志》2：227)

图 4-97 美洲商陆（金孝锋）

图 4-98 石竹（金孝锋）

注：牛繁缕花具 5 柱头，繁缕 Stellaria media（Linn.）Cyrill. 具有 3 个柱头。

芍药 Paeonia lactiflora Pall.（毛茛科）：多年生草本；叶互生，茎下部叶常 2 回 3 出复叶，上部为三出复叶；花顶生，花瓣白色或粉红色，单瓣或重瓣，心皮 4～5，基部常被花盘所包。观赏植物；栽培的根去皮称"白芍"，不去皮称"赤芍"，均药用。（《浙植志》2：267）

图 4-99 牛繁缕（金孝锋）

图 4-100 芍药（金孝锋）

铁线莲属 Clematis Linn.（毛茛科）常见种检索表

多年生木质或草质藤本，叶对生，一至二回三出复叶，稀为单叶；花两性，萼片花瓣状，无花瓣，雄蕊多数，聚合瘦果，成熟时宿存的花柱伸长成羽毛状，或不伸长而成喙状。天目山常见的有 11 种 2 变种。

1.直立草本或亚灌木；花萼下部呈管状 ……………………………… 1. **大叶铁线莲 C. heracleifolia**
1.攀援藤本；花萼下部呈钟状。
　2.单叶，叶片边缘具刺头状浅齿；聚伞花序只有 1 朵花 …………………… 2. **单叶铁线莲 C. henryi**
　2.复叶，如为单叶，则小叶片全缘。

3.叶簇生于短枝上,叶缘具缺刻状锯齿 ·· 3.绣球藤 **C. montana**

3.叶散生于枝上,不呈簇生状。

　4.小叶片边缘通常具锯齿。

　　5.叶为三出复叶,小叶片边缘具缺刻状粗齿 ···························· 4.女萎 **C. apiifolia**

　　5.叶为羽状复叶或二回三出复叶。

　　　6.叶柄基部膨大隆起;萼片两面无毛 ···················· 5.毛蕊铁线莲 **C. lasiandra**

　　　6.叶柄基部不膨大隆起。

　　　　7.一回羽状复叶,小叶5或3。

　　　　　8.小叶片边缘具粗大锯齿状牙齿 ··················· 6.粗齿铁线莲 **C. grandidentata**

　　　　　8.小叶片边缘疏生1至数枚小牙齿 ······· 7.毛果铁线莲 **C. peterae** var. **trichocarpa**

　　　　7.二回三出复叶,小叶5～11枚 ··············· 8.扬子铁线莲 **C. puberula** var. **ganpiniana**

　4.小叶片全缘。

　　9.小叶柄具关节;叶和果干后变黑色 ···························· 9.柱果铁线莲 **C. uncinata**

　　9.小叶柄无关节。

　　　10.叶为三出复叶 ··· 10.山木通 **C. finetiana**

　　　10.叶为一回羽状复叶或二回三出复叶。

　　　　11.叶为一回羽复叶;萼片4枚,白色。

　　　　　12.茎叶干后常变黑色,花直径1～1.5cm ···················· 11.威灵仙 **C. chinensis**

　　　　　12.茎叶干后不变黑色,花直径1.5～3cm ·············· 12.圆锥铁线莲 **C. terniflora**

　　　　11.叶为二回三出复叶;萼片5～6枚,花直径5～8cm ·········· 13.大花威灵仙 **C. courtoisii**

图-101　铁线莲属常见种(1.单叶铁线莲,2.女萎,3.山木通,4.威灵仙)(吴斐婕)

101

毛茛 Ranunculus japonicus Thunb.（毛茛科）：草本；茎中空，有伸展的白色柔毛；基生叶和茎下部叶有长柄，叶片 3 深裂，中间裂片又 3 浅裂，上部叶无柄；花黄色，花瓣 5；聚合果球形，瘦果扁平。全草入药。（《浙植志》2：269.）

木通 Akebia quinata(Thunb.)Decne.（木通科）：缠绕木质藤本，老枝密布皮孔；叶簇生在短枝上，掌状复叶，小叶 5，倒卵形或椭圆形；萼片 6，花瓣状；果椭圆形，初时绿白色，熟时暗红色，纵裂。果实和茎藤入药。（《浙植志》2：301）

图 4-102 毛茛（吴斐婕）

图 4-103 木通（金孝锋）

大血藤 Sargentodoxa cuneata(Oliv.)Rehd. et Wils.（木通科）：落叶木质藤本；三出复叶，中央小叶长椭圆形或菱状倒卵形，侧生小叶较大，基部偏斜；雌雄异株，排成下垂的总状花序，浆果，组成聚合果。根茎入药，茎皮是纤维原料。（《浙植志》2：306）

六角莲 Dysosma pleiantha（Hance）Woodson（小檗科）：多年生草本；地下根状茎结节状；地上茎有 2 片对生叶，叶盾状生，5～9 浅裂；伞形花序，生于两茎生叶柄交叉处，花柄、花萼均无毛，花瓣倒椭圆形。根状茎入药。（《浙植志》2：319）

图 4-104 大血藤（金孝锋）

图 4-105 六角莲（金孝锋）

阔叶十大功劳 Mahonia bealei（Fort.）Carr.（小檗科）：常绿灌木；叶互生，一回羽状复叶，小叶对生，每侧有 2～8 刺状锐齿；总状花序簇生，花黄色；浆果暗蓝色，有白粉。观赏植物，茎也可入药，名"功劳木"，根为强壮剂。（《浙植志》2：310）

南天竹 Nandina domestica Thunb.（小檗科）：常绿灌木，全株光滑无毛，幼茎常红色；叶互生，三回奇数羽状复叶，革质，叶柄基部常呈褐色鞘状抱茎，大型圆锥花序，花白色，浆果球形。观赏植物。（《浙植志》2：312）

图 4-106　阔叶十大功劳（金孝锋）　　　　图 4-107　南天竹（金孝锋）

木防己 Cocculus orbiculatus（Linn.）DC.（防己科）：缠绕性落叶藤本，幼枝密生柔毛；叶互生，形状多变，卵形或卵状长圆形，全缘或微波状，有时 3 裂；花淡黄色，核果球形，蓝黑色，表面被白粉。藤可编织，根含淀粉，可酿酒和入药。（《浙植志》2：326）

千金藤 Stephania japonica（Thunb.）Miers（防己科）：木质藤本；叶盾状生，阔卵形，背面粉白色，掌状脉 5～7 条；花序伞状至聚伞状，单性异株，花黄绿色；核果近球形。根和茎入药。（《浙植志》12：321）

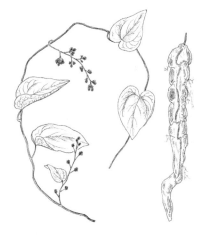

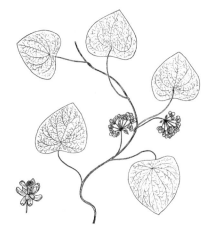

图 4-108　木防己（金孝锋）　　　　图 4-109　千金藤（金孝锋）

蜡梅 Chimonanthus praecox（Linn.）Link（蜡梅科）：落叶灌木，枝有棱，皮孔明显；单叶对

生,叶片椭圆形、椭圆状卵形,叶表面粗糙;花单生于叶腋,芳香,花被约 16 片,蜡黄色,无毛。花可提取芳香油,花蕾入药。(《浙植志》2:344)

图 4-110　蜡梅(金孝锋)

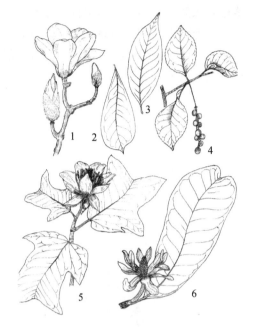

图 4-111　木兰科常见种(金孝锋)(1~2.玉兰,3.天目木兰,4.东亚五味子,5.鹅掌楸,6.凹叶厚朴)

鹅掌楸 Lirodendron chinense(Hemsl.)Sarg.(木兰科):落叶乔木;叶互生,叶片马褂状,顶端平截,每边常有 2 裂片,背面粉白色;花大,单生枝顶;雄蕊多数,花丝细长,心皮多数,密生在纺锤形的花柱上,聚合果。观赏植物。(《浙植志》2:338)

玉兰 Magnolia denulata Desr.(木兰科):落叶乔木,冬芽密生绒毛;叶互生,叶片倒卵形或倒卵状长圆形;花大,先叶开放,白色,花被 9 片,无萼片,雌雄蕊均多数,聚合果圆柱形。观赏植物,花蕾入药。(《浙植志》2:333)

华中五味子 Schisandra elongata(Bl.)Baill.(木兰科):落叶藤本,枝密生黄色瘤状皮孔;叶互生,叶片椭圆状卵形,有稀疏锯齿;雌雄异株,花橙黄色,花被片 5~9,果时花托延长排成穗状的聚合果,浆果球形。果入药。(《浙植志》2:340)

樟科 Lauraceae 常见种检索表

　　木本,有香气;单叶互生,革质,两性花,稀单性,整齐,花部 3 基数,花被 2 轮,轮状排列,雄蕊 3~4 轮,其中 1 轮退化,药瓣裂,雌蕊由 3 心皮所成,核果。樟科植物是常绿林的主要森林树种,不少是优良的木材、油料和药材。天目山常见的有 7 属 17 种 1 变种。

1.花两性,第 3 轮雄蕊花药外向。

　2.落叶,叶异型,总状花序,花先叶开放(檫木属 Sassafras Trew) ……………………… 1.**檫木 S. tzumu**

　2.常绿,聚伞状圆锥花序。

　　3.果下具果托,果托仅部分包被果实(樟属 Cinnamomum Trew)。

　　　4.叶侧脉腋下面常有腺窝,上面有明显或不明显泡状隆起,叶为羽状脉或不明显的离基三出脉,互生叶

　　　…………………………………………………………………………………… 2.**樟 C. camphora**

　　　4.叶侧脉腋下面无腺窝,上面无泡状隆起,三出脉或离基三出脉,互生叶常与近对生叶并存 …………

··· 3. 浙江樟 **C. chekiangense**

3. 果下无果托,果实直接长于果梗上。

  5. 宿存花被片不紧贴果实基部(润楠属 *Machilus* Nees)。

    6. 叶下面无毛 ·· 4. 红楠 **M. thunbergii**

    6. 叶下面幼时被贴生银白色绢毛 ············· 5. 薄叶润楠 **M. leptophylla**

  5. 宿存花被片紧贴果实基部(楠木属 Phoebe Nees)。

    7. 叶片长 8～13cm,花序长 5～10cm,各部被毛均较短,果成熟时外面有白粉 ···············

·· 6. 浙江楠 **P. chekiangensis**

    7. 叶片长 12～18cm,花序长 7～18cm,各部被毛均较密而长,果成熟时外面无白粉 ···········

·· 7. 紫楠 **P. sheareri**

1. 花单性异株,第 3 轮雄蕊花药内向。

  8. 花药 4 室。

    9. 叶具离基三出脉;花 2 基数,花被裂片 4,每轮 2,发育雄蕊 6,每轮 2(新木姜子属 *Neolitsea* Merr.)

·· 8. 浙江新木姜子 **N. aurata** var. **chekiangensis**

    9. 叶常具羽状脉,花 3 基数(木姜子属 *Litsea* Lam.)。

     10. 花 2 基数,花被裂片 4,发育雄蕊 6,每轮 2,叶近心形,倒卵形或椭圆形,基部耳状,果卵形,果托杯状

·· 9. 天目木姜子 **L. auriculata**

     10. 花 3 基数,花被裂片 6,每轮 3,发育雄蕊 9 或 12,每轮 3,叶近矩圆形或披针形,基部楔形,果实近球

     形,无果托 ··· 10. 山鸡椒 **L. cubeba**

  8. 花药 2 室(山胡椒属 *Lindera* Thunb.)。

    11. 叶羽状脉。

     12. 花、果序明显有总梗,常长于 4 mm。

      13. 叶倒卵形或倒卵状披针形,幼枝粗壮。

       14. 果托扩大,果实大,直径在 1cm 以上,叶脉不变红色,幼枝常带灰棕褐色 ················

·· 11. 浙江山胡椒 **L. chienii**

       14. 果托不扩大,果实小,直径不到 1cm,叶脉常变红色,幼枝常带灰白色或黄色 ·············

·· 12. 红果钓樟 **L. erythrocarpa**

      13. 叶椭圆形或广椭圆形,幼枝较细。

       15. 幼枝青灰色,多皮孔,果直径达 1cm 以上,果梗有皮孔 ············· 13. 大果山胡椒 **L. praecox**

       15. 幼枝绿色,光滑无皮孔,果直径不达 1cm,果梗无皮孔 ············· 14. 山橿 **L. reflexa**

     12. 花、果序无总梗,或有短于 3 mm 以下的不明显的总梗,落叶灌木或小乔木,幼枝灰白色,较粗糙

·· 15. 山胡椒 **L. glauca**

    11. 叶为基出三脉或离基三出脉。

     16. 花、果序无总梗或具不明显的总梗。

      17. 叶全缘,通常具有尾状渐尖,常绿 ························· 16. 乌药 **L. aggregata**

      17. 叶或多或少 3 裂,近圆形至扁圆形,脱落 ················· 17. 三桠乌药 **L. obtusiloba**

     16. 花、果序有总梗,长超过 5 mm,叶常为卵形至宽卵形 ········· 18. 绿叶甘橿 **L. neesiana**

紫堇属 Corydalis Vent. (罂粟科)分种检索表

    一年生或多年生草本;叶互生,一至三回分裂;总状花序,花具距,两侧对称;蒴果。天目山有 8 种,其中白花土元胡为特有种。许多种类含生物碱,可供药用。

图 4-112　樟科常见种(1.香樟,2.浙江楠,3.檫木,4.山鸡椒,5.天目木姜子)(金孝锋)

1.植株矮小,高 10～20cm,具球形块茎;叶 1～3 枚,叶片 1～2 回三出全裂;花白色
　　·· 1. 白花土元胡 C. humosa
1. 植株较高大,高 20cm 以上,无块茎;叶多数,叶片 2～3 回羽状全裂;花黄色、蓝紫色、或淡蔷薇色。
　2.花蓝紫色或淡蔷薇色。
　　3.总状花序具花通常 10 朵以上,苞片卵状菱形,边缘撕裂;花蓝紫色 ············· 2. 刻叶紫堇 C. incisa
　　3.总状花序具花 10 朵以下;苞片卵形,全缘;花淡蔷薇色至近白色 ············· 3. 紫堇 C. edulis
　2.花黄色。
　　4.蒴果线状长圆形,长 1cm 以下;种子表面具网状纹饰 ············· 4. 小黄紫堇 C. raddeana
　　4.蒴果线形,长 1.5cm 以上;种子表面纹饰非网状。
　　　5.花较小,长 1.5cm 以下;蒴果不成念珠状。
　　　　6.蒴果波状弯曲;叶二回羽状全裂 ············· 5. 蛇果紫堇 C. ophiocarpa
　　　　6.蒴果直,不弯曲;叶二至三回羽状全裂。
　　　　　7.蒴果长 3～4.5cm;种子表面密布小凹点 ············· 6. 台湾黄堇 C. balansae
　　　　　7.蒴果长 1.7～3.5cm;种子表面具圆锥状突起 ············· 7. 小花黄堇 C. racemosa
　　　5.花较大,长 1.5cm 以上;蒴果在种子间缢缩成念珠状 ············· 8. 黄堇 C. pallida

　　博落回 Macleaya cordata (Willd.) R. Br.(罂粟科):多年生大型草本,含橙红色汁液;茎和叶下面被白粉;圆锥花序,花两性,无花瓣;蒴果。全草有毒,可供药用。(《浙植志》3:4)

　　北美独行菜 Lepidium virginicum Linn.(十字花科):一或二年生草本,茎上部多分支,具

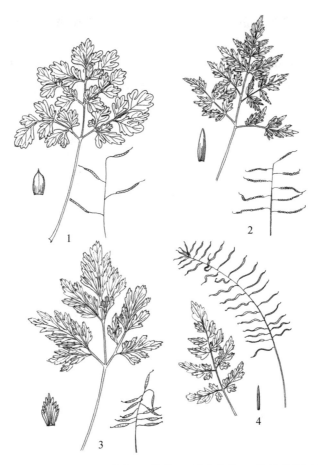

图 4-113 紫堇属常见种(1.紫堇,2.黄堇,3.刻叶紫堇,4.蛇果紫堇)(金孝锋)

柱状腺毛;茎生叶互生,倒披针形或线形;总状花序顶生;短角果近圆形。种子药用,名"葶苈子"。(《浙植志》3：28)

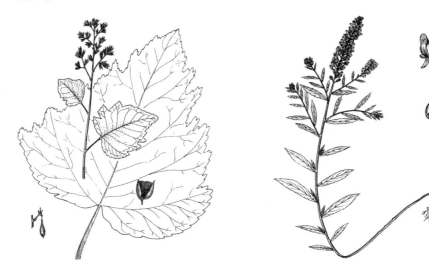

图 4-114 博落回(金孝锋)　　　　　图 4-115 北美独行菜(金孝锋)

蔊菜 Rorippa indica（Linn.）Hiern（十字花科）：一或二年生草本;基生和茎下部叶大头羽

裂,茎上部叶不分裂;总状花序顶生或腋生;花黄色;长角果线形。全草药用。(《浙植志》3:
38)

垂盆草 Sedum sarmentosum Bunge(景天科):多年生草本,茎、叶肉质,营养枝匍匐;3叶
轮生,叶片倒披针形;聚伞花序顶生;花黄色,五基数,心皮5,仅基部合生;蓇葖果。全草药用。
(《浙植志》3:79)

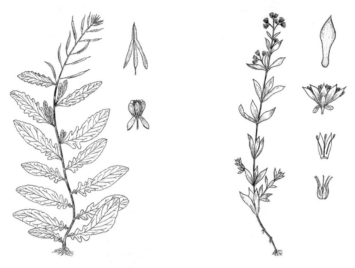

图 4-116　蔊菜(金孝锋)　　　　　图 4-117　垂盆草(金孝锋)

虎耳草 Saxifraga stolonifera Meerb.(虎耳草科):多年生草本,匍匐枝细长;叶基生,稍肉
质;圆锥花序,被腺毛;花瓣5,上方3枚小,有紫色斑点,下方2枚大;蒴果。全草药用,可治中
耳炎。(《浙植志》3:94)

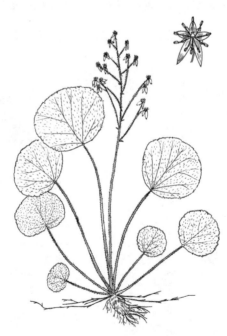

图 4-118　虎耳草(金孝锋)

山梅花族 Trib. Philadelpheae Reich.（虎耳草科）常见种分种检索表

落叶灌木,小枝有白色髓心;单叶对生;花多而显著,具芳香,全部能育;蒴果。大多可引种供观赏。天目山常见有2属5种。

1. 叶常被星状毛;花瓣5枚(溲疏属 *Deutzia* Thunb.)。
  2. 小枝无毛;叶下面无毛或有稀疏具8～10条辐射枝的星状毛 ……………… 1. 黄山溲疏 **D. glauca**
  2. 小枝有毛;叶下面密被具12～14条辐射枝的星状毛。
    3. 圆锥花序宽塔形 ……………………………………………… 2. 长江溲疏 **D. schneideriana**
    3. 圆锥花序狭长塔形 …………………………………………… 3. 宁波溲疏 **D. ningpoensis**
1. 叶不具星状毛;花瓣4枚(山梅花属 *Philadelphus* Linn.)。
  4. 叶两面无毛;总状花序具花5～7朵 ………………………………… 4. 太平花 **P. pekiensis**
  4. 叶上面疏被糙伏毛,下面沿脉被长硬毛;总状花序具花5～9朵 …… 5. 浙江山梅花 **P. zhejiangensis**

图 4-119　绣球亚科常见种(金孝锋)(1.宁波溲疏,
2.长江溲疏,3.浙江山梅花,4.中国绣球,5.乐思绣球)(金孝锋)

绣球属 Hydrangea 和钻地风属 Schizophragma 常见种分种检索表

该两属为虎耳草科植物,前者为直立灌木,后者为木质藤本。共同特征是叶对生,花两型,分孕性花和不孕的放射花,放射花具增大的萼片起吸引昆虫的作用。

1. 木质藤本;放射花仅具1枚增大的萼片(钻地风属 *Schizophragma* Sieb. et Zucc.)。
  2. 叶缘具粗锯齿;花序被白色粗毛 ………………………………… 1. 秦榛钻地风 **S. corylifolium**
  2. 叶全缘或具细小锯齿;花序被褐色柔毛。
    3. 叶下面绿色 …………………………………………………… 2. 钻地风 **S. integrifolium**
    3. 叶下面粉绿色 ……………………… 3. 粉绿钻地风 **S. integrifolium var. glaucescens**
1. 直立灌木或木质藤本;放射花具3～4枚增大萼片(绣球属 *Hydrangea* Linn.)。
  4. 木质藤本,枝上有气生根;孕性花花瓣连合成冠盖状 ……………… 4. 冠盖绣球 **H. anomala**

4.直立灌木,枝上无气生根;孕性花花瓣不连合成冠盖状。

  5.花序球形,全由不孕花组成;叶椭圆形或倒卵形 ················ 5.**绣球 H. macrophylla**

  5.花序非球形,同时有孕性和不孕花存在。

    6.小枝上部叶 3 枚轮生,花序圆锥状 ················ 6.**圆锥绣球 H. paniculata**

    6.小枝上部叶对生;花序伞房状或伞形状。

      7.花序近无总花梗,一回分支呈伞形状排列,孕性花黄色;叶较小,宽一般不超过 3.5cm

      ················ 7.**中国绣球 H. chinensis**

      7.花序有总花梗,一回分支呈伞房状;孕性花蓝紫色;叶较宽大。

        8.小枝和叶疏被短柔毛;子房半下位 ················ 8.**浙皖绣球 H. zhewanensis**

        8.小枝和叶下面密被粗伏毛;子房下位 ················ 9.**乐思绣球 H. rosthornii**

海桐 Pittosporum tobira(Thunb.)Ait.(海桐花科):常绿灌木,叶互生,聚集于枝顶呈假轮生状,叶片倒卵形,革质,全缘;伞形花序顶生,花白色,5 基数;蒴果,种子红色。抗二氧化硫,优良观赏树。(《浙植志》3:117)

枫香 Liquidambar formosana Hance(金缕梅科):落叶高大乔木,芳香;叶互生,叶片掌状 3 裂;雌花序头状;果序球形,蒴果木质。果实药用,名"路路通";树脂可制香精;叶入秋变红色,为优良绿化树。(《浙植志》3:120)

图 4-120　海桐(金孝锋)

图 4-121　枫香(金孝锋)

檵木 Loropetalum chinensis(R. Br.)Oliv.(金缕梅科):常绿灌木,小枝和叶被星状毛;叶互生,基部略偏斜;花簇生,花瓣 4,白色,带状;蒴果,种子墨黑色。树桩体态优美,常作盆景。(《浙植志》3:124)

杜仲 Eucommia ulmoides Oliv.(杜仲科):落叶乔木;叶互生,叶片有皱纹,折断有白色细丝相连;花单性异株,无花被;具翅小坚果扁平。杜仲科为我国特有的单种科,国家一级保护植物;树皮为贵重药材。(《浙植志》3:132)

图 4-122　檵木（吴斐婕）

图 4-123　杜仲（金孝锋）

二球悬铃木 Platanus acerifolia（Ait.）Willd.（悬铃木科）：又名法国梧桐，落叶乔木；侧芽包藏于叶柄基部，芽和叶被绒毛；叶互生，掌状分裂；花序头状，花单性，花被不显著；聚合果球形，常 2 个串生。为常见行道树。（《浙植志》3：133）

中华绣线菊 Spiraea chinensis Maxim.（蔷薇科）：落叶灌木，小枝拱形弯曲；叶互生，叶片菱状卵形，边缘有缺刻状锯齿或 3 浅裂，无托叶；伞形花序生短枝顶端，花白色；心皮 5，分离；蓇葖果被短柔毛。（《浙植志》3：142）

图 4-124　二球悬铃木（金孝锋）

图 4-125　中华绣线菊（金孝锋）

石楠 Photinia serrulata Lindl.（蔷薇科）：常绿小乔木；叶互生，叶片革质，边缘有具腺细锯齿（在萌枝上常成硬刺状）；复伞房花序顶生，花白色；子房下位，梨果球形。庭院绿化树。（《浙植志》3：156）

龙牙草 Agrimonia pilosa Ledeb.（蔷薇科）：多年生草本，全株被柔毛；奇数羽状复叶，大小两种小叶相间排列；穗状花序顶生，花黄色；果实有钩刺。全草药用，名"仙鹤草"。（《浙植志》3：236）

图 4-126　石楠(金孝锋)　　　　　　　　　图 4-127　龙牙草(金孝锋)

蛇莓 Duchesnea indica（Andr.）Focke(蔷薇科)：多年生草本,茎匍匐;三出复叶;花单生叶腋,副萼长于花萼,花瓣黄色;花托果期增大,鲜红色。全草药用。(《浙植志》3：222)

地榆 Sanguisorba officinalis L.(蔷薇科)：多年生草本,直根纺锤形;羽状复叶,小叶柄向上成钝角;穗状花序椭圆形或卵球形,总花梗细长;花萼紫红色,无花瓣;瘦果。根为重要止血药。(《浙植志》3：238)

图 4-128　蛇莓(金孝锋)　　　　　　　　　图 4-129　地榆(吴斐婕)

野珠兰 Stephanandra chinensis Hance(蔷薇科)：落叶灌木,小枝红褐色;叶互生,边缘常有浅裂和重锯齿,先端尾尖;圆锥花序顶生,花白色;心皮 1,蓇葖果近球形。(《浙植志》3：146)

图 4-130　野珠兰（金孝锋）

蔷薇属 Rosa Linn.（蔷薇科）常见种检索表

大多为攀援灌木,枝上有皮刺;叶互生,羽状复叶;花托杯壶状或球状。天目山有 8 种 2 变种。多数种类可供观赏,金樱子、硕苞蔷薇等的果实可食用或提取食用色素。

1. 托叶与叶柄离生,脱落。
　2. 小叶 3 枚,稀 5 枚;花托外面密被针刺 ·· 1. 金樱子 R. laevigata
　2. 小叶 5～9 枚,稀仅具 3 枚;花托外面有毛或无毛,但绝无针刺。
　　3. 花单生,花托外面被黄褐色柔毛;羽状复叶有小叶 5～9 枚 ·············· 2. 硕苞蔷薇 R. bracteata
　　3. 花多数排成伞房花序,花托外面无毛;羽状复叶有小叶 3～5 枚 ·········· 3. 小果蔷薇 R. cymosa
1. 托叶与叶柄合生,宿存。
　4. 托叶篦齿状分裂。
　　5. 花单瓣。
　　　6. 花白色 ·· 4. 野蔷薇 R. multiflora
　　　6. 花淡粉红色 ····································· 4a. 粉团蔷薇 R. multiflora var. cathayensis
　　5. 花重瓣,粉红色或深红色 ································ 4b. 七姊妹 R. multiflora 'Carnea'
　4. 托叶全缘。
　　7. 花单生或数朵,花红色,花柱离生。
　　　8. 小叶 3～5 枚;花大,直径 4～5cm ····························· 5. 月季花 R. chinensis
　　　8. 小叶 7～11 枚;花较小,直径 2～2.5cm ····················· 6. 钝叶蔷薇 R. sertata
　　7. 花多数,排成伞房状;花白色,花柱合生。
　　　9. 叶两面无毛,伞形状伞房花序 ····························· 7. 软条七蔷薇 R. henryi
　　　9. 叶下面被毛;圆锥状伞房花序 ····························· 8. 悬钩子蔷薇 R. rubus

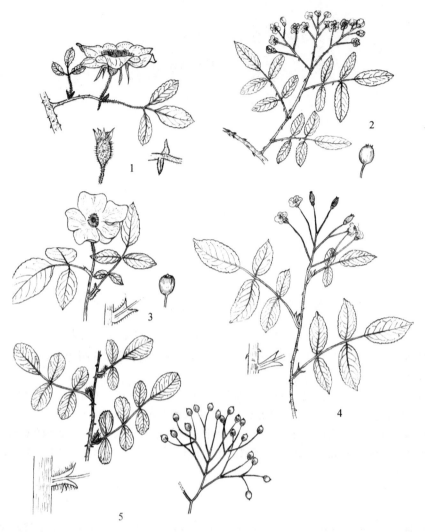

图 4-131　蔷薇属常见种(1.金樱子,2.小果蔷薇,3.月季,4.软条七蔷薇,5.野蔷薇)(金孝锋)

悬钩子属 Rubus Linn.(蔷薇科)常见种检索表

落叶或常绿灌木,茎直立或攀援,有皮刺;单叶、三出复叶或羽状复叶,互生;花托凸起成圆顶状;聚合果。天目山有 15 种 2 变种,多数种类果实酸甜可口,富含维生素,可食用。

1.单叶,不分裂或掌状分裂。
  2.托叶下部与叶柄合生,全缘,宿存。
    3.叶片盾状着生;果实圆柱形 ·· 1.盾叶莓 **R. peltatus**
    3.叶片非盾状着生,果实近球形。
      4.叶片圆形,掌状 5 深裂;花直径 3cm 以上 ·························· 2.掌叶覆盆子 **R. chingii**
      4.叶片卵形,不裂或 3 浅裂;花直径 3cm 以下。
        5.植株有毛;花单生 ··· 3.山莓 **R. corchorifolius**
        5.植株无毛;花常 3 朵成短总状花序 ·················· 4.三花悬钩子 **R. trianthus**
  2.托叶与叶柄离生,较宽大,常分裂。
    6.植株较高大,茎长 1m 以上。
      7.茎绿色;叶 3～5 浅裂;果实红色。

8.叶片上面疏被柔毛;花梗和花萼均被柔毛 ················· 5.高粱泡 **R. lambertianus**

　　8.叶片两面无毛;花梗和花萼均无毛 ············· 5.**光滑高粱泡 R. lambertianus var. glaber**

　7.茎灰绿;叶不分裂有锯齿;果实熟时黑色 ····················· 6.**木莓 R. swinhoei**

　6.植株较矮小或平卧,长不到1m。

　　9.枝无毛;托叶宽大,长2cm以上 ························· 7.**太平莓 R. pacificus**

　　9.枝有毛;托叶较小,长2cm以下。

　　　10.植株被长柔毛,茎具稀疏小皮刺 ·················· 8.**寒莓 R. buergerii**

　　　10.植株被长腺毛和长柔毛;枝不具皮刺 ········· 9.**周毛悬钩子 R. amphidasys**

1.三出或羽状复叶。

　11.叶片下面被灰白色绒毛,小叶通常3枚。

　　12.花多数组成总状或圆锥状花序 ··········· 10.**无腺白叶莓 R. innominatus var. kuntzeanus**

　　12.花少数组成伞房状花序。

　　　13.小叶先端钝圆;花萼外面被柔毛或腺毛 ············· 11.**茅莓 R. parvifolius**

　　　13.小叶先端渐尖;花萼外面密被绒毛 ············· 12.**牯岭悬钩子 R. kulinganus**

　11.叶片下面被柔毛或无毛,小叶通常5～7枚,稀3～5枚。

　　14.小灌木,高一般不超过0.5m,小叶3～5枚 ············· 13.**蓬蘽 R. hirsutus**

　　14.灌木,高达1m以上,小叶5～7枚。

　　　15.当年生枝被白粉;花多数组成伞房状圆锥花序 ········· 14.**插田泡 R. coreanus**

　　　15.当年生枝不被白粉;花单生或数朵成伞房花序。

　　　　16.植株被紫红色腺毛;聚合果长圆形 ············· 15.**红腺悬钩子 R. sumatranus**

　　　　16.植株被柔毛,但无腺毛;聚合果卵球形 ············· 16.**空心泡 R. rosaefolius**

李属 Prunus Linn.（广义）常见种分种检索表

　　广义的李属(蔷薇科)的共同特征是单叶,心皮1枚,子房上位,核果。是含200多种的大属。现多数学者主张将它划分为6属:桃属、杏属、樱属、桂樱属、稠李属和李属。天目山常见有16种。

1.花单生、数朵簇生或成伞形、短总状花序。

　2.果实较大,直径2cm以上,有1条纵沟。

　　3.具顶芽,腋芽3,两侧为花芽,中间为叶芽,果实被短柔毛,果核有孔穴(桃属 *Amygdalus* Linn.)

　　　··· 1.**桃 A. persica**

　　3.缺顶芽,腋芽单生;果核无孔穴。

　　　4.花无梗或有短梗;子房和果实被短柔毛(杏属 *Armeniaca* Mill.)。

　　　　5.一年生枝淡红褐色,叶片基部圆形或近心形 ············· 2.**杏 A. vulgaris**

　　　　5.一年生枝绿色,叶片基部宽楔形至圆形 ············· 3.**梅 A. mume**

　　　4.花有梗,子房和果实无毛(李属 *Prunus* Linn.)。

　　　　6.叶终年绿色,花白色 ································· 4.**李 P. salicina**

　　　　6.叶终年紫红色,花粉红色 ············· 5.**红叶李 P. ceraifera 'Atropurpurea'**

　2.果实较小,直径2cm以下,无纵沟(樱属 *Cerasus* Mill.)。

　　7.腋芽3个并生,中间为叶芽,两侧为花芽,叶柄较短,长1.5～4mm ········ 6.**郁李 C. japonica**

　　7.腋芽单生,叶柄较长,长5mm以上。

　　　8.小枝和叶片两面无毛。

　　　　9.叶缘有芒状重锯齿;果实熟时黑色 ············· 7.**山樱花 C. serrulata**

　　　　9.叶缘有尖锐锯齿,齿尖不呈芒状,果实熟时红色 ············· 8.**钟花樱 C. campanulata**

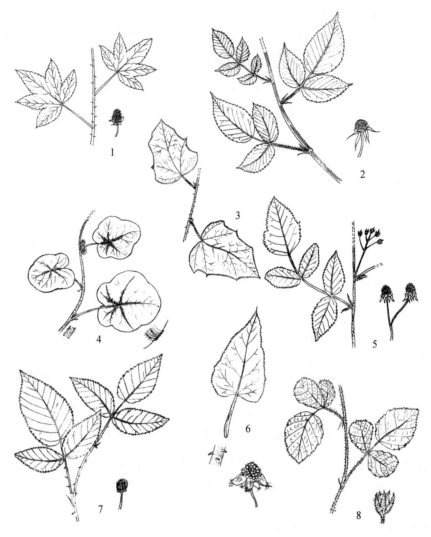

图 4-132 悬钩子属常见种(1.掌叶覆盆子,2.蓬蘽,3.高粱泡,4.寒莓,
5.插田泡,6.太平莓,7.牡岭悬钩子,8.茅莓)(金孝锋)

8.嫩枝疏被柔毛,叶下面沿脉疏被柔毛。

　　10.叶柄长 8mm 以下,伞形花序具花 2 朵 ……………………………… 9.迎春樱 **C. discoidea**

　　10.叶柄长 8~15mm,伞形花序具花 3~6 朵。

　　　　11.花梗长不足 2cm,果实红色 ……………………………… 10.樱桃 **C. pseudocerasus**

　　　　11.花梗长 2cm 以上,果实黑色 ……………………………… 11.日本樱花 **C. yedoensis**

1.花多朵(10 朵以上)组成总状花序。

　　12.落叶乔木,花序顶生(稠李属 *Padus* Mill.)。

　　　　13.花序基部无叶,萼片果期宿存 ……………………………… 12.橉木 **P. buergeriana**

　　　　13.花序基部有叶,萼片果期脱落。

　　　　　　14.叶片下面无绢状毛;总花梗和花梗果期纤细 ……………………… 13.短梗稠李 **P. brachypoda**

　　　　　　14.叶片下面密被绢状毛;总花梗和花梗果期明显增粗,具皮孔 ……… 14.绢毛稠李 **P. sericea**

　　12.常绿乔木;花序腋生(桂樱属 *Laurocerasus* Tourn. ex Duh.) ……………… 15.刺叶桂樱 **L. spinulosa**

图 4-133　李属(广义)常见种(1.桃,2.李,3.杏,4.梅,5.檵木,6.樱桃,7.短梗稠李)(金孝锋)

山合欢 Albizzia kaikora(Roxb.)Prain(豆科):落叶乔木;二回羽状复叶互生,小叶对生,基部偏斜;头状花序,花冠小,白色,花丝长于花冠数倍;荚果扁平。绿化树种。(《浙植志》3:268)

云实 Caesalpinia decapetala(Roth)Alston(豆科):落叶攀援灌木,全体生倒钩状皮刺;二回羽状复叶;总状花序顶生,花黄色,假蝶形花冠;荚果扁平。树皮和果壳含单宁,可提取拷胶。(《浙植志》3:289)

图 4-134 山合欢（金孝锋）　　　　　图 4-135 云实（金孝锋）

紫荆 Cercis chinensis Bunge（豆科）：落叶灌木；单叶互生，叶片宽卵形，基部心形；花簇生老枝上，先叶开放；花冠假蝶形，紫红色；荚果扁平。重要庭园观赏树种。（《浙植志》3：278）

黄檀 Dalbergia hupsana Hance（豆科）：落叶乔木，小枝皮孔明显；奇数羽状复叶，小叶全缘，顶端有凹缺；圆锥花序，花冠黄白色或淡紫色，二体雄蕊（5＋5），荚果扁平。木材坚重致密，优良材用树种。（《浙植志》3：312）

图 4-136 紫荆（金孝锋）　　　　　图 4-137 黄檀（金孝锋）

野大豆 Glycine soja Sieb. et Zucc.（豆科）：缠绕藤本，被棕黄色长硬毛；三出复叶；总状花序腋生，花小，淡紫色；荚果略扁平弯曲，被长硬毛。大豆的祖先种，珍贵育种材料，国家二级保护植物。（《浙植志》3：392）

天蓝苜蓿 Medicago lupulina Linn.（豆科）：二年生平卧草本；三出复叶，小叶片宽倒卵形，两面被毛；总状花序近头状，腋生；花小，黄色；荚果弯曲成圆肾形，具网纹，无刺。可作绿肥或牧草。（《浙植志》3：375）

花榈木 Ormosia henryi Prain（豆科）：常绿乔木，树皮青灰色；羽状复叶，密被灰黄色绒毛；圆锥花序，花黄白色，蝶形花冠；荚果木质，种子红色。木材花纹美丽，优质家具用材，国家二级保护植物。（《浙植志》3：291）

图 4-138　野大豆（吴斐婕）　　　　　　图 4-139　天蓝苜蓿（金孝锋）

野葛 Pueraria lobata（Willd.）Ohwi（豆科）：多年生大藤本；被棕褐色粗毛；三出复叶，小叶片全缘或浅裂，托叶盾状着生；总状花序腋生，花紫红色，蝶形花冠；荚果扁平，被长硬毛。块根可制"葛粉"，根药用。（《浙植志》3：380）

槐树 Sophora japonica Linn.（豆科）：落叶乔木，枝绿色，皮孔明显；羽状复叶，托叶镰状弯曲；圆锥花序顶生，花乳白色，蝶形花冠；荚果串珠状，不开裂。花蕾药用名"槐米"；抗污染性强，为优良绿化树种。（《浙植志》3：296）

紫藤 Wisteria sinensis（Sims）Sweet（豆科）：木质缠绕藤本；羽状复叶，有小托叶；总状花序下垂，花紫色，蝶形花冠，二体雄蕊；荚果被黄色绒毛。常庭园栽培供观赏。（《浙植志》3：341）

图 4-140　野葛（金孝锋）

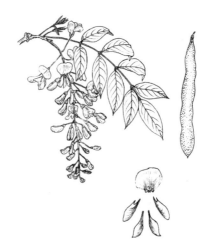

图 4-141　槐树（金孝锋）　　　　　　图 4-142　紫藤（金孝锋）

木蓝属 Indigofera Linn.（豆科）分种检索表

落叶灌木或草本，植株常被平贴丁字毛；羽状复叶。总状花序腋生，蝶形花冠，二体雄蕊；荚果线形至圆柱形。天目山有 5 种 1 变种。花多而美，可供观赏，部分种类根药用。

1. 枝和叶轴被开展的多节毛 ·· 1. 浙江木蓝 I. parkesii
1. 枝和叶轴被平贴的丁字毛或近无毛。
  2. 植株较高大，高 1m 以上，多分支；花小，长 7mm 以下，荚果常被毛。
    3. 芽被锈色丁字毛；叶轴长 2～5cm，小叶片长圆状椭圆形，长 1.5～4cm ····· 2. 多花木蓝 I. amblyantha
    3. 芽被白色丁字毛；叶柄长 1～1.5cm；小叶片倒卵状椭圆形，长 1～2cm ······· 3. 马棘 I. pseudotinctoria
  2. 植株较矮小，高大多在 1m 以下，分支少数；花较大，长 1cm 以上；荚果无毛。
    4. 植株无毛，稀幼叶下面中脉疏生丁字毛；小叶网脉不明显突出 ··········· 4. 华东木蓝 I. fortunei
    4. 枝、叶轴及花序轴被平贴毛，叶至少下面有毛；小叶网脉不明显突出。
      5. 叶上面无毛，下面有毛 ··· 5. 庭藤 I. decora
      5. 小叶两面被毛 ·································· 5a. 宜昌木蓝 I. decora var. ichangensis

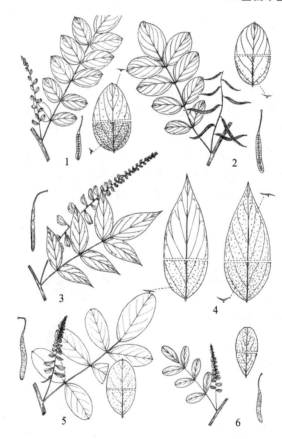

图 4-143　木蓝属常见种（1.浙江木蓝，2.华东木蓝，3.庭藤，4.宜昌木蓝，5.多花木蓝，6.马棘）（金孝锋）

野豌豆属 Vicia Linn.（豆科）常见种检索表

草本，茎通常攀援（叶轴顶端小叶变态成卷须），稀直立；偶数羽状复叶互生；花单生或腋生的总状花序；蝶形花冠，二体雄蕊；荚果侧扁。天目山常见有 6 种。除蚕豆栽培食用外，大多为野生牧草。

1. 植株直立;叶柄顶端小叶退化成小刺毛。

　　2. 二年生草本;花1至数朵腋生,花冠白色有黑色斑块 ··············· 1. 蚕豆 V. faba

　　2. 多年生草本;花多朵成总状花序,花紫红色 ·············· 2. 无萼齿野豌豆 V. edentata

1. 植株攀援,叶轴顶端小叶变态成卷须。

　　3. 花1~2朵腋生,无总花梗;花大,长1.2~1.5cm,花冠紫红色 ·············· 3. 大巢菜 V. sativa

　　3. 花1~2朵或多朵成总状花序,具明显的总花梗;花蓝色、淡紫色或淡红色。

　　　　4. 花序具花1~6朵;花小,长3.5~6mm。

　　　　　　5. 总状花序有2~6朵花;花长3.5mm;子房被硬毛 ·············· 4. 小巢菜 V. hirsuta

　　　　　　5. 总状花序有1~2朵花;花长6mm;子房无毛 ·············· 5. 四籽野豌豆 V. tetrasperma

　　　　4. 花序具花7朵以上;花较大,长约1cm ··············· 6. 广布野豌豆 V. cracca

图 4-144　野豌豆属常见种(1.蚕豆,2.无萼齿野豌豆,3.小巢菜,4.四籽野豌豆,5.广布野豌豆(金孝锋))

　　吴茱萸 Euodia rutaecarpa (Juss.) Benth.(芸香科):落叶灌木;羽状复叶对生,小叶片全缘,有透明油点;聚伞状圆锥花序,花绿白色;蓇葖果紫红色。果实药用。(《浙植志》3:414)

　　竹叶椒 Zanthoxylum armatum DC.(芸香科):常绿灌木,散生直扁皮刺;奇数羽状复叶互生,叶轴有宽翅,小叶片边缘齿缝有油点;花小,黄绿色;蓇葖果红色。(《浙植志》3:420)

图 4-145　吴茱萸(引自《浙植志》)　　　　　图 4-146　竹叶椒(金孝锋)

　　臭椿 Ailanthus altissima（Mill.）Swingle(苦木科)：落叶乔木,小枝粗壮；羽状复叶互生,小叶片基部有 1～2 对大锯齿,齿端有 1 腺体,揉搓后有臭味；圆锥花序顶生,花杂性异株；翅果。绿化或材用。(《浙植志》3：447)

　　楝树 Melia azedarach Linn.（楝科)：落叶乔木,小枝粗壮,有皮孔；2～3 回羽状复叶互生,小叶片有粗锯齿；圆锥花序腋生,花紫色,单体雄蕊；核果淡黄色。优良绿化和材用树种。(《浙植志》3：449)

图 4-147　臭椿(金孝锋)　　　　　　　图 4-148　楝树(金孝锋)

　　重阳木 Bischofia polycarpa（Levl.）Airy－Shaw(大戟科)：落叶乔木；羽状三出复叶,小叶片秃净无毛,边缘有细钝锯齿；总状花序腋生,花单性异株,无花瓣；果实浆果状。材用或作行道树。(《浙植志》3：469)

　　大戟 Euphorbia pekinensis Rupr.（大戟科)：多年生草本,具白色乳汁；单叶互生,无柄；杯状聚伞花序,基部有轮生叶 5 枚；子房 3 室；蒴果三棱状球形。根药用,名"京大戟"。(《浙植志》3：488)

　　青灰叶下珠 Phyllanthus glaucus Wall. ex Muell.－Arg.（大戟科)：落叶灌木；单叶互生,

叶在小枝上羽状排列形似复叶；花簇生于叶腋，单性同株，无花瓣；浆果熟时黑紫色，下垂隐藏于叶下。（《浙植志》3：466）

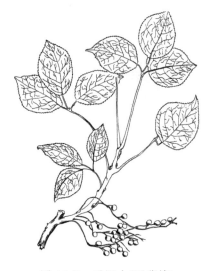

图 4-149　重阳木（天斐婕）　　　　　　图 4-150　大戟（金孝锋）

乌桕 Sapium sebiferum（Linn.）Roxb.（大戟科）：落叶乔木，有乳汁；单叶互生，叶片菱状卵形，叶柄顶端有 2 腺体；总状花序，花单性同序，无花瓣；蒴果卵状三棱形，种子有白色假种皮。叶入秋变红色可作行道树，假种皮可制蜡烛，种子油制油漆，木材制家具。（《浙植志》3：478）

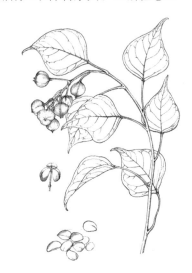

图 4-151　青灰叶下珠（金孝锋）　　　　图 4-152　乌桕（引自《浙植志》）

野桐属 Mallotus Lour.（大戟科）分种检索表

灌木或乔木，常被星状毛；叶片上面基部常有 1 对腺体，下面有腺点。花单性，无花瓣，蒴果。天目山常见有 1 种 2 变种。种子油可供工业用。

1. 叶背面白色，被星状毛和橙红色腺点 ················· 1. 白背叶 **M. apelta**
1. 叶背面不为白色，被褐色星状毛和黄色腺点。
　2. 藤状灌木；叶片长卵形，宽 2.5～5cm，两面无毛或疏被星状毛

.... 2.杠香藤 **M. repandus var. chrysocarpus**

2.直立灌木或小乔木,叶片宽卵形,宽5～12cm,下面被较密的星状毛

.... 3.野桐 **M. japonicus var. floccosus**

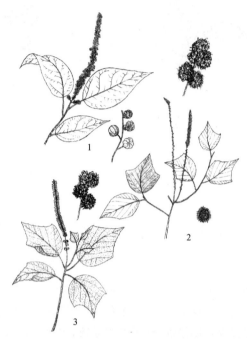

图 4-153　野桐属常见种(1.杠香藤,2.白背叶,3.野桐)(金孝锋)

盐肤木 Rhus chinensis Mill.(漆树科):落叶灌木;有乳汁;羽状复叶,叶柄和叶轴有宽翅;圆锥花序顶生,花小,白色;核果熟时橙红色。为五倍子蚜虫的寄主,叶上的虫瘿即五倍子,供鞣革、医药工业用。(《浙植志》3：504)

野漆树 Toxicodendron succedaneum(Linn.) O. Kuntze(漆树科):落叶乔木,具乳汁;羽状复叶,小叶全缘无毛;圆锥花序腋生,单性异株;核果斜菱状球形。乳汁中含漆酚,易引起人体过敏。(《浙植志》3：508)

图 4-154　盐肤木(吴斐婕)

图 4-155　野漆树(引自《高植图》)

冬青属 Ilex Linn.（冬青科）常见种分种检索表

灌木或小乔木,常绿,少落叶;单叶互生,全缘或有锯齿;花小,辐射对称,单性异株,呈腋生的聚伞花序或簇生,稀单生;果为浆果状核果。天目山常见有 7 种。大多种类可作庭园绿化。（《浙植志》4：1）

1. 落叶灌木或小乔木;有长短枝之分,当年生小枝常具显著皮孔;叶片膜质或纸质。
  2. 果直径在 1cm 以下;果梗粗壮,长 9～15mm ·························· 1. **大柄冬青 I. macropoda**
  2. 果直径在 1cm 以上;果梗纤细,长 2～3cm ·························· 2. **大果冬青 I. macrocarpa**
1. 常绿灌木或小乔木;当年生小枝常无显著皮孔;叶片常革质。
  3. 雌花序单生或雌花单生,不为腋生的簇生花序。
    4. 叶片全缘;雌花序或果序为伞形状 ·························· 3. **铁冬青 I. rotunda**
    4. 叶片边缘具锯齿、齿齿或刺齿,稀在具柄冬青可全缘。
      5. 叶片边缘具钝齿;果序伞形 ·························· 4. **冬青 I. chinensis**
      5. 叶片边缘近全缘,果通常单生 ·························· 5. **具柄冬青 I. pedunculos**
  3. 雌花序或雄花序均为腋生的簇生花序。
    6. 叶片四方状长圆形,先端具刺 3 枚,稀 1 枚 ·························· 6. **枸骨 I. cornuta**
    6. 叶片长圆形或卵状长圆形,边缘具锯齿 ·························· 7. **大叶冬青 I. latifolia**

图 4-156　冬青属常见种:1.枸骨,2.大叶冬青,3.大柄冬青,4.冬青,5.具柄冬青,6.大果冬青（金孝锋）

哥兰叶(大芽南蛇藤)**Celastrus gemmatus** Loes.（卫矛科）:落叶藤木。皮孔白色;冬芽圆锥形;单叶互生,叶片边缘具细锯齿,网脉明显;花单性异株;柱头 3 裂,每裂再 2 分裂;蒴果近球形。（《浙植志》4：40）

卫矛 Euonymus alatus（Thunb.）Sieb.（卫矛科）:落叶灌木。小枝具 4 棱,通常具木栓翅,或有时无翅。叶对生,叶片纸质,菱状倒卵形;聚伞花序腋生,每花序有花 3～5 朵;蒴果全裂;假种皮红色,全部包围种子。木栓翅(称鬼箭羽)入药。（《浙植志》4：25）

图 4-157　哥兰叶(金孝锋)　　　　图 4-158　卫矛(引自《浙植志》)

冬青卫矛(大叶黄杨,正木) **Euonymus japonicus** Thunb. (卫矛科):常绿灌木或小乔木。小枝微呈 4 棱;叶对生,叶片革质,具光泽,通常椭圆形,边缘具钝锯齿,侧脉网脉不明显;二歧聚伞花序,花 4 基数;蒴果无翅棱。绿化用,有许多园艺变种。(《浙植志》4:29)

野鸦椿 Euscaphis japonica(Thunb.) Kanitz(省沽油科):落叶灌木。奇数羽状复叶,对生,小叶边缘具细锐锯齿。圆锥花序顶生,心皮仅基部稍合生;蓇葖果,果皮紫红色;假种皮黑色。根和果实药用。(《浙植志》4:48)

图 4-159　冬青卫矛(引自《浙植志》)　　　图 4-160　野鸦椿(引自《浙植志》)

槭属 Acer Linn. (槭树科)常见种分种检索表

落叶乔木或灌木,少数常绿;叶对生,单叶,稀复叶,常分裂而具掌状脉;无托叶。花序伞房状、总状或圆锥状;花小而不显著,单性或两性、杂性同株或异株;小坚果侧端具翅。天目山常见的有 14 种 1 变种,许多种类入秋后叶变红色,可供观赏。

1.单叶。

　2.花序顶生,花与叶同时开放。

　　3.花序伞房状或圆锥状;叶片通常分裂,稀可不分裂。

　　　4.叶卵形或卵状椭圆形,3～5浅裂,中裂片远较侧裂片发达 …………………… **1.茶条槭 A. ginnala**

　　　4.叶片轮廓圆形、近圆形或扁圆形,有时为倒卵形,多掌状分裂,中裂片比侧裂片稍大或近等大。

　　　　5.小坚果扁平;叶裂片全缘或波状;叶柄有乳汁。

　　　　　6.叶片上面全被毛,各裂片边缘明显波状而具纤毛;小坚果密生土黄色短柔毛

　　　　　　………………………………………………………………………………… **2.羊角槭 A. yangjuechi**

　　　　　6.叶片上面无毛,各裂片边缘波状而无纤毛;小坚果无毛或稀可被疏毛。

　　　　　　7.果序的总果梗明显,长 10～25mm。

　　　　　　　8.叶片下面无毛或初时沿脉有短柔毛,后变无毛;小枝、叶柄、子房和果实无毛

　　　　　　　　……………………………………………………………………… **3.色木槭 A. mono**

　　　　　　　8.叶片下面沿脉有长柔毛,很少无毛;子房及果实被毛

　　　　　　　　………………………………………………… **4.卷毛长柄槭 A. longipes var. pubigerum**

　　　　　　7.果序的总果梗不明显,长 3～5mm ……………………………… **5.锐角槭 A. acutum**

　　　　5.小坚果凸起;叶裂片边缘具锯齿,稀全缘;叶柄无乳汁。

　　　　　9.叶顶部常 3 浅裂,有掌状 3 出脉;花序伞房状 ……………… **6.三角槭 A. buergerianum**

　　　　　9.叶片 5～9 裂,稀可夹杂 3 或 11 裂;圆锥花序。

　　　　　　10.当年生小枝、叶柄及叶片多少被白色宿存绒毛;叶柄长不超过 2.3cm;叶裂片披针形

　　　　　　　或长圆状披针形 ……………………………………… **7.毛鸡爪槭 A. pubipalmatum**

　　　　　　10.当年生小枝光滑无毛,叶柄长远超过 2.3cm;叶裂片卵形或长圆状卵形。

　　　　　　　11.叶片 5 裂(极稀 7 裂),干后橄榄色,下面浅橄榄色 ……… **8.橄榄槭 A. olivaceum**

　　　　　　　11.叶片 7～11 裂(稀可夹杂 5 裂),干后不为橄榄色。

　　　　　　　　12.叶片较小,7～9 裂,稀夹杂 5 裂;翅果最长不超过 2.5cm。

　　　　　　　　　13.子房密被淡黄色长柔毛;叶片 9 裂或 7～9 裂 ……… **9.临安槭 A. linganense**

　　　　　　　　　13.子房无毛或疏被红棕色柔毛;叶片 7 裂或 5～7 裂,稀可夹杂 9 裂

　　　　　　　　　　………………………………………………………… **10.鸡爪槭 A. palmatum**

　　　　　　　　12.叶片较大,常 9～11 裂;翅果长 2.6～3.2cm …………… **11.安徽槭 A. anhweiense**

　3.总状花序,顶生;叶片不分裂 ……………………………………… **12.青榨槭 A. davidii**

　2.花序侧生,花先于叶开放 ……………………………………… **13.天目槭 A. sinopurpurascens**

1.复叶,具 3 小叶。

　　14.花序顶生,伞房状或聚伞状,仅具 3 花;侧生小叶几无柄;翅果长 4～5cm …… **14.毛果槭 A. nikoense**

　　14.总状花序侧生,具多数花;侧生小叶具 3～5mm 的小叶柄;翅果长 2～2.5cm …… **15.建始槭 A. henryi**

　　七叶树 Aesculus chinensis Bunge(七叶树科):落叶乔木;树皮灰褐色;掌状复叶对生,小叶通常 5－7 枚,边缘有细锯齿;圆锥花序,连同总花梗长 25cm,花白色;蒴果球形,密生疣点。树姿优美,为优良行道树。(《浙植志》4:71)

　　无患子 Sapindus mukorossi Gaertn.(无患子科):落叶乔木;树皮黄褐色;偶数羽状复叶,互生;小叶 4－8 对,互生或近对生;圆锥花序顶生,花辐射对称,小而不显著,花瓣 5,有长爪;核果球形。常作庭园绿化或行道树。(《浙植志》4:74)

图 4-161　槭属常见种类：1.羊角槭，2.色木槭，3.三角槭，4.建始槭，5.茶条槭，
6.青榨槭，7.天目槭，8.毛鸡爪槭，9.安徽槭(金孝锋)

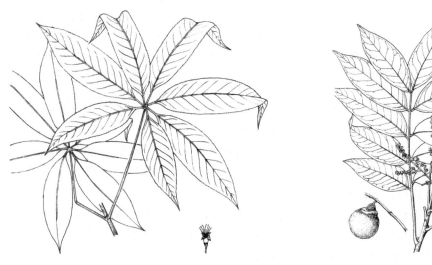

图 4-162　七叶树(金孝锋)　　　　　　　图 4-163　无患子(引自《浙植志》)

凤仙花 Impatiens balsamina Linn.(凤仙花科)：一年生草本，茎梢肉质。叶互生或下部叶有时对生；花单生或 2～3 朵簇生叶腋，无总花梗。侧生萼片卵形或卵状披针形，花瓣特化为旗瓣、翼瓣和唇瓣。蒴果密被柔毛，熟时弹裂。栽培观赏。(《浙植志》4：90)

枳椇（拐枣）**Hovenia acerba** Lindl.（鼠李科）：落叶乔木。叶片纸质，基生 3 出脉，三出脉的基部常外露。花黄绿色，排成聚伞状圆锥花序；花序轴在结果时膨大成肉质，可食用。（《浙植志》4：107）

图 4-164　凤仙花（冯晋镛）

图 4-165　枳椇（金孝锋）

冻绿 Rhamnus utilis Decne.（鼠李科）：落叶灌木。叶对生或近对生，叶片长圆形或狭椭圆形，边缘有细锯齿，侧脉 5～8 对；叶背沿脉有金黄色柔毛，花单性异株，簇生于小枝下部叶腋。核果。果实、树皮及叶可作黄色染料。（《浙植志》4：104）

枣 Ziziphus jujuba Mill.（鼠李科）：落叶小乔木。长枝呈之字形曲折，具 2 托叶刺，一长一短。叶二列状排列，基生三出脉。花单生或 2～8 朵组成腋生聚伞花序。核果。果食用或药用。（《浙植志》4：113）

图 4-166　冻绿（引自《浙植志》）

图 4-167　枣（引自《浙植志》）

葡萄属 Vitis Linn. (葡萄科)分种检索表

木质藤本,有卷须;枝髓褐色。单叶与卷须或花序对生;花组成圆锥花序;花瓣5,顶端互相粘合,谢后呈帽状脱落;花盘由5个蜜腺组成。果为肉质浆果。天目山有7种,有些种类果实可食用。(《浙植志》4:114)

1. 小枝有软刺 ……………………………………………………………… 1. **刺葡萄 V. davidii**
1. 小枝无刺。
  2. 叶片下面密被绒毛,将下表皮完全遮盖 …………………………… 2. **蘡薁 V. bryoniaefolia**
  2. 叶片无毛或被柔毛,但非绒毛,不将表面完全遮盖。
    3. 叶片显著3裂。
      4. 叶片基部深心形,两侧常靠拢或多少相互重叠 ………………… 3. **葡萄 V. vinifera**
      4. 叶片基部心形,两侧不靠拢而相互重叠 ………………………… 4. **山葡萄 V. amurensis**
    3. 叶片不分裂或不明显3浅裂。
      5. 叶脉两面隆起,形成明显的脉网 ……………………………… 5. **网脉葡萄 V. wilsonae**
      5. 叶脉近平或微隆起,不形成明显的脉网。
        6. 叶基部心形,叶片下面沿中脉及侧脉有白色短毛和蛛丝状毛…… 6. **华东葡萄 V. pseudoreticulata**
        6. 叶基部心形或截形,叶片下面中脉及侧脉仅初时有蛛丝状毛,后变无毛或近 … 7. **葛藟 V. flexuosa**

图 4-168 葡萄属常见种(1.蘡薁,2.刺葡萄,3.华东葡萄,4.网脉葡萄,5.葡萄,6.葛藟)(金孝锋)

爬山虎属(Parthenocissus Planch.)及俞藤属(Yua C. L. Li)分种检索表

两属均属葡萄科。常绿或落叶木质藤本；爬山虎属卷须先端膨大成吸盘(俞藤属卷须先端无吸盘)；枝上有皮孔，髓白色；叶互生，叶为掌状复叶或单叶，有长柄；复聚伞花序与叶对生；浆果。天目山有4种，可作垂直绿化。(《浙植志》4：125)

1. 单叶或三出复叶；而侧生小叶与中间小叶不同形。
  2. 能育枝上的叶为单叶 ·· 1. 爬山虎 Parthenocissus tricuspidata
  2. 能育枝上的叶为三出复叶 ·· 2. 异叶爬山虎 P. heterophylla
1. 掌状复叶具五小叶，侧生小叶与中间小叶同形。
  3. 叶两面均无白粉，中间小叶长5～12cm；果实蓝黑色 ·········· 3. 绿爬山虎 P. laetevirens
  3. 叶片两面均被白粉，中间小叶长5～7cm；果实黑色 ·········· 4. 俞藤 Yua thomsonii

图4-169　爬山虎属和俞藤属常见种(1.爬山虎,2.异叶爬山虎,3.绿爬山虎,4.俞藤)(金孝锋)

乌蔹莓 Cayratia japonica (Thunb.) Gagnep.(葡萄科)：多年生草质藤本，具纵棱；卷须分叉。鸟足状复叶，互生，小叶5。聚伞花序伞房状，花小，黄绿色；浆果卵形，黑色。全草药用。(《浙植志》4：129)

扁担杆 Grewia biloba G. Don(椴树科)：落叶灌木；小枝密被黄褐色星状毛，韧皮纤维发达；叶片圆形或长菱状卵形，边缘具不整齐锯齿，基出三脉；聚伞花序与叶对生；核果。茎皮纤维可作人造棉。(《浙植志》4：141)

图 4-170　乌蔹莓（金孝锋）　　　　图 4-171　扁担杆（引自《浙植志》）

蜀葵 Althaea rosea（Linn.）Cavan.（锦葵科）：二年生草本。茎直立,不分支。叶片近圆心形或长圆形,通常浅裂;花大,单生叶腋,具叶状副萼,花瓣柄有长髯毛;分果圆盘状。花色各种,栽培观赏。(《浙植志》4：151)

木槿 Hibiscus syriacus Linn.（锦葵科）：落叶灌木。叶片菱状卵形,基部楔形,边缘具不整齐粗齿;托叶条形;花单生于叶腋;副萼 6 或 7,条形;花冠淡紫色,具紫红色心;蒴果卵圆形。观赏或药用。(《浙植志》4：162)

图 4-172　蜀葵（引自《浙植志》）　　　　图 4-173　木槿（引自《浙植志》）

猕猴桃属 Actinidia Lindl.（猕猴桃科）常见种检索表

落叶、半落叶至常绿藤本。枝通常有皮孔;髓实心或片层状;叶互生,常有锯齿;花常雌雄异株,单生或组成分歧的聚伞花序。果为浆果。天目山常见有 6 种 1 变种,许多种类果实可食用,也有的可药用。

1.植物体无毛,或仅萼片或子房被毛,或极少数叶或叶脉及脉腋被毛。

　2.果实无斑点;叶片干后上面不变黑褐色。

3.髓片层状;萼片和花瓣均5,稀4或6。

　　4.叶片宽卵形或圆形,边缘具细锐锯齿,齿尖常不内弯,下面不具白粉 ……… 1.软枣猕猴桃 A. arguta

　　4.叶片椭圆形或长椭圆形,边缘具通常内弯的锯齿,下面具白粉 ……… 2.黑蕊猕猴桃 A. melanandra

3.髓实心,稀片层状;萼片2～5;花瓣5～12。

　　5.花瓣5;萼片通常5;叶片上面无毛或散生小糙毛 ……………………… 3.葛枣猕猴桃 A. polgama

　　5.花瓣5～12;萼片2～3;叶片上面无短糙毛。

　　　6.叶片两面均无毛或中脉上面疏被软刺毛;果卵球形或长圆状圆柱形,顶端有尖喙;种子小,横径约
　　　　1.5mm ……………………………………………………………… 4.对萼猕猴桃 A. valvata

　　　6.叶片下面脉腋上常有髯毛,中脉或叶柄常有短小软刺;果圆球形,顶端有乳头状或不明显的喙;种
　　　　子较大,横径约3mm ………………………………………… 5.大籽猕猴桃 A. macrosperma

2.果实有斑点;叶片干后上面黑褐色,下面灰黄色 ……… 6.异色猕猴桃 A. callosa var. discolor

1.植物体显著被毛,幼枝密被灰白色短绒毛或锈褐色刺毛,叶片下面被显著绒毛 ………………………
　………………………………………………………………………… 7.中华猕猴桃 A. chinensis

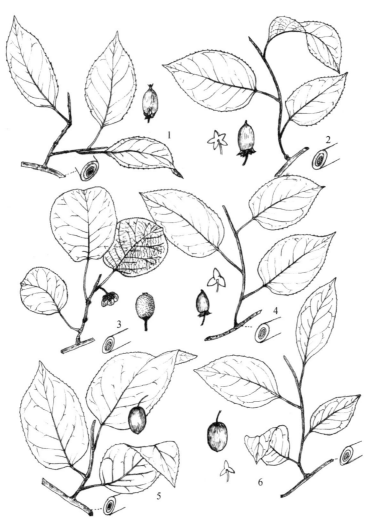

图4-174　猕猴桃属常见种(1.黑蕊猕猴桃,2.葛枣猕猴桃,3.中华猕猴桃,
4.对萼猕猴桃,5.软枣猕猴桃,6.大籽猕猴桃)(金孝锋)

梧桐 Firmiana simplex（Linn. f.）F. W. Wight（梧桐科）：落叶乔木，树皮青绿色，平滑；叶互生，叶片掌状 3～5 裂，基部心形，基出脉 7 条；花淡黄绿色，无花瓣；蓇葖果，果皮成熟前开裂成叶状。绿化或作纤维。（《浙植志》4：169）

隔药柃 Eurya muricata Dunn（山茶科）：常绿灌木，嫩枝圆柱形，无毛，顶芽镰刀状；叶片革质，边缘有浅细锯齿；花药有分隔，子房无毛，花柱长 1.5mm。优质蜜源植物。（《浙植志》4：212）

图 4-175　梧桐（引自《浙植志》）　　　图 4-176　隔药柃（引自《浙植志》）

木荷 Schima superba Gardn. et Champ.（山茶科）：常绿乔木。树皮纵裂成不规则的长块；枝具显著皮孔。叶片革质，边缘有浅钝锯齿；花数朵集生枝顶，白色，花瓣 5；蒴果木质，近扁球形。优质材用植物。（《浙植志》4：197）

茶 Camellia sinensis（Linn.）O. Kuntze（山茶科）：常绿灌木；叶互生，叶片薄革质，边缘有锯齿；花 1～3 朵腋生，花梗下弯；萼片边缘有睫毛，宿存。花瓣 5～8，白色；蒴果近三角状球形。重要饮料植物。（《浙植志》4：190）

油茶 Camellia oleifera Abel.（山茶科）：常绿灌木；小枝有毛；叶互生，叶片上面中脉隆起；花 1～2 朵顶生及腋生，白色；苞片及萼片外面密被毛，边缘有睫毛；子房密被粗毛。优质油料植物。（《浙植志》4：192）

元宝草 Hypericum sampsonii Hance（藤黄科）：多年生草本，茎直立，圆柱形。对生叶基部合生为一体，而茎贯穿其中，两叶略向上而呈元宝状，叶片及萼片均有黑色腺点；聚伞花序顶生，花黄色；蒴果卵圆形。全草药用。（《浙植志》4：216）

图 4-177　木荷（引自《高植图》）

图 4-178　油茶（引自《浙植志》）　　　　图 4-179　元宝草（金孝锋）

金丝桃 Hypericum monogynum Linn.（藤黄科）：半常绿小灌木；叶对生，叶片长椭圆形或长圆形；顶生聚伞花序，花大，金黄色，雄蕊多数，连合成 5 束（多体雄蕊）；蒴果卵圆形，成熟时顶端 5 裂。栽培观赏。（《浙植志》4：219）

七星莲（蔓茎堇菜）Viola diffusa Ging. ex DC.（堇菜科）：多年生匍匐草本，全株被长柔毛；茎顶端常具与基生叶大小相似的簇生叶；叶片基部明显下延；花单生叶腋，白色并具紫色条纹，具囊状距；蒴果椭圆形，三瓣裂。（《浙植志》4：229）

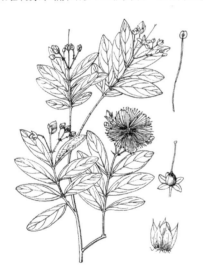

图 4-180　金丝桃（引自《浙植志》）　　　图 4-181　七星莲（引自《浙植志》）

紫花地丁 Viola philippica Cav.（堇菜科）：多年生草本，无地上茎；叶片舌形、卵状披针形或长圆状披针形，托叶与叶柄合生；花单生叶腋，具长梗；花瓣蓝紫色，具细管状距。药用。（《浙植志》4：235）

中国旌节花 Stachyurus chinensis Franch.（旌节花科）：落叶灌木，树皮紫褐色。叶互生，叶片卵形，边缘有锯齿；总状花序长 3～10cm，下垂；浆果球形，先端有短尖头。（《浙植志》4：241）

图 4-182　紫花地丁(引自《高植图》)　　　图 4-183　中国旌节花(引自《浙植志》)

秋海棠 Begonia grandis Dry.(秋海棠科):多年生草本,有球形块茎;茎粗壮,叶腋间生珠芽;叶片基部心形偏斜,叶下面和叶柄带紫红色;聚伞花序有多花,花淡红色;蒴果 3 翅,一翅较大。可供观赏。(《浙植志》4：242)

结香 Edgeworthia chrysantha Lindl.(瑞香科):落叶灌木,枝粗壮,具皮孔,常呈三叉状分支,韧皮纤维发达。叶互生,常聚生于枝端。头状花序生于枝梢叶腋;花黄色,先叶开放;果卵形。果皮可造优质纸。(《浙植志》4：253)

图 4-184　秋海棠(金孝锋)　　　　　图 4-185　结香(引自《浙植志》)

胡颓子 Elaeagnus pungens Thunb.(胡颓子科):常绿直立灌木,常具棘刺;叶片革质,下面外观银白色,散生褐色鳞片,叶片侧脉在下面不明显凸起;花 1～3 朵生叶腋,银白色;果椭圆形。果可食用。(《浙植志》4：259)

紫薇 Lagerstroemia indica Linn.(千屈菜科):落叶灌木或小乔木;树皮光滑,片状脱落;小枝具四棱,略成翅状;叶互生或近对生;圆锥花序顶生;花淡紫色或淡红色;花瓣皱缩,有长瓣柄;蒴果椭圆状球形。栽培观赏。(《浙植志》4：271)

图 4-186 胡颓子(金孝锋)　　　　图 4-187 紫薇(金孝锋)

石榴 Punica granatum Linn.(安石榴科):落叶小乔木;小枝下垂,常呈四棱形;叶对生,纸质;花单朵顶生,红色或白色;花萼 6 裂,厚革质。果球形,种子有肉质外种皮。食用或观赏。(《浙植志》4:273)

喜树 Camptotheca acuminata Decne.(蓝果树科):落叶乔木;树皮灰色,纵裂成浅沟状;叶互生,叶片纸质,全缘;侧脉弧状平行,下面突起;头状花序球形;果为翅果。绿化树种;全株含喜树碱,具有抗癌作用。(《浙植志》4:276)

图 4-188 石榴(引自《浙植志》)　　　图 4-189 喜树(引自《浙植志》)

八角枫 Alangium chinense Harms.(八角枫科):落叶乔木或灌木,树皮淡黄色,平滑;叶互生,基部心形,两侧偏斜,全缘或 2~3 裂;聚伞花序腋生,花萼 6~8 裂,花瓣鳞片状,黄白色,开放时反卷;核果。根药用。(《浙植志》4:279)

五加 Acanthopanax gracilistylus W. W. Smith(五加科):落叶灌木;枝常呈蔓生状,仅在叶柄基部有刺;叶在长枝上互生,在短枝上簇生;掌状复叶,小叶 5;伞形花序常腋生。子房下位;核果状浆果。根皮药用,名"五加皮"。(《浙植志》4:331)

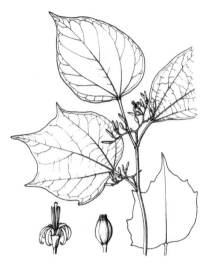

图 4-190　八角枫(引自《浙植志》)

图 4-191　五加(引自《浙植志》)

楤木 Aralia eleta（Miq.）Seen（五加科）：落叶灌木。树皮灰色,疏生短粗刺。2～3回羽状复叶,叶轴和羽轴常疏生细刺,羽片有小叶 5～11,边缘具有细锯齿。伞形花序组成顶生的圆锥花序,密被黄棕色短柔毛。根皮入药。(《浙植志》4：336)

中华常春藤 Hedera nepalensis K. Koch var. **sinensis**（Tobl.）Rehd.（五加科）：常绿藤本,茎以气生根攀援；叶二型：不育枝上叶为三角状卵形或戟形,能育枝上为长椭圆形；伞形花序,花淡绿或淡黄白色；子房下位；浆果球形。全株药用或作垂直绿化。(《浙植志》4：325)

图 4-192　楤木(引自《浙植志》)

图 4-193　中华常春藤(引自《浙植志》)

紫花前胡 Angelica decursive（Miq.）Franch. et Sav.（伞形科）：多年生草本,根有浓香；茎带暗紫红色；基生叶 1～2回羽状全裂,叶轴下延成翅状,茎上部叶简化为叶鞘；总苞片叶鞘状,带紫色；复伞形花序,花深紫色,果椭圆形,背腹扁压。根药用。(《浙植志》4：380)

鸭儿芹 Chryptotaenea japonica Hassk.（伞形科）：多年生草本,茎呈叉式分支；全体无毛；三出复叶,基生叶及茎下部叶三角形,叶柄基部成鞘抱茎；复伞形花序呈圆锥状,花白色；果线状长圆形；分生果有棱 5 条。全草入药,也可作蔬菜食用。(《浙植志》4：369)

图 4-194 紫花前胡(吴斐婕)

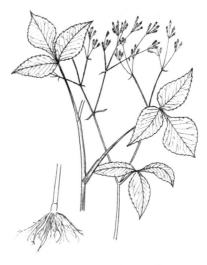

图 4-195 鸭儿芹(金孝锋)

窃衣 Torilis scabra（Thunb.）DC.（伞形科）：二年生草本，全体有贴生短硬毛；叶卵形，二回羽状全裂；复伞形花序，伞幅 2～4；无总苞片或 1～2 片；双悬果矩圆形，具上弯的皮刺，利于果实的动物传播。(《浙植志》4：353)

山茱萸 Cornus officinalis Sieb. et Zucc.（山茱萸科）：落叶灌木或乔木；叶对生，卵形至椭圆形，两面被平贴毛，下面脉腋具黄褐色簇毛；伞形花序先叶开花，花两性，黄色；核果。果皮称"萸肉"，药用。(《浙植志》4：390)

青荚叶 Helwingia japonica（Thunb.）Dietr.（山茱萸科）：落叶灌木；幼枝绿色；叶互生，边缘有尖锐锯齿；花雌雄异株；雄花形成密聚伞花序，雌花生于叶上面中脉，故又名"叶上珠"；核果近球形，具 3～5 棱。叶、果药用。(《浙植志》4：391)

图 4-196 窃衣(引自《高植图》)

图 4-197 山茱萸(金孝锋)

图 4-198 青荚叶(引自《浙植志》)

鹿蹄草 Pyrola calliantha H. Andr.(鹿蹄草科)：多年生常绿草本；叶近基生，叶缘常反卷，下面带紫色；总状花序，花大，花瓣白色或稍带淡红色；蒴果扁球形，花萼、花柱宿存。全草药用。(《浙植志》5：3)

乌饭树 Vaccinium bracteatum Thunb.(杜鹃花科)：常绿灌木；小枝无毛；单叶互生，背面主脉具短刺毛；总状花序，具宿存苞片，花冠卵状圆筒形，白色，花药顶端伸长成管；子房下位；浆果顶端有宿存萼齿。叶药用。(《浙植志》5：22)

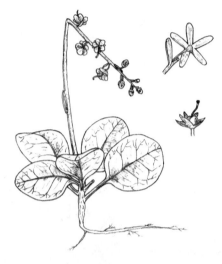 

图 4-199 鹿蹄草(金孝锋)　　　　图 4-200 乌饭树(金孝锋)

杜鹃花属 Rhododendron Linn. (杜鹃花科)常见种检索表

木本；单叶互生；花冠合瓣，辐状漏斗形、钟状漏斗形或漏斗形，5 基数，常稍不整齐，雄蕊与花冠裂片同数或为其倍数，花药无附属物，子房上位；蒴果。天目山常见有 5 种 1 亚种。均可作观赏，有些种类药用。

1. 常绿灌木或小乔木。
  2. 伞形式总状花序顶生，有花 5～10 朵；叶片厚革质。
    3. 花梗、子房和花柱均无腺体或腺毛；花冠 5 裂，雄蕊 10 枚；果实长 1.2～1.8 cm ………………………………………………………… 1. 黄山杜鹃 **R. maculiferum ssp. anhweiense**
    3. 花梗、子房和花柱均具腺体或腺毛；花冠 7 裂，雄蕊 14～16 枚；果实长 2.5～3.5 cm ………………………………………………………… 2. 云锦杜鹃 **R. fortunei**
  2. 花单一或 3～5 朵成伞形花序，腋生、侧生或假顶生；叶片革质 ………… 3. 马银花 **R. ovatum**
1. 落叶或半常绿。
  4. 花成伞形式总状花序；花冠黄色，雄蕊 5 枚 ………………………………… 4. 羊踯躅 **R. molle**
  4. 花单生、簇生或成伞形花序；花冠红色、淡紫色或白色，雄蕊 10 枚。
    5. 落叶灌木；小枝无毛(嫩枝有时稍有柔毛)；叶一型，常集生枝顶呈轮生状 …… 5. 丁香杜鹃 **R. farerae**
    5. 半常绿灌木；小枝被扁平的糙伏毛；叶两型，春叶散生枝上，夏叶常集成枝顶 …… 6. 映山红 **R. simsii**

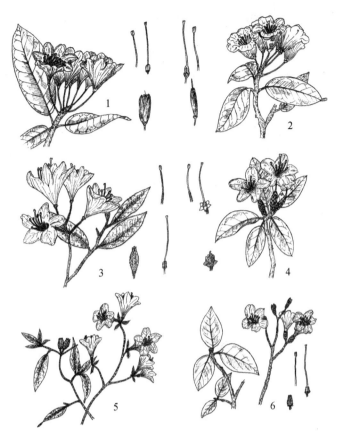

图 4-201　杜鹃花属常见种(1.云锦杜鹃,2.黄山杜鹃,3.羊踯躅,4.马银花,5.映山红,6.丁香杜鹃)(金孝锋)

珍珠菜属 Lysimachia Linn.（报春花科）分种检索表

　　茎直立或匍匐;叶片全缘,常具有色或透明腺点或腺条;花 5～6 基数,花冠裂片旋转状排列;蒴果常 5 瓣开裂,种子平滑。天目山有 10 种。其中许多种可药用。

1.花黄色。
　　2.茎直立或膝曲直立 ·· 1.长梗过路黄 L. longipes
　　2.茎匍匐延伸或分枝稍上升或成披散状。
　　　　3.分支稍上升;花集生于茎端或枝端成亚头状 ·················· 2.聚花过路黄 L. congestiflora
　　　　3.茎匍匐延伸,平铺地面;花单生叶腋或 2～4 朵生于茎端或枝端的叶腋。
　　　　　　4.叶片及花冠具橘红色腺点,压干后腺点变紫红色或黑色 ············· 3.点腺过路黄 L. hemsleyana
　　　　　　4.叶片及花冠具透明腺条,压干后腺条变紫黑色或黑色 ············· 4.过路黄 L. christinae
1.花白色。
　　5.花柱粗短,内藏,通常仅达花冠裂片的中部,果时比蒴果短或近于相等。
　　　　6.总状花序粗壮,花梗长 0.4～1 cm;花冠长 6～9 mm,裂片长圆形或狭长圆形 ····· 5.珍珠菜 L. clethroides
　　　　6.总状花序瘦细狭窄,花梗长 1～3 mm;花冠长 3～5 mm,裂片卵形或倒卵形,少长圆形。
　　　　　　7.根茎长,有红色匍枝;叶片椭圆形或倒披针形,散生黑色腺点;花萼裂片先端钝 ··· 6.星宿菜 L. fortunei
　　　　　　7.无匍枝;茎生叶片线形或线状披针形,边缘密生红色腺点;花萼裂片先端急尖 ·············
　　　　　　·· 7.天目珍珠菜 L. tienmushanensis
　　5.花柱细长,伸出花冠外或与花冠等长,果时比蒴果长。

8.叶对生;花药线形,先端反卷,药隔顶端有红色粗腺体或增厚成胼胝体 …… **8.黑腺珍珠菜 L. heterogenea**
8.叶互生;花药椭圆形或卵圆形,药隔顶端无腺体或胼胝体。
　9.茎柔弱,基部多少匍匐,有伸长、下弯的不孕侧枝;总状花序狭,花稀疏 … **9.小叶珍珠菜 L. parvifolia**
　9.茎较粗壮直立,无伸长、下弯的不孕侧枝;总状花序密花,初时呈伞房状,后伸长 ……………………
　……………………………………………………………………………… **10.泽珍珠菜 L. candida**

图 4-202　珍珠菜属常见种(1.过路黄,2.聚花过路黄,3.点腺过路黄,4.长梗过路黄,
5.珍珠菜,6.天目珍珠菜,7.泽珍珠菜,8.星宿菜)(金孝锋)

　　紫金牛 Ardisia japonica(Thunb.)Bl.(紫金牛科):小灌木;因植株矮小也称"老不大";茎不分支;常 3～4 叶聚生于茎梢,叶缘具细锯齿,散生腺点;伞形花序腋生,花白色带粉红色;浆果状核果,具腺点。全株入药。(《浙植志》5:35)

　　浙江柿 Diospyros glaucifolia Metc.(柿科):落叶乔木;小枝有灰白色皮孔;叶片纸质,宽椭圆形至卵状披针形,叶片下面灰白色;雌雄异株,雌花单生或 2～3 朵簇生叶腋,花冠浅黄色;浆果,果萼 4 浅裂。(《浙植志》5:70)

图 4-203 紫金牛（金孝锋）　　　　图 4-204 浙江柿（引自《浙植志》）

醉鱼草 Buddleja lindleyana Fort.（马钱科）：落叶灌木；小枝四棱具窄翅，嫩芽和嫩叶略带锈色；单叶对生；花由多数聚伞花序集成顶生伸长的穗状花序，常偏向一侧，花紫色，花冠筒略弯曲。庭院观赏植物；根和全草入药。（《浙植志》5：121）

女贞 Ligustrum lucidum Ait.（木犀科）：常绿乔木；植株全体无毛；单叶对生，叶片革质而脆；圆锥花序顶生，花萼杯形，花冠白色，顶端 4 裂，雄蕊 2 枚；浆果状核果。常栽培作绿篱；果入药。（《浙植志》5：111）

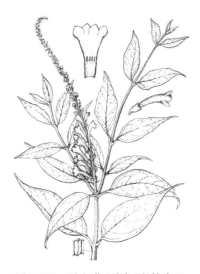

图 4-205 醉鱼草（引自《浙植志》）　　　　图 4-206 女贞（引自《浙植志》）

小蜡 Ligustrum sinense Lour.（木犀科）：与女贞的区别是：落叶灌木；小枝密被短柔毛；叶片薄革质，背面特别沿中脉有短柔毛；花和果有明显的短梗。常栽培作绿篱。（《浙植志》5：112）

木犀 Osmanthus fragrans（Thunb.）Lour.（木犀科）：常绿乔木或小乔木；叶腋有重叠芽；叶片革质，长椭圆形，边缘有锯齿至全缘；花簇生于叶腋，花淡黄白色，芳香。庭院绿化的优良树种，花可食用、药用。（《浙植志》5：108）

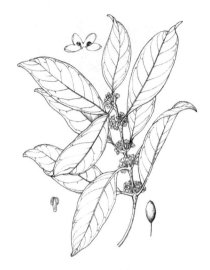

图 4-207　小蜡（金孝锋）　　　　　　　图 4-208　木犀（引自《浙植志》）

华双蝴蝶 Tripterospermum chinense（Migo）H. Smith ex Nilson（龙胆科）：缠绕草本；基生叶的叶片上面有网纹，无柄而对生，平贴地面呈莲座状，茎生叶对生，基部有短柄，基出三脉；花单生叶腋，淡紫色或紫红色。全草入药。（《浙植志》5：129）

络石 Trachelospermum jasminoides（Lindl.）Lem.（夹竹桃科）：常绿木质藤本；有乳汁；叶对生，叶片革质，全缘；聚伞花序组成圆锥状，花冠白色，高脚碟状（裂片旋转似风轮），芳香，雄蕊着生于花冠筒中部；蓇葖果双生，叉开。根、茎、叶均药用。（《浙植志》5：149）

图 4-209　华双蝴蝶（引自《浙植志》）　　　图 4-210　络石（引自《浙植志》）

夹竹桃 Nerium oleander Linn.（夹竹桃科）：常绿灌木；叶常轮生，叶片革质，线状披针形；聚伞花序，花芳香，花冠深红或粉红色，副花冠多次分裂呈线形，花药箭形，蓇葖果长圆形，种子顶端有毛。叶药用，但有剧毒。（《浙植志》5：143）

毛白前 Cynanchum mooreanum Hemsl.（萝藦科）：柔弱缠绕草本；全株密被黄色短柔毛；叶对生，叶片卵心形或卵状长圆形；伞形聚伞花序腋生，花冠紫红色，副花冠单轮；蓇葖果单生，不规则长圆形。根入药。（《浙植志》5：163）

图 4-211　夹竹桃(引自《浙植志》)　　　　　图 4-212　毛白前(引自《浙植志》)

　　旋花 Calystegia sepium(Linn.) R. Br.(旋花科)：缠绕草本；茎具细棱；叶互生，叶片三角状卵形；花单生叶腋，苞片较大，覆盖萼片，花冠通常白色至红紫色，漏斗状；宿萼及苞片增大包藏果实。(《浙植志》5：179)

　　金灯藤(日本菟丝子)**Cuscuta chinensis** Lam.(旋花科)：一年生寄生草本；茎缠绕，较粗壮，肉质；无叶；花序穗状，花无梗或近无梗，花冠白色，钟形，花柱合生；蒴果卵圆形，于近基部周裂。全草和种子药用。(《浙植志》5：175)。

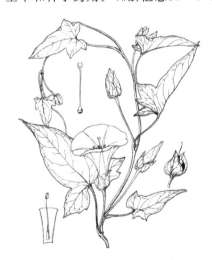

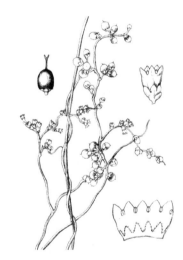

图 4-213　旋花(引自《浙植志》)　　　　　图 4-214　金灯藤(引自《浙植志》)

紫珠属 Callicarpa Linn.(马鞭草科)常见种检索表

　　落叶灌木；单叶对生，叶背面常有黄色或红色腺点；二歧聚伞花序腋生，花辐射对称，4 基数；核果或浆果状核果。天目山常见的有 5 种，果实熟时红或紫色，可供观赏或作配花用。

1. 叶片下面和花各部均有红色腺点。
　2. 小枝、叶片下面、花序及花萼均密被星状毛；花丝长为花冠的 2 倍，药室纵裂 ……… 1. **紫珠 C. bodinieri**
　2. 植株除嫩枝和总花梗略有星状毛外无毛；花丝与花冠近等长，或略长，但不到花冠的 2 倍，药室孔裂
　　……………………………………………………………………………… 2. **华紫珠 C. cathayana**

1. 叶片下面和花各部有明显或不明显的黄色腺点。

   3. 叶片下面和花各部有明显黄色腺点。

     4. 叶片下面及花萼被星状毛,叶片较大,长 6cm 以上,边缘近基部开始即有锯齿或细齿;小枝圆柱形
     …………………………………………………………………… 3. **老鸦糊 C. giraldii**

     4. 叶片下面及花萼均无毛,叶片较小,长 3～6cm,边缘仅上半部有疏锯齿,小枝略呈四棱形………
     …………………………………………………………………… 4. **白棠子树 C. dichotoma**

   3. 叶片下面腺点不明显;小枝光滑;花序细弱 ………………………… 5. **日本紫珠 C. japonica**

图 4-215　紫珠属常见种(1.紫珠,2.华紫珠,3.日本紫珠,4.白棠子树,5.老鸦糊)(金孝锋)

豆腐柴 Premna microphylla Turcz.(马鞭草科):落叶灌木;单叶对生,叶片纸质,叶基楔形下延,边缘中上部有疏锯齿,揉之成团;聚伞花序组成顶生塔形圆锥花序,花冠淡黄色,略呈二唇形。叶含丰富果胶可制"豆腐"食用。(《浙植志》5:224)

图 4-216　豆腐柴(金孝锋)

图 4-217　马鞭草(金孝锋)

马鞭草 **Verbena officinalis** Linn.（马鞭草科）：多年生草本；茎方；叶对生，不规则羽状分裂或具粗齿；穗状花序顶生或生于上部叶腋内，花冠淡紫红色，结果时花序伸长达 30cm，形似马鞭。地上部分入药。（《浙植志》5：204）

筋骨草（紫背金盘）**Ajuga nipponensis** Thunb.（唇形科）：多年生草本；茎常从基部分支，花时无基生叶，全体被多节疏柔毛；茎生叶对生，叶片下面常带紫色；轮伞花序生于茎中上部，成稍密集的假穗状花序，花冠假单唇形，二强雄蕊；果裂成 4 个小坚果。（《浙植志》5：236）

风轮菜 **Clinopodium chinense** (Benth.) O. Ktze（唇形科）：多年生草本；茎四棱，基部匍匐，被下向柔毛；叶对生；轮伞花序多花密集成球形，苞片线状钻形，花较小，花冠二唇形，雄蕊 4，不明显二强。全草入药。（《浙植志》5：279）

活血丹 **Glechoma longituba** (Nakai) Kupr.（唇形科）：多年生匍匐草本；茎四棱；叶片圆心形或肾形；轮伞花序腋生，通常 2 花，花冠二唇形，下唇具深色斑点，二强雄蕊，药室叉开成直角。茎叶入药。（《浙植志》5：252）

图 4-218　风轮菜（引自《中植志》）

益母草 **Leonurus artemisia** (Lour.) S. Y. Wu（唇形科）：多年生草本；叶对生，叶片形状变化较大，基生的圆心形，下部茎生的掌状 3 全裂，最上部叶片线状披针形；轮伞花序腋生，花冠紫红色，二唇形，小坚果矩圆状三棱形。全草入药。（《浙植志》5：258）

图 4-219　活血丹（引自《浙植志》）　　　图 4-220　益母草（引自《浙植志》）

紫苏 **Perilla frutescens** (Linn.) Britt.（唇形科）：一年生芳香草本；茎方；叶对生，叶片宽卵形或近圆形，绿色至紫色；轮伞花序组成总状花序，苞片和花萼具黄色腺点，花白色至紫色。全草药用及作香料用。（《浙植志》5：287）

夏枯草 **Prunella vulgaris** Linn.（唇形科）：多年生草本；基部伏地，全株具白色粗毛；叶对生；轮伞花序密集成顶生穗状花序，花冠蓝紫色或红紫色，花冠二唇形，上唇呈盔状。全草入药。（《浙植志》5：254）

图 4-221　紫苏(引自《中植志》)　　　　图 4-222　夏枯草(引自《浙植志》)

鼠尾草属 Salvia Linn.(唇形科)常见种检索表

　　多年生草本或半灌木;茎方;叶对生;花冠二唇形,上唇直立而拱曲,下唇展开,发育雄蕊2,花丝短,与药隔有关节相连,药隔延长成杠杆状,利于昆虫传粉。天目山常见的有5种,大多可药用。

1.叶为单叶,或下部叶为三出羽状复叶。

　2.上、下部叶全为单叶。

　　3.多年生草本;茎单一,少分支;叶片长圆形,下面常带紫色;花大,长 1.5～2.5 cm ……………………………………………………………………………… 1.舌瓣鼠尾草 S. liguliloba

　　3.二年生草本;茎多分支;叶片卵状椭圆形或长圆形,上面有显著皱纹;花小,长 4～5 mm ……………………………………………………………………………… 2.荔枝草 S. plebeia

　2.上部叶为单叶,下部叶为三出复叶,叶片卵圆形或卵状椭圆形,基部圆或浅心形…… 3.华鼠尾草 S. chinensis

1. 叶为羽状复叶。

　4. 叶为羽状复叶,小叶 3～9 片;花较大,长 1.5～4 cm,药隔二下臂联合 ……… 4.南丹参 S. bowleyana

　4. 叶为一至二回羽状复叶;花较小,长 0.4～1.2 cm,药隔二下臂常分离 ……… 5.鼠尾草 S. japonica

　　龙葵 Solanum nigrum Linn.(茄科):一年生直立草本;茎多分支;单叶互生;花 4～10 朵组成蝎尾状花序,近伞形,腋外生,花冠白色;浆果熟时紫黑色。全草药用。(《浙植志》5:323)

　　白英 Solanum lyratum Thunb.(茄科):多年生草质藤本;茎与小枝均密被多节长柔毛;叶互生,叶片基部为戟形 3～5 裂;聚伞花序疏花,花冠蓝紫色或白色,浆果红色。全草入药。(《浙植志》5:325)

图 4-223 鼠尾草属常见种(1.南丹参,2.鼠尾草,3.一串红,4.华鼠尾草,5.舌瓣鼠尾草,6.荔枝草)(金孝锋)

图 4-213 龙葵(引自《浙植志》)

图 4-214 白英(引自《浙植志》)

华东泡桐 **Paulownia kawakamii** Ito(玄参科):落叶乔木;叶对生,叶片心形,两面均有粘毛;聚伞花序组成大型圆锥花序,花冠近钟形,呈紫色至蓝紫色;蒴果卵圆形,宿存花萼常强烈反卷。种子具翅。可作行道树。(《浙植志》6:4)

天目地黄 **Rehmannia chingii** Li(玄参科):多年生草本;根茎肉质,橘黄色;全体被多节长柔毛;基生叶呈莲座状排列,茎生叶互生;花单生叶腋,花冠紫红色,二唇形,二强雄蕊。全草入药,也可供观赏。(《浙植志》6:37)

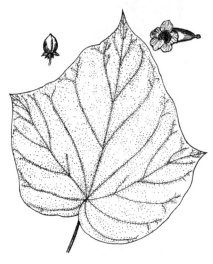

图 4-226 华东泡桐(金孝锋)

图 4-227 天目地黄(引自《浙植志》)

浙玄参 Scrophularia ningpoensis Hemsl.(玄参科):多年生高大草本;地下块根纺锤状或胡萝卜状;茎四棱形;叶在茎下部对生,上部叶有时互生;聚伞花序疏散,开展呈圆锥状,花冠呈暗紫色。块根入药。(《浙植志》6:11)

九头狮子草 Peristrophe japonica(Thunb.)Bremek.(爵床科):多年生草本;叶对生,叶片全缘,两面有钟乳体;聚伞花序下托以 2 枚总苞状苞片,花冠淡红色,极易脱落,二唇形,雄蕊2。全草入药。(《浙植志》6:80)

图 4-228 浙玄参(引自《中植志》)

图 4-229 九头狮子草(引自《浙植志》)

透骨草 Phryma leptostachya Linn. var. **oblongifolia**(Koidz.)Honda(透骨草科):多年生草本;茎四棱,节间的下部常膨大;叶对生;总状花序细长,花冠粉红色或白色,二唇形,二强雄蕊,花梗在蕾时向上,花时平伸,果时朝下。全草入药。(《浙植志》6:91)

车前 Plantago asiatica Linn.（车前科）：多年生草本；根状茎短而肥厚，着生多数须根；叶基生，叶片薄纸质，卵形至宽卵形，具弧形脉；穗状花序；蒴果盖裂。全草与种子入药。（《浙植志》6：93）

图 4-230　透骨草（引自《中植志》）　　　　图 4-231　车前（引自《浙植志》）

栀子 Gardenia jasminoides Ellis（茜草科）：常绿灌木，常有节外生枝现象；叶对生或 3 叶轮生；花单生于小枝顶端，芳香，花冠白色，高脚碟状，裂片旋转状排列；果橙黄色，壶形，有 5～8条翅棱。果实入药或提食用色素，也是园林观赏植物。（《浙植志》6：104）

鸡屎藤 Paederia scandens（Lour.）Merr.（茜草科）：缠绕藤本；揉之有臭味；叶对生，托叶位于叶柄间，三角形，叶片通常卵形，基部心形至圆形；圆锥状聚伞花序腋生或顶生，花冠呈紫色，外面被细绒毛。全草入药。（《浙植志》6：116）

图 4-232　栀子（引自《福植志》）　　　　图 4-233　鸡屎藤（仿《高植图》）

东南茜草(茜草)**Rubia argyi**（Lévl. Et Vant.）Hara ex Lauener(茜草科)：攀援草本；根紫红色或橙红色；茎具四棱，棱上有倒生小刺；叶 4 或 6 片轮生，卵状心形，具刺，掌状脉；果实肉质，黑色，球形。根入药。(《浙植志》6：128)

忍冬属 Lonicera Linn.（忍冬科）常见种检索表

直立或攀援落叶灌木；老枝树皮条状剥落；单叶，对生，全缘；花通常两侧对称，常成对腋生或轮状排列于小枝顶端，每对花下有苞片，呈叶状，子房下位；浆果。天目山有 7 种 1 亚种，多数种类可药用。

图 4-234　东南茜草（金孝锋）

1. 直立灌木。花双生于总花梗顶端，花序下无合生叶片。
 2. 小枝髓白色而实心。
  3. 冬芽有数对外鳞片。
   4. 冬芽不具 4 棱角，内芽鳞在幼枝伸长时增大且常反折；叶片倒卵形、倒卵状长圆形至椭圆状长圆形，长 5～10 cm；具细长叶柄，长 0.6～2 cm ……………………………… 1. **倒卵叶忍冬 L. hemsleyana**
   4. 冬芽具 4 棱角，内芽鳞在幼枝伸长时不十分增大；叶片菱状椭圆形至菱状卵形，长 2～8 cm；叶柄极短，长 2～4 mm
    ……………………………………………………………………… 2. **下江忍冬 L. modesta**
  3. 冬芽仅具 1 对外鳞片；相邻两花的萼筒联合至中部以上 ……… 3. **郁香忍冬 L. fragrantissima**
 2. 小枝髓黑褐色，后变中空。
  5. 小苞片分离，长为萼筒的 1/3～2/3；总花梗长 1～2.5 cm，远超过叶柄
   ……………………………………………………… 4. **须蕊忍冬 L. chrysantha ssp. koehneana**
  5. 小苞片联合，与萼筒几等长；总花梗极短，长 1～3(4～5)mm，不超过叶柄或稀稍长于叶柄 ………
   ………………………………………………………………………… 5. **金银忍冬 L. maackii**
1. 缠绕木质藤本。
 6. 幼枝有毛；花双生于总花梗顶端，花序下无合生叶片。
  7. 半常绿；苞片大，叶状、卵形，长达 3 cm；幼枝密被糙毛；总花梗明显 ……… 6. **忍冬 L. japonica**
  7. 落叶；苞片小，线状披针状，长 2－5mm；总花梗不明显 …………………… 7. **毛萼忍冬 L. trichosepala**
 6. 幼枝无毛；花 6～9(～18)朵集成头状，生分支顶端；花序下的 1～2 对叶片联合成盘状 …………
  …………………………………………………………………………… 8. **盘叶忍冬 L. tragophylla**

荚蒾属 Viburnum Linn.（忍冬科）常见种检索表

常绿或落叶灌木；单叶对生；聚伞花序组成顶生圆锥花序或复伞形花序，花两性，有些种类花序周围具大型不孕花，花冠辐射状，白色；核果红色。天目山常见有 7 种 3 变种 1 亚种，许多种类可供观赏。

1.常绿灌木或小乔木；叶片革质；圆锥花序；果核浑厚而仅有 1 条上宽下窄的深腹沟 ……………………
 ………………………………………………… 1. **珊瑚树 V. odoratissimum var. awabuki**
1.落叶或半常绿灌木或小乔木；叶片膜质或纸质；复伞形花序；果核形状不如上述。
 2. 裸芽，当年生小枝基部无环状的芽鳞痕。
  3. 枝全为长枝；叶片下面有星状毛；花序有总花梗；花序的第一级辐射枝 7 出，花冠白色……………
   …………………………………………… 2. **壮大聚花荚蒾 V. glomeratum ssp. magnificum**
  3. 枝有长枝及短枝；叶片下面有星状鳞毛；花序仅着生于短枝上，无总花梗……… 3. **合轴荚蒾 V. sympodiale**

图 4-235　忍冬属常见种(1.倒卵叶忍冬,2～3.北京忍冬,4.下江忍冬,5.苦糖果,6.忍冬,7.盘叶忍冬)(金孝锋)

2.鳞芽,当年生小枝基部有环状的芽鳞痕。

　4.芽鳞片离生;叶柄上面无腺体,叶片不分裂或稀可浅裂。

　　5.叶片下面近基部第一对侧脉以下区域内无腺体;花序有大型的不孕花;果实成熟时由红色转为黑色 …………………………………………………………………………………… 4.**粉团荚蒾 V. plicatum**

　　5.叶片下面近基部第一对侧脉以下区域有腺体;花序无大型的不孕花;果实成熟时红色或稀可黑色或黑紫色。

　　　6.芽及叶片干后变黑色、黑褐色或灰黑色;花序或果序的总梗向下弯垂 …… 5.**饭汤子 V. setigerum**

　　　6.芽及叶片干后不变黑色、黑褐色或灰黑色;花序或果序的总梗通常不向下垂。

　　　　7.花序无总花梗或总花梗长不超过 4.5 cm;雄蕊长不达花冠的两倍;叶片不分裂。

　　　　　8.叶片下面无腺点或稀可散生少数零星而不规则的红腺点。

　　　　　　9.叶柄无托叶,如偶有托叶,则最长的叶柄在 5 mm 以上;果成熟时黑色或黑紫色 ………… …………………………………………………………………………… 6.**黑果荚蒾 V. melanocarpum**

　　　　　　9.叶柄有托叶,长不达 5 mm ……………………………………… 7.**宜昌荚蒾 V. erosum**

　　　　　8.叶片下面全面散生均匀而规则的金黄色、淡黄色或几无色腺点。

　　　　　　10.小枝、芽、花序被毛,花冠及萼筒外面通常被毛;叶柄无托叶;花序的第一级辐射枝通常 5 出 ……………………………………………………………………………… 8.**荚蒾 V. dilatatum**

　　　　　　10.小枝、芽、花序、花冠及萼筒外面无毛或几无毛;叶柄通常有托叶;花序的第一级辐射枝 7 出 ……………………………………………………… 9.**腺叶荚蒾 V. lobophyllum var. silvestrii**

　　　　7.花序的总花梗长 5～12.5 cm;雄蕊长至少为花冠的两倍;叶片不分裂或 2～3 浅裂 ………… ………………………………………………………………………………… 10.**衡山荚蒾 V. hengshanicum**

　4.芽鳞合生,叶柄上面有 2～6 个腺体,叶片掌状 3 裂或稀可不裂…11.**天目琼花 V. opulus var. calvescens**

图 4-236　荚蒾属常见种(1.荚蒾,2.壮大聚花荚蒾,3.合轴荚蒾,4.宜昌荚蒾,
5.粉团荚蒾,6.饭汤子,7.天目琼花)(金孝锋)

败酱 Patrinia scabiosaefolia Fixch. ex Trev.（败酱科）：
多年生草本；根状茎横走,有特殊气味；茎仅一侧被倒生粗
毛；叶对生,基生叶花时枯萎,茎生叶羽状分裂。聚伞花序大
型排成伞房状,顶生,花黄色；瘦果无翅状苞片。全草和根茎
入药。(《浙植志》6：166)

葫芦科 Cucurbitaceae 常见种检索表

草质藤本；卷须侧生；叶互生,单叶掌状分裂或鸟足状复
叶；花单性,5 基数,聚药雄蕊,花药“S”形弯曲,雌蕊 3 心皮
组成,侧膜胎座,子房下位；瓠果。天目山常见的野生种有 8
种,有些种类可药用。

1. 单叶。
  2.叶片多长三角形,基部戟状心形；花较小,花冠裂片长 3～7 mm；
    果成熟后由近中部盖裂 ……… 1.合子草 Actinostemma tenerum
  2.叶片多卵状心形或圆心形。
    3.花冠裂片全缘或近全缘,边缘决不呈撕裂状。
      4.雄蕊 5；花较大,花冠裂片长 1～2.5 cm；果为浆果,不开裂。

图 4-237　败酱(引自《福植志》)

5. 全体几无毛,卷须单一,叶片长卵状或长卵状披针形 ………… 2. 台湾赤瓟 **Thladiantha punctata**

5. 全体密生黄褐色柔毛状硬毛,卷须二歧,叶片宽卵状心形或近圆形 …………
………………………………………………………………… 3. 南赤瓟 **Thladiantha nudiflora**

4. 雄蕊 3;花及果均小型,花药通直 ………………………… 4. 马㼎儿 **Zehneria indica**

3. 花冠裂片呈撕裂状,丝状裂片长不达 7 cm;果实有多粒种子。

6. 种子横长圆形,3 室,中央室呈凸起的增厚环带,内有种子,两侧室大,圆形;叶片宽卵形或圆形,3～5
浅裂或深裂 ……………………………………………… 5. 王瓜 **Trichosanthes cucumeroides**

6. 种子卵状椭圆形,1 室,压扁;叶片大,5～7 掌状浅裂或中裂;雄花常组成总状花序;花大…………
………………………………………………………………… 6. 栝楼 **Trichosanthes kirilowii**

1. 叶常为鸟足状复叶,具 3～9 小叶。

7. 花稍大,花冠裂片长至少超过 5 mm;果实较大,圆筒状倒圆锥形,种子具木栓质翅
………………………………………………………………… 7. 马铜铃 **Hemsleya graciliflora**

7. 花极小,花冠裂片长不及 3 mm;果实较小,球形,种子无翅 ………… 8. 绞股蓝 **Gynostemma pentaphyllum**

图 4-238　绞股蓝(引自《高植图》)

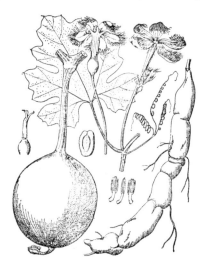

图 4-239　栝楼(引自《高植图》)

图 4-240　南赤爬(吴斐婕)

图 4-241　羊乳(引自《浙植志》)

羊乳 Codonopsis lanceolata（Sieb. et Zucc.）Trautv.（桔梗科）：缠绕草本，全株光滑，有白色乳汁；叶常 2～4 枚聚生小枝顶端，形似轮生；花单生或与叶对生于小枝的顶端，花冠宽钟状，黄绿色或乳白色。根供药用。（《浙植志》6：200）

半边莲 Lobelia chinensis Lour.（桔梗科）：多年生矮小草本；茎基部匍匐，具白色乳汁；叶互生，叶片狭披针形或线形；花单生叶腋，花冠粉红色或白色，钟状二唇形。全草入药。（《浙植志》6：209）

野菊 Dendranthema indica（Linn.）Des Moul.（菊科）：多年生草本；叶互生，叶片一回羽状浅裂至深裂，叶柄基部有具锯齿的假托叶；头状花序总苞半球形，总苞片 4 层，缘花舌状，黄色，盘花管状；瘦果无冠毛。全草入药。（《浙植志》6：271）

图 4-242　半边莲（金孝锋）　　　　图 4-243　野菊（引自《高植图》）

蒿属 Artemisia Linn.（菊科）常见种检索表

一至多年生草本；有苦味或芳香，常被绢毛或蛛丝状毛；叶不裂至 1～3 回羽状分裂；头状花序小，常下垂，集成总状或圆锥状，花全为管状；瘦果小，无冠毛。天目山常见有 12 种，许多种类入药，少数种嫩叶可供食用。

1.1～2 年生草本；叶片三回羽状分裂 ···································· 1. **黄花蒿 A. annua**
1.多年生草本或半灌木；叶片不裂至 1～3 回羽状分裂。
　2.花序仅缘花结实，盘花不结实。
　　3.叶片 1～3 回羽状分裂，裂片细 ···································· 2. **猪毛蒿 A. scoparis**
　　3.叶片楔形或匙形，无柄，先端有齿或掌状浅裂 ················· 3. **牡蒿 A. japonica**
　2.头状花序的缘花及盘花均能结实。
　　4.叶片不分裂，如为羽状分裂，则两面无毛；总苞片边缘带白色。
　　　5.叶片卵状披针形，边缘具锯齿但不分裂，两面有毛 ·········· 4. **奇蒿 A. anomala**
　　　5.叶片 1～2 回羽状深裂，两面光滑无毛 ····················· 5. **白苞蒿 A. lactiflora**
　　4.叶片羽状分裂，上面有毛或无毛，下面有灰白色绵毛或蛛丝状毛；总苞片边缘非白色。
　　　6.叶羽轴具栉齿状小裂片 ································· 6. **白莲蒿 A. sacrorum**
　　　6.叶羽轴无栉齿状小裂片。
　　　　7.叶片上面有白色小腺点。
　　　　　8.叶片 3～5 深裂至羽状深裂，裂片椭圆形或披针形 ········ 7. **艾蒿 A. argyi**

8.叶片1～2回羽状深裂,裂片线状披针形 ·················· 8. **野艾蒿 A. lavandulaefolia**
　7.叶片上面无白色小腺点。
　　9.茎中部的叶片倒卵状长圆形,羽状浅裂或刻裂状 ················ 9. **宽叶山蒿 A. stolonifera**
　　9.茎中部的叶片非倒卵状长圆形,羽状深裂或全裂。
　　　10.头状花序长圆形,直径约 1 mm;小花红色 ·················· 10. **矮蒿 A. lancea**
　　　10.头状花序直径超过 1 mm;小花黄色。
　　　　11.茎中部的叶片1～2回羽状深裂,侧裂片 2～3 对;头状花序长圆形或钟形,直径约 1.5
　　　　　mm ·· 11. **红足蒿 A. rubripes**
　　　　11.茎中部的叶片一回羽状深裂,侧裂片通常 2 对,不分裂或羽状浅裂;决不再作羽状深裂;
　　　　　头状花序卵形或长卵形,直径约 1.5～3 mm ·············· 12. **印度蒿 A. indica**

图 4-244　蒿属常见种(1.奇蒿,2.艾蒿,3.野艾蒿,4.牡蒿,5.黄花蒿,6.猪毛蒿,7.矮蒿)(金孝锋)

　　泽兰 Eupatorium japonicum Thunb.(菊科):多年生草本;叶对生,叶片两面至少下面有腺点;头状花序排列呈紧密的伞房状,内层总苞片先端钝或圆形,全为管状花;瘦果具黄色腺点,冠毛白色。茎叶民间入药。(《浙植志》6:224)

　　一年蓬 Erigeron annuus(Linn.)Pers(菊科):二年生草本;叶互生,基生叶片宽大,茎生叶较小;头状花序排列呈疏圆锥状,总苞片 3 层,缘花舌状,白色或天蓝色,盘花管状,黄色;冠毛异型。全草入药。(《浙植志》6:241)

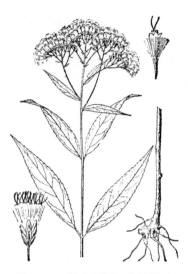

图 4-245　泽兰(引自《高植图》)　　　　图 4-246　一年蓬(引自《高植图》)

睫毛牛膝菊 Galinsoga ciliata（Raf.）Blake(菊科)：一年生草本；植株被短柔毛或腺毛；叶对生，叶片基出三脉；头状花序排成伞房状，总苞片 1～2 层，缘花舌状，白色，盘花管状，黄色；瘦果有棱，冠毛膜片状，白色。(《浙植志》6：264)

图 4-247　睫毛牛膝菊(引自《浙植志》)　　　　图 4-248　千里光(引自《高植图》)

千里光 Senecio scandens Buch.(菊科)：多年生草本；茎攀援斜升；叶互生，叶片长三角形，基部边缘有齿或深裂；头状花序在枝端排成复伞房状。缘花舌状，盘花管状，均黄色；冠毛白色。地上部分药用。(《浙植志》6：297)

大蓟 Cirsium japonicum（DC.）Maxim.(菊科)：多年生草本，全体被长多节毛；叶互生，叶片羽状深裂，有锯齿，齿端有针刺；头状花序球形，常单生枝顶；总苞片多层，花全为管状，紫色或玫瑰色；瘦果，冠毛羽毛状。嫩茎叶可作蔬菜，根叶入药。(《浙植志》6：310)

南方兔儿伞 Syneilesis australis Ling(菊科)：多年生草本；基生叶 1 枚，花期枯萎，茎生叶互生，叶片圆盾形，常 7～9 掌状深裂至全裂；头状花序排成顶生伞房状，全为管状花，淡红色后变红色；瘦果具冠毛。根入药。(《浙植志》6：295)

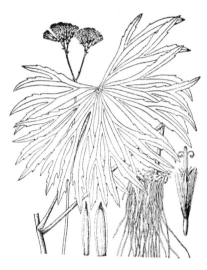

图 4-249　大蓟（引自《高植图》）　　　　图 4-250　南方兔儿伞（引自《高植图》）

苦苣菜 Sonchus oleraceus Linn.（菊科）：二年生草本；具白色乳汁；叶互生，羽状深裂，边缘具刺状尖齿，基部扩大抱茎；头状花序排列成伞房状，全为舌状花，黄色；瘦果具白色冠毛。全草入药。（《浙植志》6：353）

图 4-251　苦苣菜（金孝锋）

（二）单子叶植物纲 Monocotyledonae

刚竹属 Phyllostachys Sieb. et Zucc.（禾本科）常见种检索表

乔木状或灌木状竹类，地下茎单轴散生型。杆每节分支两枚，分支一侧具沟槽；小穗基部的苞片腋内具分支芽，小穗着生在营养枝上。天目山有 9 种，1 栽培品种。杆材用，笋食用。（《浙植志》7：47）

1. 杆中、下部的箨鞘背面具密聚或稀疏的大小不等的斑点；箨片通常外翻或开展。
　2. 秆箨无箨耳及鞘口繸毛；箨鞘外面常无毛。
　　3.节下之节间表面可见猪皮状皮孔（放大镜下）…………………………… 1. **刚竹 P. sulphurea 'Viridis'**
　　3.节下之节间表面无猪皮状皮孔。

  4.箨片平直或微皱,不反转 ·· 2.**石竹 P. nuda**

  4.箨片皱曲或强烈皱曲(早竹有时在秆上部者近平直),反转或强烈反转。

    5.箨舌先端弧状拱起或近截平,两侧不下延·············· 3.**天目早竹 P. tianmuensis**

    5.箨舌强烈隆起呈驼峰状,两侧显著下延或微下延。

      6.幼秆厚被白粉,在节处呈紫色 ············· 4.**早竹 P. violascens**

      6.幼秆微被白粉,节处不带紫色 ············· 5.**乌哺鸡竹 P. vivax**

 2.有箨耳,耳缘有繸毛,如箨耳不发达,则鞘口有繸毛;箨鞘外面多少被刺毛。

  7.幼秆节间密被柔毛。

   8.秆全为绿色;箨片反转 ·· 6.**毛竹 P. edulis**

   8.秆为紫黑色;箨片直立 ······································ 7.**紫竹 P. nigra**

  7.幼秆节间无毛。

   9.箨鞘外面具稀疏小斑点;秆各节轻度隆起 ············· 8.**白哺鸡竹 P. dulcis**

   9.箨鞘外面密生大小不一的斑点;秆各节强烈隆起 ····· 9.**高节竹 P. prominens**

1.秆中、下部的箨鞘背面无斑点;箨片直立、平整 ················ 10.**候竹 P. nidularia**

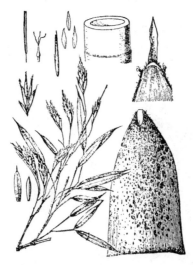 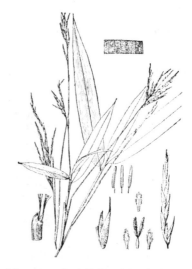

图 4-252　毛竹(引自《高植图》)　　　　图 4-253　阔叶箬竹(引自《高植图》)

  阔叶箬竹 Indocalamus latifolius(Keng)McClure(禾本科):杆高 1m,叶片宽 4cm 以上,下表面近基部有粗毛,箨舌截平,箨耳缺如。杆可制筷子,叶子可包粽子。(《浙植志》7:98)

  牛筋草 Eleusine indica(Linn.)Gaertn.(禾本科):草本,穗状花序 2 至数枚指状排列于杆顶,小穗长 4~7cm,两颖发达,外稃脊上具狭翼,内稃脊上具小纤毛;种子卵形,有明显波状皱纹。饲料。(《浙植志》7:146)

  五节芒 Miscanthus floridulus(Labill.)Warb.(禾本科):多年生草本,杆高 1~4m,无毛,节上常具白粉;叶鞘无毛或边缘及鞘口有纤毛;叶片宽 15~30mm;花序主轴延伸达花序的 2/3 以上,小穗有芒,长 3~3.5mm。饲料。(《浙植志》7:202)

图 4-254　牛筋草（金孝锋）　　　　图 4-255　五节芒(引自《高植图》)

显子草 Phaenosperma globosum Munro. ex Oliv.（禾本科）：粗壮多年生草本，叶片细长，上下面反转；圆锥花序，分支于下部者多轮生；小穗具柄，背腹压扁，含 1 结实小花，成熟花的外稃具 3 脉，颖果表面有皱纹。饲料。(《浙植志》7：167)

图 4-256　显子草（金孝锋）　　　　图 4-257　狗尾草（金孝锋）

狗尾草属 Setaria Beauv.（禾本科）分种检索表

一年生或多年生草本。圆锥花序常紧缩成圆柱状，小穗单生，常含 2 花，第 2 小花的外稃和内稃较其颖为厚，坚硬。花序中有不育小枝所成的刚毛，小穗脱落时，附于其上的刚毛仍宿存于花序上。天目山 6 种，可作饲料或粮食。(《浙植志》7：193)

1.圆锥花序紧缩呈圆柱形；小穗下刚毛 1 至多枚。

　2.成熟时小穗轴脱节于颖之上第 1 外稃之下（栽培）……………………………… 1.**小米 S. italica**

　2.成熟时小穗轴脱节于颖之下杯状小穗柄之上（野生）。

　　3.花序主轴上每簇分支仅 1 枚小穗发育；第 2 颖明显短于第 2 外稃 …………… 2.**金色狗尾草 S. glauca**

　　3.花序主轴上每簇分支有 3 枚以上小穗发育；第 2 颖与第 2 外稃近等长或稍短。

4. 花序常直立;小穗先端钝;第2颖与第2外稃等长 ···················· 3. **狗尾草 S. viridis**

4. 花序通常弯垂;小穗先端尖;第2颖较第2外稃稍短 ················ 4. **大狗尾草 S. faberi**

1. 圆锥花序多少开展,疏松;小穗下刚毛1枚。

5. 叶片明显纵向皱褶;圆锥花序开展,狭塔形 ···················· 5. **皱叶狗尾草 S. plicata**

5. 叶片不皱褶;圆锥花序较紧缩,呈披针形 ···················· 6. **莩草 S. chondrachne**

淡竹叶 Lophatherum gracile Brongn.(禾本科):多年生直立草本,须根稀疏,其中部可膨大为纺锤根;叶片披针形;小穗线状披针形,颖片顶端钝,通常有5脉,不育外稃顶端有短芒。全草入药,清热消炎,生津止渴,利尿。(《浙植志》7:116)

小麦 Triticum aestivum Linn.(禾本科):二年生草本;小穗有3~5小花,两侧压扁,无柄,单独互生于穗轴各节,颖近革质,有锐利的脊,顶端有短尖头,外稃厚纸质,有长短不一的芒。苗、干瘪轻浮的颖果入药,滋补强壮、止汗、解毒。(《浙植志》7:141)

丝茅(白茅)**Imperata koenigii**(Retz.)Beauv.(禾本科):多年生草本,有根状茎。秆节上有长的柔毛;叶鞘在基部常破碎成纤维状;圆锥花序圆柱状,分支短缩密集,基部有时较疏或间断。根状茎入药,清热利尿,凉血止血。(《浙植志》7:204)

图 4-258 淡竹叶(引自《高植图》)

狭穗苔草 Carex ischnostachya Steud.(莎草科):多年生草本,秆丛生,三棱柱形,基部具黄褐色叶鞘,叶片下部对折,上部扁平,具明显三脉;雌花鳞片淡褐色,膜质,先端渐尖,背部具三脉;果囊三棱状,无毛,紧包小坚果。饲料。(《浙植志》7:316)

图 4-259 狭穗苔草(金孝锋)

图 4-260 莎草(引自《高植图》)

莎草 Cyperus rotundus Linn.(莎草科):多年生草本,生有多数长圆形、黑褐色块茎,芳香;穗状花序有3~10小穗,小穗线形,小穗轴有白色较宽的翅,鳞片二列,顶端钝,两侧紫红色;小坚果三棱状倒卵形。块茎入药,名香附子,行气止痛、调经解郁。(《浙植志》7:267)

棕榈 Trachycarpus fortunei(Hook. f.)H. Wendl.(棕榈科):常绿乔木;茎直立,不分支,有环纹,老叶基纤维状,包被秆上;叶片圆扇形,有狭长皱折,掌裂至中部,裂片硬直;花小,雌雄

异株;核果球形或长圆形。叶鞘纤维可制绳索,果实可入药,收敛止血。(《浙植志》7:323)

石菖蒲 Acorus tatarinowii Schott.(天南星科):多年沼生草本,稍矮小,根状茎有分支,直径 0.5～1.5cm;叶剑状线形,无明显中肋,佛焰苞叶状,狭长,肉穗花序细长,黄绿色。根茎及须根入药,芳香化湿、开窍宁神。(《浙植志》7:338)

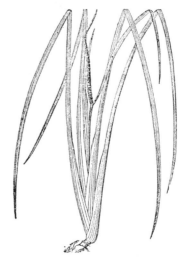

图 4-261　棕榈(吴斐婕)　　　　图 4-262　石菖蒲(引自《高植图》)

天南星属 Arisaema Mart.(天南星科)常见种检索表

多年生陆生草本,地下有块茎。叶裂片非羽状分裂,肉穗花序与叶同时存在,佛焰苞喉部不闭合,无横隔膜。天目山常见 3 种 1 变种。药用。(《浙植志》7:330)

1. 叶片辐射状分裂,先端长渐尖,有长达 7cm 的线形长尾 ················ 1. **一把伞南星 A. erubescens**
1. 叶鸟足状或指状分裂,先端渐尖但不延伸出长尾。
　2. 叶 5 裂或 3 裂;附属物棒状,下部增粗,先端钝圆。
　　3. 叶全缘 ·· 2. **全缘灯台莲 A. sikokianum**
　　3. 叶缘具不规则的粗锯齿 ····························· 2a. **灯台莲 var. serratum**
　2. 叶 10～24 裂;附属物长鞭状,之字形上升,向上渐狭 ·········· 3. **天南星 A. heterophyllum**

半夏 Pinellia ternata(Thunb.)Briet.(天南星科):多年生草本,块茎扁球形;单叶或裂成 3 小叶,近基部内侧有珠芽;佛焰苞长,绿色,上部呈紫红色,肉穗花序的附属物延伸成鞭状,伸出佛焰苞外;浆果卵圆形,绿色。药用,燥湿化痰。(《浙植志》7:336)

图 4-263　天南星(金孝锋)　　　　　图 4-264　半夏(金孝锋)

鸭跖草 Commelina communis Linn.（鸭跖草科）：一年生草本；叶鞘近膜质，紧密抱茎，鞘口有长睫毛；聚伞花序单生，总苞片佛焰苞状，心状卵形，发育雄蕊 2～3，子房 2 室；蒴果二瓣裂。药用，清热解毒。(《浙植志》7：361)

百部 Stemona japonica（Bl.）Miq.（百部科）：多年生草本，块根肉质，纺锤形，多数簇生，茎上部蔓生；叶柄长，花柄下部通常贴生于叶表面中肋上；蒴果广卵形而扁，有种子 2～3 粒。药用，块根入药，杀虫，驱除虫虱，润肺止咳。(《浙植志》7：372)

图 4-265　鸭跖草(引自《高植图》)　　　图 4-266　百部(吴斐婕)

天门冬 Asparagus cochinchinensis（Lour.）Merr.（百合科）：多年生草本，具肉质、纺锤形块根；叶状枝簇生，稍成镰刀状，扁平，主茎上的鳞片状叶基部具刺状距；花单性，通常二朵簇生于叶腋。块根药用，滋阴生津，润肺清心。(《浙植志》7：380)

萱草 Hemerocallis fulva（Linn.）Linn.（百合科）：多年生草本，根多数，稍肉质，部分膨大成棍棒状或纺锤状；叶片宽线至线状披针形，通常鲜绿色；花漏斗状，结红色至橘黄色，内轮花被通常具"∧"形褐红色的斑纹。(《浙植志》7：386)

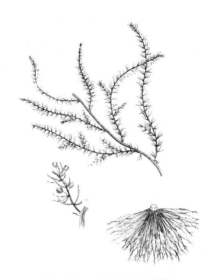

图 4-267　天门冬（金孝锋）

图 4-268　萱草（金孝锋）

阔叶山麦冬 Liriope muscari（Decae.）Bailey.（百合科）：多年生草本，具膨大呈椭圆形或纺锤形的小块根，无细长的地下走茎；叶基生，无柄，叶片宽线形；花梗粗壮。（《浙植志》7：392）

图 4-269　阔叶山麦冬（吴斐婕）

图 4-270　麦冬（引自《浙植志》）

麦冬（沿阶草）**Ophiopogon japonicus**（Linn. f.）Ker－Gawl.（百合科）：常绿草本，须根顶端或中部膨大成纺锤状块根；叶片线形，叶缘粗糙；花淡紫色或白色，稍下垂，通常1～3花簇生；果实球形，直径约7mm，蓝黑色。药用。（《浙植志》7：393）

黄精属 Polygonatum Mill.（百合科）分种检索表

多年生直立草本植物。根状茎圆柱形、结节状或姜块状。叶茎生；伞形花序腋生，下垂，花被片大部合生，无副花冠，雄蕊着生于花被筒上。天目山有4种。药用，养阴润燥。（《浙植志》7：412）

1.叶互生，叶片椭圆形至长圆状披针形，先端不卷曲。

　2.茎具棱，根状茎扁圆柱形 ·························· 1.**玉竹 P. odoratum**

2. 茎不具棱,根状茎结节状或连珠状膨大。

    3. 叶片两面无毛,总花梗长 7～20mm,花丝上部稍膨大至囊状突起 ………… 2. **多花黄精 P. cyrtonema**

    3. 叶片下面脉上有短毛,总花梗长 2.5～13cm,花丝上部不膨大 ………… 3. **长梗黄精 P. filipes**

1. 叶轮生,叶片线状披针形至披针形,先端卷曲 ………………………… 4. **黄精 P. sibiricum**

图 4-271　黄精属常见种类(1～2.玉竹;3.黄精;4～6.多花黄精;7～8.长梗黄精)(金孝锋)

油点草 Tricyrtis macropoda Miq.(百合科):多年生草本,疏生糙毛;叶片卵形至卵状长圆形,上面常有油迹状斑点;内轮花被散生紫红色斑点,开放后向下反折,外轮花被片基部延伸呈囊状。药用。(《浙植志》7:417)

吉祥草 Reineckia carnea(Andr.) Kunth(百合科):多年生草本,根状茎细长,横生于浅土中或露出地面呈匍匐状,每隔一定距离向上发出叶簇;叶片线状披针形至倒披针形;花葶侧生,花淡红色或淡紫色;浆果红色或紫红色。药用。(《浙植志》7:383)

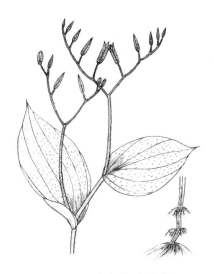

图 4-272 油点草(金孝锋) 图 4-273 吉祥草(引自《中植志》)

浙贝母 ritillaria thunbergii Miq.(百合科):多年生草本,鳞茎近球形或扁球形;叶片线状披针形,顶端渐尖或成卷须状,茎上部叶顶端更卷曲;花被片淡黄绿色,外有绿色条纹,内有紫色斑纹,交织成网状。药用。(《浙植志》7:428)

菝葜属 Smilax Linn.(百合科)分种检索表

攀援或直立小灌木,常有皮刺,稀为草本而无刺。常有托叶卷须;伞形花序,花单性,雌雄异株;浆果。天目山有 9 种。根状茎制酒、药用。(《浙植志》7:412)

1. 茎草质,中空,干后凹瘪成沟,无刺;植株具发达的须根。
  2. 总花梗扁平,花后变粗壮;叶片下面有通常被粉尘状短柔毛 ·················· 1.**白背牛尾菜 S. nipponica**
  2. 总花梗有数条纵棱,纤细,花后不膨大;叶片下面光滑 ·················· 2.**牛尾菜 S. ripaaria**
1. 茎木质,实心,干后不凹瘪,有刺或无刺;须根不发达,稀发达。
  3. 叶的脱落点位于卷须着生处或翅状鞘与叶柄合生的顶端,宿存于小枝上的叶柄在其上方不带一段残留部分。
    4. 翅状鞘线状披针形或披针形,狭于叶柄;卷须粗壮,发达;浆果直径 7～15mm ····· 3.**菝葜 S. china**
    4. 翅状鞘卵形至半圆形,宽于叶鞘;卷须纤细;浆果成熟时直径不超过 7mm ····· 4.**小果菝葜 S. davidiana**
  3. 叶的脱落点位于叶柄的顶端至卷须稍上方,宿存于小枝上的叶柄在其上方带一段残留部分。
    5. 直立或披散状灌木;叶柄无卷须;伞形花序具 1～3 花,稀具多花 ··········· 5.**鞘柄菝葜 S. stans**
    5. 攀援灌木;叶柄有卷须;伞形花序通常有多数花。
      6. 叶片长圆状披针形至披针形,革质或薄革质。
        7. 叶片具 3 条主脉,最外侧的主脉远离叶缘;总花梗通常明显短于叶柄 ··· 6.**土茯苓 S. glabra**
        7. 叶片具 5～7 条主脉,最外侧的主脉与叶缘结合;总花梗明显长于叶柄 ·······················
                       7.**缘脉菝葜 S. nervo-marginata**
      6. 叶片卵状心形、卵形、椭圆形、长圆形或卵状披针形,草质至厚纸质。
        8. 叶片卵形或卵状心形;叶片下面淡绿色 ················· 8.**华东菝葜 S. sieboldii**
        8. 叶片椭圆形、长椭圆形至卵状披针形;叶片下面苍白色 ········· 9.**黑果菝葜 S. glauco-china**

百合 Lilium brownii F. E. Brown. var. **viridulum** Backer.(百合科):多年生草本,鳞茎近球形,直径约 5cm,茎直立;叶多数,散生,倒披针形至倒卵形;花被片乳白色,微黄,背面中肋带淡紫色。(《浙植志》7:432)

图 4-274　菝葜属常见种（1.土茯苓；2.菝葜；3.小果菝葜；4.黑果菝葜；5.华东菝葜；6.牛尾菜）（金孝锋）

卷丹 Lilium lanceifolium Thunb.（百合科）：多年生草本；叶腋内常有紫红色珠芽；花橘红色，密生紫黑色斑点，花被片开放后向外反卷。鳞茎入药，养阴润肺，清心安神。（《浙植志》7：430）

图 4-275　百合（吴斐婕）　　　　　图 4-276　石蒜（吴斐婕）

石蒜 Lycoris radiata Herb.（石蒜科）：多年生草本，鳞茎宽椭圆形至近球形；叶线形，深绿色；花红色，花被管状，裂片狭倒披针形，边缘皱缩，广展或反卷，雌、雄蕊伸出花被管外很长。

鳞茎入药,清热解毒,祛痰、催吐。(《浙植志》7:439)

薯蓣属 Dioscorea Linn.(薯蓣科)常见种检索表

一年生或多年生缠绕草本。具根茎或块茎,叶为网状脉。果实多为 3 纵锐棱的翅果。天目山常见有 6 种 1 变种。药用、食用、工业用。(《浙植志》7:447)

1.地下茎为根状茎,水平生长。
  2.种子着生在蒴果中轴的每室基部,种翅向顶端延伸。
    3.地下茎坚硬,栓皮层易剥离,断面黄色,无黏丝;叶片边缘浅裂,稀全缘;雄花无柄
                                                     1.**穿龙薯蓣 D. nipponica**
    3.地下茎软,栓皮紧贴,断面有黏丝;叶片通常全缘;雄花有柄 ………………… 2.**山萆薢 D. tokoro**
  2.种子着生在蒴果中轴的每室中间,种翅薄膜质,围在种子的四周。
    4.叶片互生,但基部叶有时 3~4 枚轮生,干后不变黑色,两面无毛;成熟花药药隔不分叉 …………
                                                     3.**纤细薯蓣 D. gracillima**
    4.叶片互生,干后上面变黑色,下面灰白色,下面沿脉及叶缘疏生黄白色硬毛;成熟花药药隔分叉
                                      4.**粉萆薢 D. collettii** var. **hypoglauca**
1.地下茎为块茎,圆形、卵形或圆柱形(如为圆柱形,则垂直生长)。
  5.块茎卵圆形;叶腋生有紫褐色珠芽,其表面有疣状突起;叶片互生;种子着生在蒴果中轴的顶部,种翅向
    基部延伸 ……………………………………………………………………………… 5.**黄独 D. bulbifera**
  5.块茎圆柱形,或不规则球形;叶腋无珠芽,稀有珠芽;叶片互生,或中部以上有对生;种子着生在蒴果中部,
    种翅周生。
    6.叶缘常 3 浅裂至 3 深裂;叶片为卵状三角形至宽卵形或戟形 ………… 6.**薯蓣 D. oppositifolia**
    6.叶缘无明显 3 裂 ……………………………………………… 7.**日本薯蓣 D. japonica**

射干 Belamcanda chinensis(Linn.)DC.(鸢尾科):多年生草本;根状茎黄色;叶片剑形;花序二歧分支,成伞房状聚伞花序,花橘黄色,表面有深红色斑点,花被片 6,2 轮,基部合生成极短的管,花柱 3 裂,不成花瓣状。根状茎入药,清热解毒,宣肺利咽。(《浙植志》7:465)

蝴蝶花 Iris japonica Thunb.(鸢尾科):多年生草本;根茎有较粗的垂直根茎和纤细的横走根茎;叶片剑形;花茎高于叶,疏展的总状聚伞花序,花淡紫色或带蓝色,花柱 3 分支,扩大成花瓣状。全草、根状茎入药。(《浙植志》7:468)

图 4-278 蝴蝶花(引自《高植图》)

图 4-279 姜(吴斐婕)

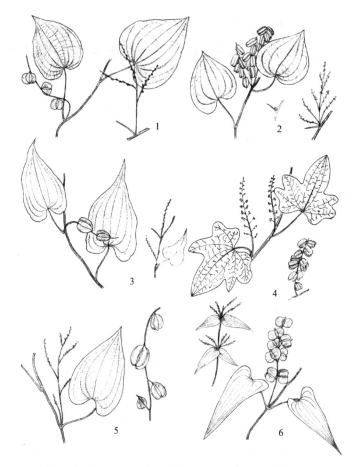

图 4-277　薯蓣属常见种类(1.纤细薯蓣;2.黄独;3.粉萆薢;4.穿龙薯蓣;5.山萆薢;6.日本薯蓣)(金孝锋)

姜 Zingiber officinale Rosc.(姜科):多年生草本,根状茎块状,指状分支;叶片披针形,无柄;穗状花序生于由根状茎抽出的总花梗上,苞片卵形,长 2.5 cm,花冠筒黄绿色。根茎为常用调味品,也可入药,温中理气,活血止痛。(《浙植志》7:478)

图 4-280　美人蕉(金孝锋)

图 4-281　白芨(吴斐婕)

美人蕉 **Canna indica** Linn.（美人蕉科）：植株高 1m 以上；茎、叶绿色，无蜡质白粉；花红色，退化雄蕊狭小，宽通常不超过 1.5～2cm。可供观赏。（《浙植志》7：479）

白芨 **Bletilla steiata**（Thunb. ex A. Murray）Rchb. f.（兰科）：草本，球茎扁平，外有荸荠状的环纹，彼此连成一串；叶带状披针形至长椭圆形；苞片膜质，带红色，早落，花红紫色，侧萼片近披针形，镰刀状弯曲，唇瓣抱蕊柱。球茎入药，收敛止血，消炎生肌。（《浙植志》7：531）

蕙兰 **Cymbidium faberi** Rolfe.（兰科）：地生植物，假鳞茎不明显；叶片带形，束状丛生，无明显的叶柄，基部无关节，叶脉透明，中脉明显；花葶具 9～15 朵花，唇瓣中裂片边缘具不整齐的齿，皱褶呈波状；春季至初夏开花，有香气。观赏。（《浙植志》7：524）

绶草 **Spiranthes sinensis**（Pers.）Ames.（兰科）：植株具簇生肉质根；叶下部的近基生，叶片稍肉质，线状倒披针形至线形；穗状花序具多数螺旋状排列的小花，花淡红色、紫红色或白色。（《浙植志》7：498）

图 4-282　蕙兰（金孝锋）　　　　图 4-283　绶草（金孝锋）

第五章 天目山维管植物分科检索表

第一节 蕨类植物分科检索表

1.地上茎明显;叶退化或细小如鳞片形、披针形或钻形,仅具中肋;孢子囊不聚生成囊群,单独生于叶基部上面或腋间,或聚生于枝顶的孢子叶球内。

  2.茎实心,无明显的节,一至多次二叉分支;叶小而正常;孢子囊单生、散生枝上或于枝顶聚生成穗状。

    3.茎辐射对称,无根托;叶同型,少为二型,钻形或披针形,螺旋状排列,或少为鳞片形,交互对生,扁平,不具叶舌;孢子囊同型。

      4.茎直立或斜升,有规则地等位二叉分支;孢子囊生于叶腋内;孢子叶与营养叶同色、同形或较小 …………………………………………………………………… 一、石杉科 Huperziaceae

      4.茎匍匐,具直立短侧枝,少有攀援,具有不等位的或单轴式的二叉分支;孢子囊着生于顶生的孢子叶穗内;孢子叶不同于营养叶,干膜质 ………………………… 二、石松科 Lycopodiaceae

    3.茎通常扁平,有背腹之分,具根托;叶通常鳞片形,二型,背腹各两列,或少为钻形,同形,螺旋状排列,中叶基部有一小叶舌;孢子囊二型 ………………………… 三、卷柏科 Selaginellaceae

  2.茎细长,中空,圆柱形而具节,单一或有轮生分支;叶退化;孢子囊多数,在枝顶上形成单一的椭圆形孢子叶球 ………………………………………………… 四、木贼科 Equisetaceae

1.地上茎无或不发达;叶发达,单叶或复叶,具主脉和侧脉;孢子囊通常生于正常叶或特化叶的下面或边缘,聚生成圆形、长形或线形的孢子囊群或孢子囊穗,或满布于叶下面。

  5.孢子囊壁厚,由多层细胞组成。

    6.羽状复叶,叶脉分离;孢子囊序呈圆锥形的复穗状;孢子囊小,圆球形,不陷入囊托 …………… 五、阴地蕨科 Botrychiaceae

    6.单叶,叶脉网状;孢子囊序为单穗状;孢子囊大,扁圆球形,陷入囊托两侧 ……………………………………………………………… 六、瓶尔小草科 Ophioglossaceae

  5.孢子囊壁薄,由一层细胞组成。

    7.孢子同型;植物体形代表通常的蕨类植物,陆生或附生,少为湿生或水生。

      8.植物体全无鳞片,也无真正的毛,仅幼时有黏质腺体状绒毛。

        9.叶柄基部两侧膨大成托叶状;叶二型或羽片二型,1～2回羽状;羽片或小羽片大,披针形至矩圆形;孢子囊群不定形。

          10.叶柄基部两侧外面不具疣状突起的气囊体;能育叶或能育羽片形成穗状或复穗状的孢子囊穗……………………………………………… 七、紫萁科 Osmundaceae

          10.叶柄基部两侧外面各具1行或少数疣状突起的气囊体;能育叶的羽片缩成狭线形,孢子囊成熟时满布叶下面,幼时叶边反折如假囊群 …………… 八、瘤足蕨科 Plagiogyriaceae

        9.叶柄基部两侧不膨大成托叶状;叶一型,2～4回羽状细裂,少为一回羽状;小羽片小,形状不如上述;孢子囊群小,圆形,生于小脉近顶处 ………………… 一二、稀子蕨科 Monachosoraceae

      8.植物体多少具有鳞片或真正的毛,有时鳞片上也有针状刚毛。

11.叶二型,不育叶一回羽状;能育叶的羽片在羽轴两侧卷成荚果状或狭缩成念珠状
　　　…………………………………………………… 二六、**球子蕨科 Onocleaceae**

11.叶为一型或二型,如为二型,能育叶与不育叶相比仅为不同程度的狭缩,从不如上述那样
　　卷缩。

　　12.孢子囊群或囊群托突出于叶边之外。

　　　13.缠绕植物,有无限生长的叶轴;叶片结构由多层细胞组成,有气孔;孢子囊椭圆形,横生
　　　　于短囊柄上,具顶生的环带 ………………………………… 一〇、**海金沙科 Lygodiaceae**

　　　13.不为缠绕植物,少有攀援状,不具无限生长的叶轴;叶一般为薄膜质,由一层细胞组成,
　　　　无气孔;孢子囊近球形,无柄 ……………………………… 一一、**膜蕨科 Hymenophyllaceae**

　　12.孢子囊群生于叶缘、缘内或叶背面,从不如上述那样突出于叶边之外。

　　　14.孢子囊群生于叶缘;并有由叶边向下反折的假盖覆盖,囊群盖开向主脉。

　　　　15.孢子囊群盖圆形、肾形或长肾形;叶脉为扇形,多回二叉分支 ……………………
　　　　　………………………………………………………… 一九、**铁线蕨科 Adiantaceae**

　　　　15.孢子囊群盖线形或断裂;叶脉通常不为扇形二叉分支。……………………………

　　　　　16.孢子囊群生于侧脉顶端的一条联结脉上,在叶缘形成一条线形汇合囊群;囊群
　　　　　　盖连续不断;叶柄禾秆色,少为棕色。

　　　　　　17.根状茎长而横走,密被锈黄色、多细胞的节状长柔毛,不具鳞片;叶片全体被
　　　　　　　柔毛;囊群盖有内外两层 ……………………………… 一六、**蕨科 Pteridiaceae**

　　　　　　17.根状茎短而直立或斜升,有鳞片,遍体无毛;囊群盖仅有一层假盖 …………
　　　　　　　………………………………………………………… 一七、**凤尾蕨科 Pteridaceae**

　　　　　16.孢子囊群生于小脉顶端,幼时彼此分离,成熟时往往向两侧扩散,彼此汇合成线
　　　　　　形;囊群盖连续不断或为不同程度的断裂,有时不发育;叶柄和叶轴一般为栗棕
　　　　　　色或深褐色 ……………………………………… 一八、**中国蕨科 Sinopteridaceae**

　　14.孢子囊群生于叶缘以内;囊群盖生自叶缘内的囊托上,或两侧多少和叶肉融合,向叶
　　　边开口,或仅生于叶背上。

　　　18.囊群盖生于叶缘内的囊托上,两侧多少和叶肉融合,至少内瓣,位于小脉顶端而向
　　　　外开,或向下开。

　　　　19.常为附生植物;根状茎长而横走,具鳞片,叶柄基部以关节着生于根状茎上 ……
　　　　　………………………………………………………… 三〇、**骨碎补科 Davalliaceae**

　　　　19.土生植物;根状茎上有灰白针毛或红棕色毛状钻形的简单鳞片。

　　　　　20.植株全体有灰色针状刚毛;孢子囊群单生于小脉顶端;囊群盖碗形或近圆肾形
　　　　　　………………………………………………… 一三、**碗蕨科 Dennstaedtiaceae**

　　　　　20.植株仅根状茎上有红棕色钻状的简单鳞片;孢子囊为叶缘生的汇生囊群,通
　　　　　　常生于几条小脉的顶端的结合脉上,或单生脉顶;囊群盖长圆形、线形或杯
　　　　　　形,少为无盖 ………………………………………… 一四、**鳞始蕨科 Lindsaeaceae**

　　18.孢子囊群生于小脉背部,远离叶缘,少有生于叶脉顶端,如有囊群盖,则不同于上述,
　　　也不开向叶边。

　　　21.孢子囊群圆形、长形、线形、弯钩形、马蹄形,彼此分离;叶通常一型,少有二型。

　　　　22.孢子囊群圆形。

　　　　　23.孢子囊群有盖。

　　　　　　24.囊群盖下位,即由孢子囊群下面生出,幼时往往将孢子囊群全部包被,囊群
　　　　　　　盖膜质钵形、杯形或碟形,或有时简化成睫毛状
　　　　　　　……………………………………………………… 二七、**岩蕨科 Woodsiaceae**

　　　　　　24.囊群盖上位,平坦覆盖于囊群上面,盾形、圆肾形。

25.囊群盖为圆肾形或圆盾形。

　　26.植物体有淡灰色的针状刚毛或疏长毛;叶柄基部有 2 条扁阔的维管束。

　　　27.常生于石灰岩石缝中;叶柄基部膨大,包藏于一大簇红棕色的鳞片中
　　　　　………………………………………… 二三、肿足蕨科 Hypodematiaceae

　　　27.生于土中;叶柄基部不膨大,鳞片小而稀疏
　　　　　………………………………………… 二四、金星蕨科 Thelypteridaceae

　　26.植物体至少在根状茎上有棕色阔鳞片,无上述的针状毛;叶柄基部有
　　　多条小圆形的维管束 ……… 二九、鳞毛蕨科 Dryopteridaceae

25.囊群盖为卵形,基部略微压在孢子囊群下面 …………………………
　　………………………………………………… 二二、蹄盖蕨科 Athyriaceae

23.孢子囊群无盖。

　28.叶为二至多回的等位二叉分支,分叉处的腋内有一休眠芽,叶下面通常灰白色;孢
　　子囊群由 2～10 个孢子囊组成,环带横生 ………… 九、里白科 Gleicheniaceae

　28.叶为单叶或羽状分裂,下面通常不为灰白色;孢子囊群由多数孢子囊组成;环带
　　纵行。

　　29.叶柄基部以关节着生于根状茎上 ………… 三一、水龙骨科 Polypodiaceae

　　29.叶柄基部无关节。

　　　30.植物遍体、至少各回羽轴上面有针状毛。

　　　　31.叶柄基部仅具 1 条维管束,叶 2～3 回羽状;孢子囊群顶生于一条小脉上,多
　　　　　少为叶缘反折的锯齿遮盖 ………… 一五、姬蕨科 Hypolepidaceae

　　　　31.叶柄基部有 2 条维管束,叶 1～3 回羽状或羽裂;孢子囊群生于小脉中部,或
　　　　　有时生于近顶部,叶缘不反折 ………… 二四、金星蕨科 Thelypteridaceae

　　　30.植物体仅被鳞片,无针状毛 ………… 二二、蹄盖蕨科 Athyriaceae

22.孢子囊群长形或线形。

　32.孢子囊群有盖,盖长形、线形、或上端为钩形或马蹄形。

　　33.孢子囊群生于主脉两侧的狭长网眼内,贴近中脉并与之平行;囊群盖开向中脉;叶
　　　柄基部有多条圆形维管束排成一圈 ………… 二八、乌毛蕨科 Blechnaceae

　　33.孢子囊群生于中脉两侧的斜出分离小脉上,与中脉斜交,囊群盖斜开向中脉,或有
　　　时向外开,叶柄基部有两条扁阔的维管束。

　　　34.鳞片细胞粗筛孔型,网眼大而透明;叶柄内两条维管束在叶轴上部不汇合;囊群
　　　　盖长形或线形,常单生于小脉向轴的一侧(少有生于离轴的一侧) …………
　　　　………………………………………… 二五、铁角蕨科 Aspleniaceae

　　　34.鳞片细胞为窗格子型,网眼狭长而不透明;叶柄内两条维管束至叶轴上部汇合
　　　　成倒 V 字形;囊群盖生于小脉的一侧或两侧,长形、线形、腊肠形、马蹄形,或上
　　　　端往往呈钩形,横跨小脉 ………… 二二、蹄盖蕨科 Athyriaceae

　32.孢子囊群无盖。

　　35.孢子囊群沿小脉分布,如为网状脉,则沿网眼着生。

　　　36.叶遍体有灰白色针状毛…二四、金星蕨科 Thelypteridaceae

　　　36.叶遍体不具上述毛。

　　　　37.孢子囊有长柄,密集于小脉中部成长形囊群;叶草质,叶轴及各回羽轴相交
　　　　　处上面有一肉质状扁粗刺 ………… 二二、蹄盖蕨科 Athyriaceae

　　　　37.孢子囊有短柄,疏生于小脉上,线形;叶纸质,叶轴及各回羽轴相交处上面
　　　　　不具上述刺 ………… 二〇、裸子蕨科 Hemionitidaceae

　　35.孢子囊群不沿小脉分布。

38.叶线形;孢子囊群生于叶边和主脉之间的一条沟槽中,少有生于表面,各成一条与主脉平行。

39.叶片不以关节着生于根状茎上;孢子囊群有带状或棍棒状隔丝
·························· 二一、书带蕨科 Vittariaceae

39.叶片以关节着生于根状茎上;孢子囊群有具长柄的盾状隔丝
·························· 三一、水龙骨科 Polypodiaceae

38.叶不为线形,肉质;孢子囊群表面生不与主脉平行而为斜交
·························· 三二、剑蕨科 Loxogrammaceae

21.孢子囊群布满于能育叶下面;叶通常二型,为单叶或掌状分裂,叶柄基部有关节
·························· 三一、水龙骨科 Polypodiaceae

7.孢子异型;水生植物,体形完全不同于一般蕨类。

40.浅水或湿地生植物;根状茎细长横走;叶由 4 片倒三角形的小叶组成,生于长柄的顶端;孢子果生于叶柄基部,包藏着 2 至多数孢子囊,其中大孢子囊和小孢子囊混生 ·············
·························· 三三、蘋科 Marsileaceae

40.漂浮植物;无真根或有短须根;单叶,全缘或二深裂,无柄,排成 2～3 列;孢子果生于茎的下面,包藏多数孢子囊,每果中仅生大孢子囊或小孢子囊。

41.植株无真根;三叶轮生于细长茎上,上面 2 叶矩圆形,漂浮水面,下面 1 叶特化,细裂成须根状,悬垂水中;孢子果生于沉水叶上 ·········· 三四、槐叶蘋科 Salviniaceae

41.植株具纤细的真根;叶微小如鳞片,呈二列覆瓦状排列,每叶片分裂成上下二片,上裂片漂浮水面,下裂片浸沉水中,上生孢子果 ·············· 三五、满江红科 Azollaceae

第二节　裸子植物分科检索表

1.茎通常不分支;叶大型,羽状深裂,簇生于粗大的树干顶端或块状茎上,呈棕榈状 ··· 一、苏铁科 Cycadaceae
1.茎或树干多分支;叶小型,形态多种,但不呈羽状深裂,也不簇生于树干的顶端。

2.落叶乔木;叶扇形,具二叉状叶脉 ·························· 二、银杏科 Ginkgoaceae
2.常绿或落叶;叶形多种多样,但不为扇形,也不为二叉状叶脉。

3.雌雄花发育成球果;种子无肉质假种皮,常具翅。

4.球果的种鳞与苞鳞离生;每种鳞具 2 颗种子,上端通常具翅 ·········· 三、松科 Pinaceae

4.球果的种鳞与苞鳞部分合生或完全合生;每种鳞具 1～9 颗种子,种子两侧具狭翅或无翅,或下部具翅,或上部具一长一短的翅。

5.叶与种鳞均为螺旋状互生或排成二列,稀为交互对生(水杉属);每种鳞具 2～9 颗种子,种子两侧具窄翅或下部具翅;叶为披针形、锥形、鳞形或线形 ·········· 四、杉科 Taxodiaceae

5.叶和种鳞均为交互对生或轮生;每种鳞具 1 至多颗种子,种子两侧具窄翅或无翅,或上部有一长一短的翅;叶为鳞形或刺状 ·········· 五、柏科 Cupressaceae

3.雌雄花不发育成球果,而发育成核果状或坚果状种子;种子全部或部分包于肉质假种皮或套被中。

6.雄蕊具 2 个花药,花粉有气囊;种子核果状,全包在肉质套被中,着生于膨大的肉质或非肉质的种托上 ·········· 六、罗汉松科 Podocarpaceae

6.雄蕊具 3～9 个花药,花粉无气囊;种子核果状或坚果状,基部无膨大的种托。

7.雌球花具长梗,花轴上有多数苞片,每苞片有 2 个胚珠;假种皮全包种子 ·············
·························· 七、三尖杉科 Cephalotaxaceae

7.雌球花具短梗或无梗,仅具一个顶生胚珠;假种皮杯状、瓶状或少有全包种子···八、红豆杉科 Taxaceae

第三节　被子植物分科检索表

1. 叶片多为网状脉;花部常为 5 基数或 4 基数,少为多数;胚有 2 枚子叶;茎有皮层和髓的区别,维管束排成一轮,有形成层;主根常发达,少数不发达为须根状(双子叶植物 Dicotyledoneae)。(次项 1 见第 188 页)

  2. 花缺花被,或有 1 轮或 2 轮花被片,如有 2 轮花被片时,则内轮花被片(即花瓣)通常离生。(次项 2 见第 185 页)

    3. 花不具有真正的花冠(有时遇到花被片逐渐变化,彼此呈覆瓦状排列而成 2 至数层的,也可在此检索);花具有花萼,有时花萼可类似花瓣状,或者花不具有花萼。(次项 3 见第 179 页)

      4. 花单性,雌雄同株或异株,雌花、雄花都成葇荑花序,或至少雄花成葇荑花序或类似葇荑状花序;乔木或灌木。

        5. 花无花萼,或于雄花中有花萼。

          6. 蒴果,含多颗种子,种子有丝状毛 ························· 三、**杨柳科 Salicaceae**

          6. 坚果或核果,含 1 颗种子。

            7. 叶为羽状复叶;雄花有花萼 ···················· 五、**胡桃科 Juglandaceae**

            7. 叶为单叶。

              8. 核果,肉质;雄花无花萼;叶下面有金黄色腺体 ········· 四、**杨梅科 Myricaceae**

              8. 小坚果;雄花有花萼;叶下面无腺体 ············· 六、**桦木科 Betulaceae**

        5. 花有花萼,或于雄花中无花萼。

          9. 子房下位或半下位。

            10. 叶为羽状复叶 ······························ 五、**胡桃科 Juglandaceae**

            10. 叶为单叶。

              11. 果为蒴果 ···························· 四〇、**金缕梅科 Hamamelidaceae**

              11. 果为坚果。

                12. 坚果或小坚果,一部分或全部被包在类似叶状或囊状的总苞内,或小坚果和鳞片合成球果状复花果(即果序) ··············· 六、**桦木科 Betulaceae**

                12. 坚果,一部分或全部被包在具鳞片或具刺的木质总苞(壳斗)内 ·········· ························· 七、**壳斗科**(山毛榉科) **Fagaceae**

          9. 子房上位。

            13. 植物体具乳汁。

              14. 子房 1 室;果为聚花果(桑椹果) ··············· 九、**桑科 Moraceae**

              14. 子房 3 室;果为蒴果 ············· 五一、**大戟科 Euphorbiaceae**

            13. 植物体无乳汁,或者在大戟科重阳木属(Bischofia)中具红色乳汁。

              15. 雌蕊由单心皮构成;雄蕊的花丝在花蕾中向内屈曲 ········· 一〇、**荨麻科 Urticaceae**

              15. 雌蕊由 2～3 心皮构成;雄蕊的花丝在花蕾中直立。

                16. 雌雄同株植物。

                  17. 子房 2 室;果为蒴果 ············· 四〇、**金缕梅科 Hamamelidaceae**

                  17. 子房 1 室;果为坚果或核果 ············· 八、**榆科 Ulmaceae**

                16. 雌雄异株植物。

                  18. 草本或草质藤本;叶为掌状分裂或掌状复叶 ········· 九、**桑科 Moraceae**

                  18. 木本植物;叶为单叶或羽状三出复叶,小叶片全缘或具锯齿 ·········· ························· 五一、**大戟科 Euphorbiaceae**

      4. 花两性或单性;但不成葇荑花序。

176 ·

19.花无花被。

20.花排列成密穗状花序。

21.雌蕊由 3～4 个近乎分离或结合的心皮构成,结合时,子房 1 室,有少数至多粒胚珠;叶互生……
……………………………………………………… 一、**三白草科 Saururaceae**

21.雌蕊由 1 个心皮构成,子房 1 室,有 1 粒胚珠;叶对生 ………… 二、**金粟兰科 Chloranthaceae**

20.花不排列成穗状花序。

22.乔木,稀灌木。

23.雌蕊由 4～多个分离心皮构成。

24.叶互生;花常两性;果为翅果,下端细长成柄 ………… 二四、**领春木科 Eupteleaceae**

24.叶在长枝上对生,但在短枝上仅有 1 枚叶;花单性异株,果为蓇葖果
…………………………………… 二五、**连香树科 Cercidiphyllaceae**

23.雌蕊由 2 个心皮结合而成;花单性异株。

25.落叶乔木;枝叶折断具胶丝;小坚果周围被一卵状长椭圆形的薄革质翅所包围 …………
…………………………………………………… 四一、**杜仲科 Eucommiaceae**

25.常绿乔木;枝叶无胶丝;核果 ………… 五二、**交让木科 Daphniphyllaceae**

22.草本。

26.陆生植物,具乳汁;雄花、雌花同生于杯状体内,外观似一个两性花;子房 3 室;蒴果 ………
………………………………………………………… 五一、**大戟科 Euphorbiaceae**

26.水生或沼生植物,无乳汁;雄花和雌花单生于叶腋;子房 4 室,4 浅裂;具 4 个分离小核果 …
………………………………………………………… 五三、**水马齿科 Callitrichaceae**

19.花有花萼;有时具由花瓣变形的蜜腺叶。

27.子房和花萼分离,即子房上位。(次项 27 见第 179 页)

28.雌蕊由 2 至多数分离或近于分离的心皮构成。

29.花丝分离;草本或木本。

30.果为瘦果,藏在萼筒内 ………… 四三、**蔷薇科 Rosaceae**

30.果不藏在萼筒内。

31.浆果;花萼常呈花冠状。

32.直立或蔓生木本;叶为羽状或掌状复叶 ………… 二七、**木通科 Lardizabalaceae**

32.多汁草本;单叶;花两性 ………… 九、**商陆科 Phytolacaceae**

31.开裂或不开裂的干果。

33.花萼常显著,呈花冠状;蓇葖果或瘦果 ………… 二六、**毛茛科 Ranunculaceae**

33.花萼小形,不呈花冠状;蒴果,有 5 个角状突起 …………………………
……………………… 五八、**虎耳草科 Saxifragaceae**(扯根菜属 *Penthorum* Linn.)

29.花丝连合成单体;花单性,或两性混生;果为蓇葖果;乔木 …………
…………………………………………………… 六九、**梧桐科 Sterculiaceae**

28.雌蕊仅有由 1 个心皮构成的单雌蕊,或由 2～数个心皮结合而成的复合雌蕊。

34.木本植物。

35.子房 1 室。

36.单叶。

37.花药 2 或 4 瓣裂;枝叶折断常具樟脑味 ………… 三二、**樟科 Lauraceae**

37.花药纵向开裂;枝叶折断无樟脑味。

38.雄蕊比萼片的倍数多;花两性 ………… 七五、**大风子科 Flacountiaceae**

38.雄蕊与萼片同数或为萼片的倍数;花通常两性,花萼结合成长筒,常呈花冠状。

39. 枝、叶和花均被有银白色或棕色的鳞毛；花萼筒或其下部宿存
 …………………………… 八〇、**胡颓子科 Elaeagnaceae**
39. 枝、叶和花无上述鳞状毛；花萼筒整个脱落
 …………………………… 七九、**瑞香科 Thymelaeaceae**
 36. 羽状复叶；花单性，异株；核果
 ………………… 五五、**漆树科 Anacardiaceae**（黄连木属 *Pistacia* Linn.）
35. 子房 2 至多室。
 40. 雄蕊和萼片同数，互生 ……………………………… 六四、**鼠李科 Rhamnaceae**
 40. 雄蕊和萼片同数且对生，或不同数。
 41. 叶互生。
 42. 单叶。
 43. 子房下位或半下位；果为蒴果，成熟后 2 裂 …………………
 ……………………… 四〇、**金缕梅科 Hamamelidaceae**
 43. 子房上位；果为核果或浆果状，成熟后为蒴果。
 44. 果为蒴果，3～数室，成为核果或浆果状；胚珠具腹脊 …………
 ……………………… 五一、**大戟科 Euphorbiaceae**
 44. 果为核果状；胚珠具背脊 ……………… 五四、**黄杨科 Buxaceae**
 42. 羽状复叶，果为核果状 …………………… 六一、**无患子科 Sapindaceae**
 41. 叶对生。
 45. 果为翅果。
 46. 果分为 2 个分果，顶端各具长翅 …………… 五九、**槭树科 Aceraceae**
 46. 果为 1 个小坚果，顶端具长翅 ………… 一〇〇、**木犀科 Oleaceae**
 45. 果为由 3 个心皮结合而成的蒴果；叶常绿 ……… 五四、**黄杨科 Buxaceae**
34. 草本植物或亚灌木。
 47. 子房 1 室。
 48. 胚珠 1 粒。
 49. 茎节上通常围抱有鞘状的托叶鞘；叶互生 ………… 五、**蓼科 Polygonaceae**
 49. 茎节上无托叶鞘。
 50. 花萼有色彩，呈花冠状，其基部残留，随果发育；花下有总苞；叶对生
 ……………………… 一八、**紫茉莉科 Nyctaginaceae**
 50. 花萼不呈花冠状。
 51. 花柱自子房一侧面基部生出。
 52. 叶互生；雄花的花萼裂片和雄蕊同为 4 数
 ………………… 九、**桑科 Moraceae**（水蛇麻属或桑草属 *Fatoua* Gaud.）
 52. 叶对生；雄的花萼 2～3 裂，雄蕊 6～多数
 ……………………… 八九、**假繁缕科 Theligonaceae**
 51. 花柱顶生或柱头顶生。
 53. 果为瘦果；叶为单叶。
 54. 花柱 1 条；胚珠直立 ………… 一〇、**荨麻科 Urticaceae**
 54. 花柱 2 条或 2 裂；胚珠悬垂 ……………… 九、**桑科 Moraceae**
 53. 果为胞果，如为瘦果，则叶为羽状复叶。
 55. 花萼和雄蕊下位；无托叶；单叶；胞果。
 56. 花萼膜质、干燥，常有彩色；雄蕊基部常结合 …………
 ……………………… 一七、**苋科 Amaranthaceae**

56.花萼草质、绿色;雄蕊分离 ……………………………………

………………………………… 一六、**藜科 Chenopodiaceae**

55.花萼和雄蕊周位;具托叶;羽状复叶;瘦果 ………………………

……… 四三、**蔷薇科 Rosaceae**(地榆属 *Sanguisorba* Linn.)

48.胚珠多粒;果为蒴果;萼片 2 枚,早落;叶片掌状分裂;茎、叶折断有红色液汁

………………………… 三三、**罂粟科 Papaveraceae**(博落回属 *Macleaya* R. Br.)

47.子房 2 至多室。

57.花两性。

58.果为角果,由假隔膜隔成 2 室;叶基生或互生 ……… 三五、**十字花科 Cruciferae**

58.果为蒴果。

59.叶对生或轮生;草本;花萼分离;子房 3 室……………

……………………… 二〇、**番杏科 Aizoaceae**(粟米草属 *Mollugo* Linn.)

59.叶对生;草本或木本;花萼结合成筒状或钟状;子房 2 室

……………………………………………… 八一、**千屈菜科 Lythraceae**

57.花单性。

60.通常为一年生草本或亚灌木;果为蒴果;植物体具乳汁 …………………

………………………………………………… 五一、**大戟科 Euphorbiaceae**

60.常绿或半常绿亚灌木;果为浆果状蒴果,如为蒴果则果上有 3 个角状突起

……………………………………………… 五四、**黄杨科 Buxaceae**

27.子房和花萼结合,即子房下位,或半下位。

61.半寄生植物。

62.多年生纤细草本,常生在其他植物的根上;果为核果或坚果;叶互生 ……………

……………………………………………… 一二、**檀香科 Santalaceae**

62.常绿或半常绿灌木;常寄生在其他木本植物的茎干上;果为浆果;叶通常厚而革质,对生…

……………………………………………… 一三、**桑寄生科 Loranthaceae**

61.非寄生植物。

63.木本植物;子房 2 室;花柱 2 条;蒴果木质,2 裂 ………… 四〇、**金缕梅科 Hamamelidaceae**

63.草本,或蔓生灌木。

64.茎蔓生;花萼呈花冠状,常 3 裂;子房 6 室;蒴果不规则开裂 …………………

……………………………………………… 一四、**马兜铃科 Aristolochiaceae**

64.茎直立;花萼非花冠状,5 裂;子房 1～2 室;蒴果 2 裂 …………………

……………………………………………… 三八、**虎耳草科 Saxifragaceae**

3.花具花萼和花冠,或有两层以上明显分化的花被片。

65.子房和花萼分离,即子房上位。(次项 65 见第 184 页)

66.食虫植物;叶变为捕虫器,常具感觉敏锐的毛;花两性 ………… 三五、**茅膏菜科 Droseraceae**

66.非食虫植物。

67.成熟雄蕊大都在 10 枚以上,通常多数,或其数超过花瓣的两倍。

68.雌蕊由 2～多个分离或近于分离的心皮构成。

69.水生草本植物,叶片盾形,全缘;萼片、花瓣各 3 枚,或花瓣多数…………

……………………………………………… 二三、**睡莲科 Nymphaeaceae**

69.陆生植物。

70.雄蕊着生在花托或花盘上。

71.木本；萼片、花瓣数常为 3，或为 3 的倍数；茎节上常具托叶痕 ……… 三〇、**木兰科 Magnoliaceae**

71.草本或小灌木；萼片、花瓣数通常为 5 枚 ……………… 二六、**毛茛科 Ranunculaceae**

70.雄蕊着生在花萼上；果为蓇葖果、瘦果或核果，聚生于平坦或突起的花托上，或藏于壶状的花托中；木本或草本，通常具托叶 ……………………………… 四三、**蔷薇科 Rosaceae**

68.雌蕊由 1 个心皮构成，或由 2～数个心皮结合而成。

72.子房 1 室，稀为不完全 3～5 室。

73.木本；胚珠 2 粒；果为核果 …………………………………… 四三、**蔷薇科 Rosaceae**

73.草本或木本；胚珠多粒。

74.叶对生；叶片上常有透明或黑色小腺点；花丝常结合成数束 ………………………
……………………………… 七二、**金丝桃科 Hypericaceae**（藤黄科 Guttiferae）

74.叶互生；叶片上无透明或黑色小腺点。

75.草本；植物体含乳汁或黄色汁液；萼片 2 枚，早落 ……………… 三三、**罂粟科 Papaveraceae**

75.草本或木本；植物体无乳汁或黄色汁液；萼片或花萼的裂片不止 2 枚。

76.单叶或掌状复叶；子房具子房柄，有 2 个侧膜胎座；蒴果 ………………
……………………………… 三四、**山柑科**（白花菜科）**Capparidaceae**

76.单叶；子房无柄；有数个侧膜胎座；浆果或核果 ……… 七五、**大风子科 Flacourtiaceae**

72.子房 2～多室。

77.萼片在花蕾中镊合状排列。

78.花药 1 室，花粉粒表面具刺，花丝结合成筒状；果实裂为数个分果 …… 六八、**锦葵科 Malvaceae**

78.花药 2 室，花粉粒表面不具刺。

79.花丝结合成筒状，常混有不完全雄蕊；果通常为分果 ………… 六九、**梧桐科 Sterculiaceae**

79.花丝完全分离，稀成 5～10 束。

80.叶对生，稀轮生或互生；无托叶；花瓣有细长的瓣柄，缘部呈波状或细裂为流苏状；蒴果……
……………………………… 八一、**千屈菜属 Lythraceae**

80.叶互生，稀对生；具托叶；花瓣无柄。

81.落叶乔木、灌木、半灌木或草本；叶片具 3～5 条基出脉；花药纵裂…………………
……………………………… 六七、**椴树科 Tiliaceae**

81.常绿乔木或灌木；叶片具羽状脉；花药顶孔开裂 …… 六六、**杜英科 Elaeocarpaceae**

77.萼片在花蕾中覆瓦状或旋转状排列。

82.叶互生。

83.叶片具透明小亮点；果为柑 ……………………… 四七、**芸香科 Rutaceae**

83.叶片不具透明小亮点。

84.蔓生或攀援灌木；花单性异株，雄蕊互相分离 ……… 七〇、**猕猴桃科 Actinidiaceae**

84.直立木本；花通常两性，稀单性异株；雄蕊至少外层连成单体，或连成 3～5 束着生于花瓣的基部 ……………………………… 七一、**山茶科 Theaceae**

82.叶对生；叶片常具透明或暗色小点；蒴果 …………… 七二、**金丝桃科 Hypericaceae**（藤黄科 Guttiferae）

67.成熟雄蕊 10 枚或较少，如多于 10 枚时，其数并不超过花瓣的 2 倍。

85.雌蕊由 2～数个分离或近于分离的心皮构成。

86.肉质草本；花的各轮同数，且分离；果为蓇葖果 ………… 三七、**景天科 Crassulaceae**

86.非肉质植物。

87.叶片常有透明小亮点；花两性或单性；果为蓇葖果或蒴果 ……… 四七、**芸香科 Rutaceae**

87.叶片无透明小点。

88.花常两性。

89.子房深5裂,至成熟时分离成5个分果,花柱相连;草本 ……… 四六、**牻牛儿苗科 Geraniaceae**
89.子房完整;果不为分果。
　　90.叶互生。
　　　　91.叶常有托叶;果为瘦果;种子1颗 ……………………… 四三、**蔷薇科 Rosaceae**
　　　　91.叶无托叶;果为蓇葖果;种子多颗 ………………… 三八、**虎耳草科 Saxifragaceae**
　　90.叶对生。
　　　　92.单叶;果为瘦果,藏在壶状花托内 ……………… 三一、**蜡梅科 Calycanthaceae**
　　　　92.复叶;果为蓇葖果 …………………………… 五八、**省沽油科 Staphyleaceae**
88.花单性或单性花和两性花混生。
　　93.乔木。
　　　　94.叶为单叶,掌状分裂;花雌雄同株;果为小坚果,再集成球状果序 ………………………
　　　　　　………………………………………………………… 四二、**悬铃木科 Platanaceae**
　　　　94.叶为羽状复叶;单性花和两性花混生;果为翅果或核果
　　　　　　………………………………………………………… 四八、**苦木科 Simaroubaceae**
　　93.蔓生木质植物;果为核果 ……………… 二九、**防己科 Menispermaceae**
85.雌蕊由1个心皮构成,或由2～数个心皮结合而成。
　　95.肉质寄生植物;无叶绿素,叶退化成鳞片状;雄蕊为花瓣的倍数;蒴果 ………………………
　　　　…………………………………………………………… 九三、鹿蹄草科 Pyrolaceae
　　95.非寄生植物。
　　　　96.子房1室,或因假隔膜分成数室,或子房内有不完全的数室,或上部1室,下部数室。
　　　　97.果为荚果;花冠或极不整齐,呈蝶形,或稍不整齐,或完全整齐 ……… 四四、**豆科 Leguminosae**
　　　　97.果非荚果。
　　　　　　98.花药瓣裂,雄蕊与花瓣同数并对生;浆果或蒴果 ……… 二八、**小檗科 Berberidaceae**
　　　　　　98.花药纵裂。
　　　　　　　　99.子房内有1粒胚珠。
　　　　　　　　　　100.直立木本;雄蕊分离。
　　　　　　　　　　　　101.羽状复叶;托叶早落;花柱1条,顶生;蒴果、浆果或核果 …………………………
　　　　　　　　　　　　　　…………………………………………… 五八、**省沽油科 Staphyleaceae**
　　　　　　　　　　　　101.羽状复叶或单叶;无托叶;花柱3条或3裂,侧生或顶生 ………………………
　　　　　　　　　　　　　　…………………………………………… 五五、**漆树科 Anacardiaceae**
　　　　　　　　　　100.茎蔓生;雄花的雄蕊结合成一体;核果 ……… 二九、**防己科 Menispermaceae**
　　　　　　　　99.子房内有2～多粒胚珠。
　　　　　　　　　　102.花冠整齐,或近于整齐。
　　　　　　　　　　　　103.果为浆果;具盾状单叶的草本,或为具2～3回羽状复叶的小灌木 …………
　　　　　　　　　　　　　　…………………………………………… 二八、**小檗科 Berberidaceae**
　　　　　　　　　　　　103.果非浆果,开裂。
　　　　　　　　　　　　　　104.侧膜胎座。
　　　　　　　　　　　　　　　　105.叶小,鳞形,无叶柄,互生;木本 ……… 七三、**柽柳科 Tamaricaceae**
　　　　　　　　　　　　　　　　105.叶非鳞形。
　　　　　　　　　　　　　　　　　　106.花瓣4枚;雄蕊6枚;草本。

107.雄蕊 6 枚,四强,偶 2～4 枚;子房无柄,由假隔膜隔成 2 室

　　　　…………………………………………………… 三五、**十字花科 Cruciferae**

107.雄蕊 6 枚,非四强;子房有柄 ……… 三四、**山柑科(白花菜科) Capparidaceae**

106.花瓣、雄蕊各为 5 枚。

108.木本;下位花,雄蕊和花瓣生于花托上 …………………………………………

　　　　………………………………………………… 三九、**海桐花科 Pittosporaceae**

108.草本;周位花,雄蕊和花瓣生于花萼上 ………………………………………

　　　　…………………………………………………… 三八、**虎耳草科 Saxifragaceae**

104.特立中央胎座或基底胎座。

109.萼片 2 枚;雄蕊和花瓣同数,对生;子房下位;蒴果盖裂…………………………

　　　　…………………………………………………… 二一、**马齿苋科 Portulacaceae**

109.萼片 4～5 枚;雄蕊常为花瓣的倍数,稀同数;子房上位;蒴果齿裂或浆果

　　　　………………………………………………… 二二、**石竹科 Caryophyllaceae**

102.花冠不整齐;草本。

110.二回三出羽状复叶;花瓣 4 枚,外方的 1 片常有距或呈驼背状;雄蕊 6 枚,结合成 2 束

　　　　…………………………………………………… 三三、**罂粟科 Papaveraceae**

110.单叶;花瓣和雄蕊均为 5 枚,分离;花瓣下面 1 枚有距 ………………………

　　　　………………………………………………………… 七四、**堇菜科 Violaceae**

96.子房 2～5 室。

111.花冠整齐,或近于整齐。

112.雄蕊和花瓣同数,对生。

113.花丝分离;子房每室有 1 或 2 粒胚珠。

114.蔓生草本,具茎卷须;花瓣在花蕾中镊合状排列,早落;浆果 ……… 六五、**葡萄科 Vitaceae**

114.直立或蔓生木本,不具茎卷须。

115.直立木本,有时呈蔓生状;萼片镊合状排列;花瓣细小;核果、翅果或浆果 …………

　　　　…………………………………………………… 六四、**鼠李科 Rhamnaceae**

115.蔓生或直立木本;萼片覆瓦状排列;花瓣比萼片大;核果 ……… 六二、**清风藤科 Sabiaceae**

113.花丝全部结合成筒状;子房每室有数至多粒胚珠 ………… 六九、**梧桐科 Sterculiaceae**

112.雄蕊和花瓣同数,互生,或不同数。

116.叶具透明小亮点;单叶或复叶 …………………………… 四七、**芸香科 Rutaceae**

116.叶无透明小亮点。

117.十字形花冠;四强雄蕊,或有时有 2 枚或 4 枚雄蕊;子房内被假隔膜分成 2 室;草本…………

　　　　…………………………………………………… 三五、**十字花科 Cruciferae**

117.非前述形态植物。

118.果实分为 2 个分果,在顶端各具翅(双翅果);木本;叶对生 ……… 五九、**槭树科 Aceraceae**

118.非双翅果。

119.叶为单叶。

120.果实成熟时分裂为 5 个分果,但花柱相连 ………… 四六、**牻牛儿苗科 Geraniaceae**

120.果实不成为分果。

121.木本植物。

122.雄蕊数为花瓣数的倍数;浆果 …………… 七六、**旌节花科 Stachyuraceae**

122.雄蕊与花瓣同数。

123.果为蒴果;种子无假种皮;子房每室有多粒或1~2粒胚珠。

124.花柱1条,子房2~3室;蒴果开裂为2果瓣;无托叶 …………

……………… 三八、**虎耳草科 Saxifragaceae**(鼠刺属 *Itea* Linn.)

124.花柱2条,子房2室;蒴果通常开裂为4瓣;常有托叶 …………

……………… 四○、**金缕梅科 Hamamelidaceae**

123.果为核果,如为蒴果,则种子具假种皮。

125.花具花盘;果为具纵3翅的小坚果或为蒴果,种子具假种皮,稀浆果或

核果 ……………… 五七、**卫矛科 Celastraceae**

125.花无花盘;果为浆果状核果 …………… 五六、**冬青科 Aquifoliaceae**

121.草本或亚灌木植物。

126.叶互生;蒴果球形,常有钩刺 …………… 六七、**椴树科 Tiliaceae**

126.叶基生、对生或轮生,稀互生;蒴果无钩刺。

127.叶对生,稀轮生或互生;花药纵裂 …………… 八一、**千屈菜科 Lythraceae**

127.叶基生或互生;花药孔裂或短纵裂 …………… 九三、**鹿蹄草科 Pyrolaceae**

119.叶为复叶。

128.木本植物。

129.叶互生。

130.雄蕊分离。

131.发育雄蕊5枚,着生于子房柄上;果为木质或革质的蒴果;种子一端或两端具翅 …………

……………… 四九、**棟科 Meliaceae**(香椿属 *Toona*(Endl.)Roem.)

131.雄蕊不如前状着生。

132.果为核果状的分果,或具假种皮的核果状,或为膀胱状蒴果 …………

……………… 六一、**无患子科 Sapindaceae**

132.果为核果,不具假种皮;常有乳状液汁或树脂状液汁 …………

……………… 五五、**漆树科 Anacardiaceae**

130.雄蕊结合成筒状;果为核果、浆果或蒴果 …………… 四九、**棟科 Meliaceae**

129.叶对生;子房2~3浅裂;果为膀胱状蒴果,或蓇葖果,或肉质或革质果实 …………

……………… 五八、**省沽油科 Staphyleaceae**

128.草本植物。

133.叶为掌状复叶;雄蕊为花瓣的倍数;子房5室;蒴果 …………… 四五、**酢浆草科 Oxalidaceae**

133.叶为二至四回三出复叶;果为蒴果或蓇葖果 …………

……………… 三八、**虎耳草科 Saxifragaceae**(落新妇属 *Astible* Buch.－Ham.)

111.花冠不整齐。

134.花药纵裂。

135.花瓣5枚,外面3枚圆形,内面2枚极小;雄蕊5枚,仅内面2枚完全,而且常与内面2枚花瓣合生;

果为核果;木本,直立或藤本 …………… 六二、**清风藤科 Sabiaceae**

135.花非前述形态;蒴果。

136.草本;叶非单叶。

137.叶对生,稀轮生或互生;花萼圆筒形,基部有囊状突起;子房2室 …………

……………… 八一、**千屈菜科 Lythraceae**

137.肉质草本;叶互生,稀对生;下萼片大,花瓣状,囊状,向外延伸成一距;子房5室 …………

……………… 六三、**凤仙花科 Balsaminaceae**

136. 木本;叶为掌状复叶,对生 ………………………………… 六〇、七叶树科 Hippocastanaceae
　134. 花药顶孔开裂,或开一短裂隙;雄蕊 8 枚,花丝结合成筒状,向后裂开;草本或木本 …………………
　　………………………………………………………………………… 五〇、远志科 Polygalaceae
65. 子房和花萼结合,即子房下位或半下位。
　138. 茎肉质多浆,具针刺多数;大多不生寻常叶 ……………………… 七八、仙人掌科 Cactaceae
　138. 不同于仙人掌科的植物。
　　139. 雄蕊数多于 10 枚或比花瓣的倍数多。
　　　140. 乔木或灌木。
　　　　141. 叶片和花具透明小点;叶对生 ………………………… 八五、桃金娘科 Myrtaceae
　　　　141. 叶片和花瓣无透明小点。
　　　　　142. 子房多室,室上下叠生,上室有侧膜胎座,下室有中轴胎座;种子有肉质的外种皮;枝常有刺
　　　　　　叶大部对生 ………………………………………… 八二、石榴科(安石榴科)Punicaceae
　　　　　142. 子房 2~6 室,不上下叠生;种子无肉质或多汁的外种皮;叶互生或对生。
　　　　　　143. 叶互生,有托叶;果为梨果 ……………………………… 四三、蔷薇科 Rosaceae
　　　　　　143. 叶对生或互生,稀轮生;无托叶;果为蒴果
　　　　　　　…………………… 三八、虎耳草科 Saxifragaceae(绣球花属 Hydrangea Linn.)
　　　140. 草本。
　　　　144. 花两性;子房 1 室;通常为肉质草本 ………………… 二一、马齿苋科 Portulacaceae
　　　　144. 花单性;子房有纵棱或翅,2~3 室;多汁阴生草本 ……… 七七、秋海棠科 Begoniaceae
　　139. 雄蕊和花瓣同数,或为花瓣的倍数。
　　　145. 萼片、花瓣、雄蕊各 2 枚;果为瘦果,常具钩毛;草本 …………………………………………
　　　　……………………………… 八七、柳叶菜科 Onagraceae(露珠草属 Circaea Linn.)
　　　145. 萼片、花瓣、雄蕊各 4、5、6 枚。
　　　　146. 子房 1~数室,每室有 1 粒胚珠。
　　　　　147. 雄蕊和花瓣同数,对生;木本 ………………… 六四、鼠李科 Rhamnaceae
　　　　　147. 雄蕊和花瓣同数,互生,或不同数。
　　　　　　148. 花柱 1 条。
　　　　　　　149. 花瓣 4~10 枚,细长,初合成筒状,后向外反卷;聚伞花序 ……… 八四、八角枫科 Alangiaceae
　　　　　　　149. 花瓣 4 或 5 枚,形状不如前状。
　　　　　　　　150. 叶互生;萼的裂片和花瓣常各 5 枚;花集成头状或小伞房状或伞形状花序;两性花和雄
　　　　　　　　　花均有花瓣 ………………………… 八三、蓝果树科(珙桐科)Nyssaceae
　　　　　　　　150. 叶通常对生,稀互生;萼片和花瓣常各 5 枚;聚伞花序合成头状或圆锥状花序,或生于
　　　　　　　　　叶片的上面 ………………………… 九二、山茱萸科(四照花科)Cornaceae
　　　　　　148. 花柱 2~5 条。
　　　　　　　151. 伞房花序或总状花序。
　　　　　　　　152. 多年生小草本;叶常对生,但上部者互生;果为核果,常具棱 ……………………
　　　　　　　　　……………………………………………… 八八、小二仙草科 Haloragidaceae
　　　　　　　　152. 木本。
　　　　　　　　　153. 梨果 ………………………………………… 四三、蔷薇科 Rosaceae
　　　　　　　　　153. 蒴果 …………………………………… 四〇、金缕梅科 Hamamelidaceae
　　　　　　　151. 伞形花序,或复伞形花序,或由伞形花序组成的圆锥花序。

154.木本,少为草本;果为核果或浆果;伞形花序,或圆锥花序…… 九〇、**五加科 Araliaceae**

154.草本,稀亚灌木;果为双悬果;复伞形花序或伞形花序,稀圆锥状花序………………
…………………………………… 九一、**伞形科 Apiaceae**(Umbelliferae)

146.子房1～数室,每室有少数至多数胚珠。

155.子房1室。

156.灌木;浆果…………………… 三八、**虎耳草科 Saxifragaceae**(茶藨子属 *Ribes* Linn.)

156.攀援藤本,有茎卷须;瓠果 ……………………… 一二三、**葫芦科 Cucurbitaceae**

155.子房2～数室。

157.花药纵裂。

158.萼筒狭长;花柱1条 ……………………… 八七、**柳叶菜科 Onagraceae**

158.萼筒短浅,花柱2～5 ……………………… 三八、**虎耳草科 Saxifragaceae**

157.花药顶端孔裂;叶对生或互生,有3～9条基出大脉;子房4～5室;木本或草本………
…………………………………… 八六、**野牡丹科 Melastomataceae**

2.花有二轮花被片,分为花萼和花冠,花瓣基部或全部连合(但鹿蹄草科有时分离)。

159.子房上位。(次项159见第187页)

160.食虫植物或寄生植物。

161.食虫植物;陆生、湿生或水生;以叶或小囊体为捕虫工具;雄蕊2枚;特立中央胎座;蒴果…………
…………………………………… 一一五、**狸藻科 Lentibulariaceae**

161.寄生植物;具鳞片状叶。

162.茎直立;寄生在其他植物的根上。

163.花冠整齐;雄蕊为花冠裂片的倍数 ……………… 九三、**鹿蹄草科 Pyrolaceae**

163.花冠唇形;雄蕊4枚 ……………………… 一一三、**列当科 Orobanchaceae**

162.茎细长,缠绕在生活植物的茎枝上;雄蕊和花冠裂片同数
…………………………… 一〇五、**旋花科 Convolvulaceae**(菟丝子属 *Cuscuta* Linn.)

160.非食虫植物,也非寄生植物。

164.雄蕊数多于花冠裂片。

165.雌蕊由4～5个分离心皮构成;果为蓇葖果;肉质草本 …… 三七、**景天科 Crassulaceae**

165.雌蕊由1心皮构成,或2～多数心皮结合而成。

166.雌蕊由1个心皮构成;果为荚果或节荚;叶为二回羽状复叶 ……… 四四、**豆科 Leguminosae**

166.雌蕊由2～多个心皮结合而成;果非荚果。

167.花柱2～多条。

168.雄蕊合生成单体或其花丝于基部互相合生。

169.叶为复叶,通常有小叶3片 …………………… 四五、**酢浆草科 Oxalidaceae**

169.叶为单叶。

170.有托叶;萼片镊合状排列 …………………… 六八、**锦葵科 Malvaceae**

170.无托叶;萼片覆瓦状排列 …………………… 七一、**山茶科 Theaceae**

168.雄蕊花丝离生。

171.冬芽裸出;叶缘具锯齿,稀全缘;萼片离生 …… 七一、**山茶科 Theaceae**

171.冬芽不裸出;叶全缘;萼片合生 …………… 九七、**柿树科 Ebenaceae**

167.花柱1条,或先端浅裂。

172.花冠不整齐。

173.萼片2枚,等大,早落;子房1室,有胚珠2～多粒;雄蕊6枚,合生成2束 ………
…………………………………… 三三、**罂粟科 Papaveraceae**

173. 萼片 5 枚,不等大;子房 2 室,每室有胚珠 2 粒;雄蕊 4~8 枚,花丝合生成鞘…………
………… 五〇、**远志科 Polygalaceae**

172. 花冠整齐。

174. 花药纵裂;雄蕊着生于花冠上,连合成单体或其花丝于基部连合 …………
………… 九九、**野茉莉科**(安息香科) **Styracaceae**

174. 花药顶孔开裂;雄蕊不着生于花冠上,各自分离。

175. 草本植物;叶基生,稀对生或轮生 …………… 九三、**鹿蹄草科 Pyrolaceae**

175. 木本植物;叶互生 ………………………… 九四、**杜鹃花科 Ericaceae**

164. 雄蕊数不多于花冠裂片数。

176. 雄蕊和花冠裂片同数且对生。

177. 木本;核果,稀浆果 …………………… 九五、**紫金牛科 Myrsinaceae**

177. 草本;蒴果 …………………………… 九六、**报春花科 Primulaceae**

176. 雄蕊和花冠裂片同数而互生;或雄蕊数较花冠裂片为少。

178. 雌蕊由 2 个分离或近于分离的心皮构成(子房完全分离,或子房深 2~4 裂瓣,后成 2~4 个分果)。

179. 心皮 2 个离生,子房 2 个,成熟时为 2 角状蓇葖果,稀核果或蒴果,各含多颗种子;植物体有乳汁。

180. 叶柄基部至叶柄间(不达叶柄顶端)具有钻状或腺状腺体;花粉粒分离,不成花粉块;花柱合生为 1 条 …………………… 一〇三、**夹竹桃科 Apocynaceae**

180. 叶柄的顶端有丛生腺体;花粉结合成花粉块;花柱 2 条 … 一〇四、**萝藦科 Asclepiadaceae**

179. 心皮 2 个合生,子房深 4 裂;植物体无乳汁。

181. 茎方形;叶对生;花冠不整齐,唇形,或近整齐 ……… 一〇八、**唇形科 Labiatae**

181. 茎圆形,叶互生;花冠整齐。

182. 花序常呈蝎尾状总状花序或聚伞花序;花柱 1 条;4 个小坚果 …………
………… 一〇六、**紫草科 Boraginaceae**

182. 花单生;花柱 2 条;蒴果 2 裂;匍匐小草本 …………………
………… 一〇五、**旋花科 Convolvulaceae**(马蹄金属 *Dichondra* J. R. et G. Forst.)

178. 雌蕊由 1 或 2~数个心皮结合而成;子房不深裂。

183. 花冠整齐。

184. 雄蕊和花冠裂片同数。

185. 木本植物;雄蕊和花冠离生 …………… 五六、**冬青科 Aquifoliaceae**

185. 草本或木本植物;雄蕊着生于花冠上。

186. 花冠干膜质,4 裂;叶基生;穗状花序生于花葶上,无茎 …………………
………… 一一八、**车前科 Plantaginaceae**

186. 花冠非干膜质。

187. 子房 1 室。

188. 陆生草本;单叶,根出;花冠裂片呈覆瓦状排列 …… 一一四、**苦苣苔科 Gesneriaceae**

188. 陆生或漂浮水面的草本;叶茎生;花冠裂片常呈旋转状或内折镊合状排列 ………
………… 一〇二、**龙胆科 Gentianaceae**

187. 子房 2~4 室。

189. 叶互生。

190. 蔓生草本;植物体含乳状汁液;子房 2 室,每室有 2 粒胚珠;蒴果,稀浆果
………… 一〇五、**旋花科 Convolvulaceae**

190. 直立草本或灌木;植物体不含乳汁;子房 2 室,或不完全 2 室,每室有多数胚珠;浆果 ………………………… 一〇九、**茄科 Solanaceae**

189.叶对生。

191.具托叶(有时托叶仅为一横线,连接对生的叶柄基部);子房2室,每室有少数至多粒胚珠;果为蒴果或浆果 ……………
……………………………………… 一○一、马钱科 Loganiaceae

191.无托叶;子房4室,每室有1粒胚珠;果为核果 ……………
……………………………………… 一○七、马鞭草科 Verbenaceae

184.雄蕊比花冠裂片少。

192.直立或蔓生木本;叶对生;雄蕊2枚 ……… 一○○、木犀科 Oleaceae

192.木本,雄蕊4枚,或草本,雄蕊2或4枚……… 一一○、玄参科 Scrophulariaceae

183.花冠不整齐。

193.子房1室,或因侧膜胎座深入,成假2室。

194.子房1室,含1粒胚珠;草本;叶对生 ……… 一一七、透骨草科 Phrymataceae

194.侧膜胎座,或因胎座的深入,形成假2室。

195.直立或蔓生木本;叶对生或轮生;种子有翅……… 一一一、紫葳科 Bignoniaceae

195.草本;叶从根茎生出,如有茎,则叶对生;种子无翅……………
……………………………………… 一一四、苦苣苔科 Gesneriaceae

193.子房2~4室。

196.子房每室有1或2粒胚珠;果为核果,有1~4颗种子,或干燥后裂为2~4个分果(小坚果或小核果) ……………… 一○七、马鞭草科 Verbenaceae

196.子房每室有少数至多数胚珠;果为蒴果。

197.植物体常具分泌黏液的腺体毛茸;子房最后裂成4室 ……………
……………………………………… 一一二、胡麻科 Pedaliaceae

197.植物体不具上述毛茸;子房2室。

198.叶对生;胚珠或种子生在胎座的钩状突起或杯状体上;种子无胚乳;蒴果室背开裂,从顶端叉开 ……… 一一六、爵床科 Acanthaceae

198.叶对生或互生;胚珠或种子不生在钩状突起或杯状体上;种子有胚乳;蒴果或浆果 ……… 一一○、玄参科 Scrophulariaceae

159.子房下位或半下位。

199.雄蕊数为花冠裂片数的倍数至多数;木本。

200.叶对生;叶片常有透明的小亮点 ……………… 八五、桃金娘科 Myrtaceae

200.叶互生;叶片不具透明的小亮点。

201.花药纵裂。

202.植物体常具星状毛;子房下部3~5室;果为干燥的核果,常具纵肋或翅…………………
……………………………………… 九九、野茉莉科(安息香科) Styracaceae

202.植物无星状毛;子房有完全的2~5室;果为肉质核果,无翅 ……… 九八、山矾科 Symplocaceae

201.花药顶端孔裂;果为浆果 ……… 九四、杜鹃花科 Ericaceae(越桔属 Vaccinium Linn.)

199.雄蕊和花冠裂片同数,或较少。

203.具茎卷须的攀援或蔓生植物;胚珠及种子均水平生于侧膜胎座上 …… 一二三、葫芦科 Cucurbitaceae

203.不具茎卷须;植物体直立,如攀援亦无卷须;胚珠及种子不呈水平生长。

204.雄蕊的花药各自分离。

205.雄蕊和花冠分离,或近于分离;植物体有乳状汁;叶多互生 …… 一二四、桔梗科 Campanulaceae

205.雄蕊着生在花冠上。

206.子房半下位,顶冠以肉质的花盘;果为核果状,全部为扩大的宿萼所包围 ……………
……………………………………… 一一一、铁青树科 Olacaceae

206. 子房下位。

207. 雄蕊和花冠裂片同数。

208. 叶互生;每子房室内含有多粒胚珠 ･･････････････････ 一二四、**桔梗科 Campanulaceae**

208. 叶对生或轮生;每子房室内含1至多粒胚珠。

209. 叶轮生,如为对生,则叶柄间有托叶存在 ･･････････ 一一九、**茜草科 Rubiaceae**

209. 叶对生;无托叶或稀可有明显的非叶柄间托叶。

210. 灌木,稀小乔木或草本;花序为聚伞状或聚伞圆锥状或花成对着生 ･････

･･････････････････････ 一二〇、**忍冬科 Caprifoliaceae**

210. 草本;花序为头状 ･････････････ 一二二、**川续断科 Dipsacaceae**

207. 雄蕊数比花冠裂片数少。

211. 子房1室。

212. 叶基生或对生,常不等大;花单生或聚伞花序;侧膜胎座;果为蒴果･････････

･･････････････････ 一一四、**苦苣苔科 Gesneriaceae**

212. 叶对生,稀轮生;具总苞的头状花序;顶生胎座;果为瘦果････････

･･････････････････ 一二二、**川续断科 Dipsacaceae**

211. 子房2～4室。

213. 木本,叶片全缘或有锯齿････････････････ 一二〇、**忍冬科 Caprifoliaceae**

213. 草本;叶片多分裂 ････････ 一二一、**败酱科 Valerianaceae**

204. 雄蕊的花药互相连合。

214. 花冠整齐或两侧对称;花聚合成头状花序(或在苍耳属 Xanthium Linn. 中,雌花序中仅为一个内具2朵花、外具钩状刺毛的总苞);子房1室,内含1粒胚珠;果为菊果(习称瘦果) ････････

････････････････････ 一二五、**菊科 Compositae**

214. 花冠两侧对称;花单生或成总状或穗状花序;子房2室,内含多粒胚珠;果为蒴果或浆果････････

･･････････････････ 一二四、**桔梗科 Campanulaceae**

1. 叶片多为平行脉或弧形脉,稀为网状脉;花部常为3基数,稀为4基数;胚有1枚子叶;茎内维管束散生或排成2轮,无形成层,无皮层和髓的区别;主根不发达,多为须状根(单子叶植物 Monocotyledoneae)。

215. 乔木或灌木,或其叶片于芽中呈折扇状纵叠;叶大,掌状或羽状分裂 ･･････ 一三二、**棕榈科 Palmae**

215. 草本植物,稀为木质茎(秆),但其叶于芽中不呈折扇状纵叠。

216. 花被缺或不显著,有时呈鳞片状。

217. 花包藏于呈覆瓦状排列的壳状鳞片(颖片)中,由多朵花乃至1朵花形成小穗,由小穗再组成花序。

218. 秆大多数中空,圆筒形;秆生叶呈2纵列;叶鞘一侧常开裂;果为颖果･･････

･･････････････････ 一三〇、**禾本科 Poaceae**(Gramineae)

218. 秆实心,常3棱形;秆生叶呈3纵列;叶鞘封闭,常不开裂;果为瘦果或小坚果 ････････

･･････････････････ 一三一、**莎草科 Cyperaceae**

217. 花不包藏于呈壳状的鳞片中。

219. 植物体极小,无真正的叶片,仅具无茎漂浮水面或沉没水中的叶状体 ････････

････････････････････ 一三四、**浮萍科 Lemnaceae**

219. 植物体常具有茎和叶;其叶有时可呈鳞片状。

220. 水生植物;具沉没水中或漂浮水面的叶片;腋生穗状花序;果为核果状 ･･････

･･････････････････ 一二七、**眼子菜科 Potamogetonaceae**

220. 陆生或沼生植物;通常具有位于空气中的叶片。

221. 花呈圆柱状的肉穗花序,或为聚合成球形的头状花序;常雌雄同株,稀雌雄异株或全为两性花。

222.肉穗花序,外有大型或狭窄剑状的佛焰苞片;叶片常阔大,具网状脉,如为狭长,则具平行脉 ·· 一三三、**天南星科 Araceae**

222.肉穗花序外无佛焰苞片;叶片狭长,线形,二列 ············· 一二六、**香蒲科 Typhaceae**

221.不具前种花序。

223.花单性;头状花序单生于根出叶的花葶顶端;叶片呈禾叶状,有时膜质 ············
··· 一三五、**谷精草科 Eriocaulaceae**

223.花通常两性,排成腋生或顶生的聚伞花序或圆锥花序;叶片扁平或圆柱状,有时退化成膜质的鞘 ···························· 一三八、**灯心草科 Juncaceae**

216.花被存在,通常显著而成花瓣状。

224.子房上位,或花被和子房分离。

225.雌蕊由 3~多个分离心皮构成;水生或沼生植物 ············· 一二八、**泽泻科 Alismataceae**

225.雌蕊由 2~3 个或更多个心皮结合而成。

226.花被分化为花萼和花冠,花冠常为蓝色或紫红色,稀白色;秆有显著的节 ·············
·· 三六、**鸭跖草科 Commelinaceae**

226.花被片彼此相同或近于相同。

227.花小型,花被常为绿色或棕色,排列成侧生或顶生的聚伞花序;蒴果室背 3 瓣裂 ···········
·· 一三八、**灯心草科 Juncaceae**

227.花大型或中型,或有时为小型;花被片多少有些具鲜明的色彩。

228.直立或漂浮的水生植物;雄蕊 6 枚,彼此不相同;花不整齐 ·············
·· 一三七、**雨久花科 Pontederiaceae**

228.陆生植物;雄蕊 6 或 4,彼此相同;花整齐。

229.子房 1 室;花被片和雄蕊为 4 基数;叶轮生或对生于茎上 ·············
·· 一三九、**百部科 Stemonaceae**

229.子房 3~10 室;花被片和雄蕊均为 6~10 基数,如花被片和雄蕊均为 4 基数,则叶均轮生于茎顶 ···························· 一四〇、**百合科 Liliaceae**

224.子房下位或半下位,或花被多少与子房愈合。

230.子房半下位;叶常为禾叶状 ··············· 一四〇、**百合科 Liliaceae**

230.子房完全下位。

231.花通常整齐或近于整齐。

232.水生草本,植物体部分或全部浸没水中 ············· 一二九、**水鳖科 Hydrocharitaceae**

232.陆生草本或肉质灌木状植物。

233.缠绕植物;叶片宽广,具掌状脉及网状脉;叶有柄 ············· 一四二、**薯蓣科 Dioscoreaceae**

233.非缠绕植物;叶片狭窄,具平行脉;叶柄无或不明显。

234.雄蕊 3 枚;叶二列状排列,两侧扁平而无背腹之分,由下向上重叠包裹 ·············
·· 四三、**鸢尾科 Iridaceae**

234.雄蕊 6 枚;叶少数,多少线形,基生 ············· 一四一、**石蒜科 Amaryllidaceae**

231.花不整齐,两侧对称或不对称。

235.花被片均呈花瓣状;雄蕊 1 枚或稀 2 枚,与雌蕊生长在一起而形成一个合蕊柱;花粉成块状
·· 一四七、**兰科 Orchidaceae**

235.花被片不均成花瓣状,其外层形如萼片;雄蕊和花柱分离。

236.后方的 1 枚雄蕊发育而具有花药,其余 5 枚则退化或变形呈花瓣状。

237.花药 2 室;萼片互相合生成 1 筒(即萼筒长度超出下位子房之上,上部再形成萼裂片),有时呈佛焰苞状 ···························· 一四五、**姜科 Zingiberaceae**

237. 花药1室;萼片互相分离或下部互相合生(即萼筒长度与下位子房相等,于果顶再形成萼裂片);各不发育雄蕊呈花瓣状……………………… 一四六、**美人蕉科 Cannaceae**

236. 后方的1枚雄蕊通常为不发育,其余5枚则均发育而具有花药;叶和苞片排成螺旋状;浆果 ……………………………………………… 一四四、**芭蕉科 Musaceae**

第六章 天目山的资源植物

第一节 资源植物概况

天目山保护区拥有十分丰富的资源植物,下面仅就药用植物、蜜源植物、纤维植物、淀粉植物、油料植物、芳香油植物、栲胶植物、野生果树、森林野菜和野生观赏植物 10 大类分别简述之。

一、药用植物

包括常用的中药材原植物和具一定药用价值的民间草药。

据统计,天目山保护区共有药用植物约 1450 种,约占全部维管植物的 70%。由此可见天目山的药用植物的丰富程度,称之为药用植物一大宝库是毫不为过的。其中属浙江道地药材"浙八味"之一的有芍药、浙玄参、白术、麦冬。此外,还有凹叶厚朴、短萼黄连、杜仲、天麻、吴茱萸、山茱萸、竹节人参、五加、明党参、北柴胡、天目地黄、忍冬、桔梗、半夏、天目贝母、黄精、玉竹、黄独、射干、白芨、七叶一枝花、箭叶淫羊藿、乌头、百合、何首乌、三尖杉、藿香、太子参、拳参、雀梅藤、三叶崖爬藤(三叶青)、八角枫、细辛、沙参、威灵仙、大血藤等多种珍贵、稀有或用量大的传统中药材原植物,都是极有开发利用和保护价值的。

二、蜜源植物

凡能为蜜蜂提供花蜜、蜜露和花粉的植物统称为蜜源植物。

据粗略统计,天目山保护区有蜜源植物近 850 种,分属于 93 科。其中多数属木本植物,约占全部蜜源植物的 75%。种类较多的科依次为蔷薇科、豆科、菊科、唇形科、忍冬科、百合科、樟科、槭树科、虎耳草科、马鞭草科、卫矛科、毛茛科、壳斗科、蓼科、五加科、杜鹃花科、兰科、山茶科、木犀科、榆科、冬青科、鼠李科、芸香科、玄参科、猕猴桃科、椴树科等。

天目山的蜜源植物不仅种类繁多,而且一年四季都有主要的蜜源植物:春季有杜鹃花属多种;夏季有椴属、野豌豆属、乌桕属、牡荆属、冬青属、柿属等;秋季有胡枝子属、水苏属、香薷属等;冬季有柃木属多种。

花蜜是蜜蜂酿蜜的主要原料,不同植物的泌蜜量和所酿的蜜质是不同的。天目山的蜜源植物中,泌蜜量丰富且蜜质好的蜜源植物主要有柃木属、楠属、木姜子属、山胡椒属、椴属、槭属、五加属、楤木属、乌桕属、锦带花属、勾儿茶属、胡枝子属等。

花粉是蜜蜂的主要食物,同时也是重要产品,充足的粉源是蜜蜂产蜜的重要条件。通常在一片蜜源中应有适当的粉源植物相搭配,天目山具有不少含粉量较高的种类,如松属、杉属、野桐属及禾本科的许多种类。

天目山的蜜源植物中,有些种类的蜜粉所酿的蜜对蜜蜂或人体是有毒害作用的,如乌头属、藜芦属、博落回的蜜、粉对人体及蜜蜂都有毒;油茶、茶的蜜对人无害但对蜜蜂却有毒害;南烛属、马醉木、闹羊花的蜜则对蜜蜂无害而对人体却有害。

三、纤维植物

主要指茎秆、树皮、叶及叶鞘等纤维含量丰富或质量较好,可利用作为造纸、绳索、编织、纺织或加工其他生活用品、工艺品原料的植物。

经统计,天目山保护区有纤维植物约175种,其中种类较多或资源丰富或利用价值较高的主要为松科、杉科、杨柳科、胡桃科、榆科、桑科、荨麻科、野桐属、南蛇藤属、椴树科、瑞香科、八角枫科及禾本科的一些种类。

造纸原料在这类植物中特别丰富,如青檀为制造宣纸的传统原料。还有桑科、瑞香科、椴树科、杨柳科、榆科等的树皮或木材及禾本科的箬箨、芒秆等都是很好的造纸原料。

四、淀粉植物

指果实、种子、根或茎等含有较丰富的淀粉和糖类物质,可直接食用或经加工提取作为食物或其他工业原料的植物。

据统计,天目山保护区共有这类植物约124种。其中以壳斗科种类最多,利用价值也最大。其种子在广义上称为橡仁,含淀粉约40%,是重要的工业原料。其中栗属的果实可直接食用,特别是板栗,为著名的干果,素有“木本粮食”之称。其他利用价值较高的如:葛根(淀粉含量约20%);百合鳞茎(淀粉含量高达80%);薯蓣类块茎(淀粉含量20%～30%);菝葜类根茎(淀粉含量鲜20%～30%,干45%～55%);金樱子的果实(蔷薇果,含淀粉10%～14%,含糖6%～8%)。

五、油料植物

凡果实或种子中含有较丰富的油脂,可供食用或具工业用途的植物均属此类。

天目山保护区约有这类植物200种,隶属于32科,重要的有冬青科、芸香科、蔷薇科、大戟科、忍冬科、马鞭草科、清风藤科、榆科、山茶科等。其中被研究得较多且价值较高的种类有山鸡椒、山胡椒、大果山胡椒、香樟、浙江樟、天目木姜子、红楠、华东楠、紫楠、浙江楠、檫木、山核桃、华东野核桃、川榛、木通属、黄连木、南蛇藤属、楤木属、臭椿、乌桕属、油桐、茶属、山桐子属、盐肤木、卫矛属、野桐属、接骨木属、冬青属、厚壳树、梾木属、野鸦椿、省沽油、牡荆、算盘子、香椿、榧树等,可见天目山油料植物之丰富。

据研究,黄连木、三叶木通、接骨木、榛等植物的种子含油率均高于40%,南蛇藤属种子含油率约37%,另外如苍耳、山胡椒、灯台树、楤木、臭椿、柿属、山桐子属的种子含油率也都在20%以上。

其中忍冬科的接骨木在东北局部地区作为木本油料植物栽培已有一定历史。据报道,其油属高级食用油,味醇正,无副作用,并具软化血管、防治动脉硬化之功效。其果实含油率为35%～44%,亩产油可达100～125 kg,为花生的2倍、菜籽的4倍,不仅易种易管,且产油期长,有15年以上的丰产期。

六、芳香油植物

芳香油是一类存在于植物体各部分的具挥发性并常有令人愉悦功效的芳香物质,通常作为食品、医药、化妆用品及其他工业品的重要原料。

在天目山保护区的诸多植物中,芳香油含量较高,具一定利用价值的植物约有170种,分属于29科。种类多且芳香油含量高的科主要为唇形科、樟科、伞形科、芸香科、木兰科、菊科、马兜铃科等。另外如猕猴桃科、松科、杉科、柏科、栀子属等也都是重要的芳香油植物。

国内对樟科的山鸡椒等研究较多,其芳香油不仅是高级化妆品原料,且对粮食中的致癌物质——黄曲霉菌具有一定的抑制作用,已作为粮食部门的重要防霉剂。

七、栲胶(鞣料)植物

指植物体单宁含量较高,可用于提取栲胶的种类。栲胶在国民经济建设中用途相当广泛,主要用作鞣革、锅炉用水的软化剂、医药上的收敛剂、印染工业的媒染剂、渔网的处理、制造墨水的原料,以及一些特殊用途如石油工业及制造抗高热耐高压塑料等。

单宁存在于大多数植物的木材、树皮、根、叶、果实及虫瘿中,通常以树皮含量最高。一般要求树皮、木材、果壳等含量在5%以上,根皮、叶片在含量6%以上者方有提取利用价值。

天目山保护区计有这类植物150余种,分属于30科。主要有壳斗科、蔷薇科、薯蓣科、山茶科、蓼科、胡桃科、柿树科、漆树科、槭树科、冬青科等。其中优良的栲胶植物如壳斗科植物,其壳斗亦称橡碗,单宁含量在30%以上;蔷薇科的蔷薇属、悬钩子属,其根皮统称红根,单宁含量也在30%以上,地榆的根,单宁含量达20%~30%;胡桃科植物的树皮均有较高的含量,特别是化香(树皮11.4%,根皮6%,果序22%);槭树科的茶条槭,其树根和叶的单宁含量为18%~21%,为传统的丝棉染料;漆树科的盐肤木,其虫瘿称为五倍子,单宁含量高达70%~80%,既是皮革加工的重要原料,也是医药上重要的收敛剂和止血剂;还有柿树科植物,树皮和未熟果实中的单宁含量也相当高。

八、野生果树

指可资人类直接食用的野果(包括水果和干果),或虽不可直接食用但可作为栽培果树增强抗性、改良品质的嫁接砧木或杂交亲本的种质资源。

天目山保护区计有这类植物102种,分属于22个科。

可直接食用的水果类有猕猴桃科的中华猕猴桃、黑蕊猕猴桃、葛枣猕猴桃、软枣猕猴桃、异色猕猴桃;木通科的木通、三叶木通、尾叶挪藤、五指挪藤、鹰爪枫、钝药野木瓜;木兰科的南五味子、华中五味子、二色五味子;三尖杉科的三尖杉、粗榧;杨梅科的杨梅;桑科的柘树、莨芝、珍珠莲;蔷薇科的野山楂、金樱子、硕苞蔷薇、悬钩子属多种;胡颓子科多种;鼠李科的枳椇属;葡萄科的葡萄属;桃金娘科的赤楠;四照花科的四照花;杜鹃花科的乌饭树属;蓝果树科的蓝果树等。

可直接食用的干果类有银杏、榧树;胡桃科的华东野核桃;桦木科的川榛;壳斗科的栗属、水青冈属、苦槠、甜槠等。

可作栽培果树砧木或杂交亲本的如蔷薇科的樱属多种及豆梨、湖北海棠;胡桃科的化香等。

在上述野生果树中,以蔷薇科的悬钩子属、猕猴桃科的猕猴桃属、葡萄科的葡萄属、木通科多种、杜鹃花科的乌饭树属等具有较高的开发价值。

九、森林野菜

指可作菜肴食用的野生植物及少量不以蔬食为目的的栽培植物。

经统计,天目山保护区有野菜植物约320种(仅指维管植物),分属于77科。

重要的如蕨、紫萁、鱼腥草、虎杖、藜、苋属、马齿苋、荠菜、石龙芮、碎米荠属、地榆、苜蓿属、野豌豆属、紫藤、香椿、黄连木、木槿、五加属、楤木属、树参、水芹、鸭儿芹、豆腐柴、大青、龙葵、枸杞、栀子、败酱属、沙参属、桔梗、印度蒿、牡蒿、蓟属、东风菜、鼠曲草、马兰属、泥胡菜、苦荬菜属、革命菜、刚竹属、薤头、薤白、萱草、紫萼、百合属、菝葜属、凤尾兰、黄独、薯蓣、蘘荷等。

其中以蕨、鱼腥草、薜荔、马齿苋、荠菜、五加属、楤木属、树参、水芹、鸭儿芹、豆腐柴、大青、栀子、败酱属、东风菜、马兰属、革命菜、刚竹属、萱草、菝葜属的牛尾菜、百合属、蘘荷等具有较高的开发价值。

十、观赏植物

天目山,满山都是奇花异草、嘉树珍果,可谓常年芳香不绝、四季艳色常在,春花夏荫、秋实冬雪,美不胜收。众多的野生观赏植物,为天目山增添了无穷的生机、秀色,天目山完全称得上是东南沿海的一座天然花园。

据初步统计,天目山保护区观赏价值较高的野生植物共约670种,分属于108科。

这些植物,或姿态别致,或叶形奇特,或色彩绚丽,或花朵妖媚,或果实鲜艳,不一而足。其中既有高大乔木,又有低矮灌木,也有缠绕藤本,还有形态各异的草本。常绿落叶兼备,高矮刚柔齐全。可谓种类丰富、习性多样、情趣各异、功能完备,能很好地满足各种园林配置、观赏层次的要求。

天目山的野生观赏植物中,从种类上看,以蔷薇科、豆科、百合科、忍冬科、毛茛科、槭树科、杜鹃花科、马鞭草科、虎耳草科、樟科、山茶、冬青科等种类最为丰富。

下面仅就观赏类别及园林用途方面择重要者列之。

(一)观花类

指以观赏具妖艳美丽或具芳香的花或花序为主的植物。如乳源木莲、玉兰、天目木兰、黄山木兰、金线草、瞿麦、乌头属、秋牡丹、草芍药、溲疏属、山梅花属、绣球属、蜡瓣花属、金缕梅、白鹃梅、棣棠、湖北海棠、樱属、鸡麻、东亚唐棣、绣线菊属、合欢属、杭子梢、巨紫荆、胡枝子属、茶属、金丝桃属、旌节花、秋海棠、芫花、毛瑞香、千屈菜、四照花、米饭花、珍珠菜属、杜鹃属、山矾、安息香属、金钟花、醉鱼草、龙胆属、兰香草、香薷属、山萝花、天目地黄、毛蕊花、楸树属、苦苣苔科、白接骨、栀子、香果树、忍冬属、南方六道木、蝴蝶荚蒾、天目琼花、水马桑、沙参属、桔梗、蓟属、野菊、千里光、萱草、百合属、重楼属、石蒜属、射干、鸢尾属、白芨、独花兰、兰属、扇脉杓兰、台湾独蒜兰等。

(二)观果类

指以观赏具鲜艳夺目或奇趣横生的果实或种子为主的植物。如莽草、三尖杉、南方红豆杉、青钱柳、青皮木、构树、野山楂、花楸木、茵芋、小果冬青、铁冬青、垂丝卫矛、野鸦椿、省沽油、猫乳、铜钱树、山桐子属、胡颓子属、赤楠、青荚叶、山茱萸、柿属、紫珠属、大青属、茄属、接骨木、天目琼花、薏苡、菝葜属、天南星属、山姜、血红肉果兰等。

（三）观叶类

指叶形奇特或叶色绚丽者。如：银杏、金钱松、鹅掌楸、山麻杆、构骨、槭属、漆属、枫香、黄连木、乌桕属、树参、吴茱萸五加、阔叶十大功劳、野桐、鸡仔木等。

（四）林木、荫木、叶木类

指具丰姿野趣、在园林中可构成森林群落的骨干树种，或作行道树、孤立木、庇荫树、绿篱、背景树丛的种类。如：金钱松、柳杉、榧树、樟属、楠属、润楠属、倒卵叶木姜子、乌药、响叶杨、柳属、枫杨、交让木、木荷、椴属、刺楸、石楠、大叶冬青、赤杨叶、臭椿、香椿、雷公鹅耳枥、厚皮香、枫香、蓝果树、杭州榆、珊瑚朴、构树、灯台树、女贞属等。

（五）藤本植物

指植株自身不能直立，需依附它物上升者。园林中多用作花架、花廊及墙面等垂直美化的植物。如：南五味子、五味子属、薜荔、珍珠莲、爬藤榕、钻地风属、常春油麻藤、扶芳藤、爬山虎属、葡萄属、蛇葡萄属、蔷薇属、猕猴桃属、中华常春藤、络石、大血藤、木通科、铁线莲属、云实、崖豆藤属、紫藤、凌霄、忍冬属、羊角藤、赤胞属、栝楼属等。

（六）盆栽及桩景植物

指供盆栽观赏和制作树桩盆景的植物。

较好的盆栽植物如：吉祥草、万年青、兰科植物、六角莲、虎耳草、垂盆草、紫金牛属、倒卵叶瑞香等。

重要的桩景树种如：雀梅藤、黄杨属、榔榆、南天竹、银杏、金钱松、水马桑、槭属、胡颓子属、紫藤、构骨、小叶女贞、虎刺、六月雪、老鸦柿、杜鹃属等。

（七）园林地被及花坛道路镶边植物

这类植物有紫堇属、景天属、八宝属、蛇莓、委陵菜属、堇菜属、排草属、连钱草、马蹄金、积雪草、半边莲、结缕草、假俭草、狗牙根、吉祥草、阔叶山麦冬、山麦冬、沿阶草、紫萼、薤头、蝴蝶花等。

第二节　主要资源植物介绍

天目山自然保护区具有丰富的植物资源，本节以表格形式对其中主要的药用植物、食用植物、材用植物、园林植物和工业原料类植物等作一简单介绍。

表 6-1　主要药用植物

科　名	种　名	学　名	药用部位
石杉科	蛇足石杉	*Huperzia serrata*	全草
卷柏科	翠云草	*Selaginella uncinata*	全草
紫萁科	紫萁	*Osmunda japonica*	根状茎
	福建紫萁	*O. cinnamomea* var. *fokiense*	根状茎入药
海金沙科	海金沙	*Lygodium japonicum*	全草或孢子
鳞始蕨科	乌蕨	*Sphenomeris chinensis*	全草及根状茎
凤尾蕨科	贯众	*Cyrtomium fortunei*	根状茎

水龙骨科	瓦韦	*Lepisorus thunbergianus*	全草
	石韦	*Pyrrosia lingua*	叶
苏铁科	苏铁	*Cycas revoluta*	叶、根、花及种子
松科	金钱松	*Pseudolarix amabilis*	根皮及近基部树干皮
杉科	柳杉	*Cryptomeria japonica* var. *sinensis*	树皮
	杉木	*Cunninghamia lanceolata*	树皮及根
柏科	柏木	*Cupressus funebris*	球果、根、枝叶
	侧柏	*Platycladus orientalis*	种子、鳞叶
三白草科	蕺菜（鱼腥草）	*Houttuynia cordata*	全草
	三白草	*Saururus chinensis*	全草
金粟兰科	丝穗金粟兰	*Chloranthus fortunei*	全草
	宽叶金粟兰	*C. henryi*	全草
胡桃科	山核桃	*Carya cathayensis*	种仁、外果皮、根皮
	化香树	*Platycarya strobilacea*	树皮
	枫杨	*Pterocarya stenoptera*	树皮、枝叶
壳斗科（山毛榉科）	小叶栎	*Quercus chenii*	果
榆科	紫弹树	*Celtis biondii*	根皮、茎枝、叶
	榔榆	*Ulmus parvifolia*	根皮、叶
	榉树	*Zelkova schneideriana*	树皮、叶
桑科	小构树	*Broussonetia kazinoki*	全株及叶
	薜荔	*Ficus pumila*	根、茎、藤、叶及果
	桑	*Morus alba*	根、茎、皮、枝、叶、果
荨麻科	苎麻	*Boehmeria nivea*	根
	庐山楼梯草	*Elatostema stewardii*	根、茎叶
	浙江蝎子草	*Girardinia chingiana*	根
	糯米团	*Gonostegia hirta*	全草
	花点草	*Nanocnide japonica*	全草
马兜铃科	马兜铃	*Aristolochia debilis*	全草
	杜衡	*Asarum forbesii*	全草
蓼科	金线草	*Antenoron filiforme*	全草
	短毛金线草	*A. filiforme* var. *neofiliforme*	全草
	何首乌	*Fallopia multiflora*	块根、茎
	萹蓄	*Polygonum aviculare*	全草
	水蓼	*P. hydropiper*	全草

	荭蓼	*P. orientale*	全草
	杠板归	*P. perfoliatum*	全草
	支柱蓼	*P. suffultum*	根
	虎杖	*Reynoutria japonica*	根、茎
	羊蹄	*Rumex japonicus*	根
苋科	牛膝	*Achyranthes bidentata*	根茎
	青葙	*Celosia argentea*	种子
商陆科	美洲商陆	*Phytolacca americana*	根
石竹科	瞿麦	*Dianthus superbus*	全草
	剪夏罗	*Lychnis coronata*	根茎
	剪秋罗	*L. senno*	全草
	孩儿参	*Pseudostellaria heterophylla*	块根
毛茛科	乌头	*Aconitum carmichaeli*	块根
	小升麻	*Cimicifuga japonica*	根状茎
	女萎	*Clematis apiifolia*	全株
	威灵仙	*C. chinensis*	根
	山木通	*C. finetiana*	根、茎、叶、花
	单叶铁线莲	*C. henryi*	根、茎、叶
	芍药	*Paeonia lactiflora*	根
	毛茛	*Ranunculus japonicus*	全草
	猫瓜草(小毛茛)	*R. ternatus*	根
	天葵	*Semiaquilegia adoxoides*	块根
	大叶唐松草	*Thalictrum faberi*	根
	华东唐松草	*T. fortunei*	全草
木通科	木通	*Akebia quinata*	果实和茎藤
	三叶木通	*A. trifoliata*	果实、根、藤
小檗科	安徽小檗	*Berberis anhweiensis*	根皮、茎皮
	箭叶淫洋藿	*Epimedium sagittatum*	全草
	阔叶十大功劳	*Mahonia bealei*	全株
	南天竹	*Nandina domestica*	全株
防己科	木防己	*Cocculus orbiculatus*	藤
	蝙蝠葛	*Menispermum dauricum*	根
	汉防己	*Sinomenium acutum*	茎藤
木兰科	鹅掌楸	*Liriodendron chienense*	叶、根、树皮

	南五味子	*Kadsura longipedunculata*	根茎叶
	凹叶厚朴	*Magnolia officinalis* ssp. *biloba*	树皮、花、果
	华中五味子	*Schisandra elongata*	果
樟科	乌药	*Lindera aggregata*	根
	山胡椒	*L. glauca*	根、树皮、果、叶
	山苍子（山鸡椒）	*Litsea cubeba*	根、果
	檫木	*Sassafras tzumu*	枝、叶、根
罂粟科	黄堇	*Corydalis pallida*	全草
	荷青花	*Hylomecon japonica*	根
	博落回	*Macleaya cordata*	根、茎、叶
十字花科	蔊菜	*Rorippa indica*	全草
景天科	凹叶景天	*Sedum emarginatum*	全草
	垂盆草	*S. sarmentosum*	全草
虎耳草科	落新妇	*Astible chinensis*	根状茎
	虎耳草	*Saxifraga stolonifera*	全草
金缕梅科	枫香	*Liquidambar formosana*	果、树脂
	檵木	*Loropetalum chinense*	根、叶、花、果
杜仲科	杜仲	*Eucommia ulmoides*	树皮
蔷薇科	龙芽草（仙鹤草）	*Agrimonia pilosa*	全草
	枇杷	*Eriobotrya japonica*	叶
	石楠	*Photinia serrulata*	根、叶
	金樱子	*Rosa laevigata*	根、叶、果
	野蔷薇（多花蔷薇）	*R. multiflora*	根、花、果
豆科	山合欢	*Albizzia kalkora*	根、树皮、花
	合欢	*A. julibrissin*	根、树皮、花
	云实	*Caesalpinia decapetala*	种子、花、茎、根
	马棘	*Indigofera pseudotinctoria*	根及全草
	大叶胡枝子	*Lespedeza davidii*	根叶
	野葛	*Pueraria lobata*	根、花
	苦参	*Sophora flavescens*	根
	紫藤	*Wisteria sinensis*	根茎皮及花
酢浆草科	酢浆草	*Oxalis corniculata*	全草
芸香科	柚	*Citrus maxima*	根、叶及果皮
	臭辣树	*Euodia fargesii*	果

	吴茱萸	*E. rutaecarpa*	果
	臭常山	*Orixa japonica*	根
	竹叶椒	*Zanthoxylum armatum*	树皮、果实、叶
棟科	棟树（苦楝）	*Melia azedarach*	树皮、果实、叶
大戟科	叶下珠	*Phyllanthus urinaria*	全草
	蜜柑草	*P. ussuriensis*	全草
	蓖麻	*Ricinus communis*	种子
	乌桕	*Sapium sebiferum*	根皮、叶
	油桐	*Vernicia fordii*	根、茎、叶、花、果
漆树科	黄连木	*Pistacia chinensis*	树皮及叶
	盐肤木	*Rhus chinensis*	虫瘿（五倍子）
冬青科	冬青	*Ilex chinensis*	种子及树皮、叶
卫矛科	卫矛	*Euonymus alatus*	木翅
	扶芳藤	*E. fortunei*	茎、叶
鼠李科	枳椇（拐枣）	*Hovenia dulcis*	果实
葡萄科	刺葡萄	*Vitis davidii*	根
猕猴桃科	中华猕猴桃	*Actinidia chinensis*	根
山茶科	茶	*Camellia sinensis*	根
金丝桃科	元宝草	*Hypericum sampsonii*	全草
堇菜科	紫花地丁	*Viola yedoensis*	全草
蓝果树科	喜树	*Camptotheca acuminata*	根、果及树皮、枝叶
五加科	五加	*Acanthopanax gracilistylus*	根皮
	刺楸	*Kalopanax septemlobus*	树皮
伞形科	明党参	*Changium smyrnioides*	根
	鸭儿芹	*Cryptotaenia japonica*	全草
	天胡荽	*Hydrocotyle sibthorpioides*	全草
	白花前胡	*Peucedanum praeruptorum*	根
山茱萸科	灯台树	*Bothrocaryum controversum*	叶
	山茱萸	*Cornus officinalis*	果实
	青荚叶	*Helwingia japonica*	叶、果
	梾木	*Swida macrophylla*	果实、树皮
鹿蹄草科	鹿蹄草	*Pyrola calliantha*	全草
杜鹃花科	映山红（杜鹃）	*Rhododendron simsii*	根、叶、花
	乌饭树	*Vaccinium bracteatum*	果及叶

紫金牛科	紫金牛	*Ardisia japonica*	全株及根
报春花科	过路黄	*Lysimachia christinae*	全草
柿科	老鸦柿	*Diospyros rhombifolia*	根或枝
山矾科	白檀	*Symplocos paniculata*	全株
木犀科	女贞	*Ligustrum lucidum*	果实
	小蜡	*L. sinense*	叶
旋花科	飞蛾藤	*Porana racemosa*	全草
马鞭草科	紫珠	*Callicarpa bodinieri*	叶
	华紫珠	*C. cathayana*	叶、根、果
	大青	*Clerodendrum cyrtophyllum*	叶、根
	海州常山(臭梧桐)	*C. trichotomum*	叶及全株
	马鞭草	*Verbena officinalis*	地上部分
	牡荆	*Vitex negundo* var. *cannabifolia*	根茎
唇形科	细风轮菜	*Clinopodium gracile*	全草
	连钱草(活血丹)	*Glechoma longituba*	茎叶
	野芝麻	*Lamium barbatum*	全草
	紫苏	*Perilla frutescens*	全草
	夏枯草	*Prunella vulgaris*	花穗
	华鼠尾草(紫参)	*Salvia chinensis*	全草
	丹参	*S. miltiorrhiza*	根
茄科	枸杞	*Lycium chinense*	叶及根皮
	白英	*Solanum lyratum*	全草
玄参科	通泉草	*Mazus japonicus*	全草
	天目地黄	*Rehmannia chingii*	全草
	玄参(浙玄参)	*Scrophularia ningpoensis*	根
	毛蕊花	*Verbascum thapsus*	全草
列当科	野菰	*Aeginetia indica*	全草
苦苣苔科	半蒴苣苔	*Hemiboea subcapitata*	全草
	吊石苣苔	*Lysionotus pauciflorus*	全株
爵床科	白接骨	*Asystasiella neesiana*	根状茎及全草
	九头狮子草	*Peristrophe japonica*	全草
	爵床	*Rostellularia procumbens*	全草
车前科	车前	*Plantago asiatica*	全草
茜草科	鸡屎藤	*Paederia scandens*	全草

忍冬科	忍冬(金银花)	*Lonicera japonica*	花、茎、叶
	荚蒾	*Viburnum dilatatum*	根、枝、叶及果
败酱科	败酱(黄花龙芽)	*Patrinia scabiosaefolia*	全草和根茎
川续断科(山萝卜科)	日本续断(续断)	*Dipsacus japonicus*	瘦果
葫芦科	绞股蓝	*Gynostemma pentaphyllum*	全草
	栝楼	*Trichosanthes kirilowii*	果、种子、种皮
桔梗科	沙参	*Adenophora stricta*	根
	羊乳	*Codonopsis lanceolata*	根
	半边莲	*Lobelia chinensis*	全草
菊科	杏香兔儿风	*Ainsliaea frangrans*	全草
	牛蒡	*Arctium lappa*	果、根
	黄花蒿	*Artemisia annua*	全草
	奇蒿(六月霜)	*A. anomala*	全草
	牡蒿	*A. japonica*	全草
	金盏银盘	*Bidens biternata*	全草
	鬼针草(一包针)	*B. pilosa*	全草
	狼把草	*B. tripartita*	全草
	天名精	*Carpesium abrotanoides*	全草
	烟管头草	*C. cernuum*	全草
	刺儿菜	*Cirsium setosum*	全草
	野菊	*Dendranthema indica*	全草
	鳢肠(墨旱莲)	*Eclipta prostrata*	全草
	泽兰(白头婆)	*Eupatorium japonicum*	茎叶
	鼠麴草	*Gnaphalium affine*	全草
	旋复花	*Inula japonica*	花序
	马兰(鸡儿肠)	*Kalimeris indica*	全草
	千里光	*Senecio scandens*	地上部分
	毛梗豨莶	*Siegesbeckia glabrescens*	地上部分
	腺梗豨莶	*S. pubescens*	地上部分
	狗舌草	*Tephroseris kirilowii*	全草
	苍耳	*Xanthium sibiricum*	带总苞的果实
禾本科	淡竹叶	*Lophatherum gracile*	全草
	五节芒	*Miscanthus floridulus*	根茎
	芒	*M. sinensis*	幼茎

莎草科	莎草（香附子）	*Cyperus rotundus*	块茎
	水蜈蚣	*Kyllinga brevifolia*	全草
天南星科	石菖蒲	*Acorus tatarinowii*	根状茎
	一把伞南星	*Arisaema erubescens*	块茎
	天南星	*A. heterophyllum*	块茎
	滴水珠	*Pinellia cordata*	块茎
	半夏	*P. ternata*	块茎
鸭跖草科	鸭跖草	*Commelina communis*	全草
百合科	粉条儿菜	*Aletris spicata*	根
	宝铎草	*Disporum sessile*	根和根茎
	紫萼	*Hosta ventricosa*	根状茎
	野百合	*Lilium brownii*	鳞茎
	麦冬（沿阶草）	*Ophiopogon japonicus*	块茎
	华重楼	*Paris polyphylla* var. *chinensis*	根茎
	多花黄精（长叶黄精）	*Polygonatum cyrtonema*	根状茎
	鹿药	*Smilacina japonica*	根状茎
	菝葜	*Smilax china*	根状茎
	土茯苓（光叶菝葜）	*S. glabra*	根状茎
	牛尾菜	*S. riparia*	根
薯蓣科	纤细薯蓣（白薯蓣）	*Dioscorea gracillima*	根状茎
	日本薯蓣（尖叶薯蓣）	*D. japonica*	根状茎
	穿龙薯蓣（龙萆薢）	*D. nipponica*	根
	薯蓣	*D. oppositifolia*	块茎、珠芽
鸢尾科	射干	*Belamcanda chinensis*	根茎
	蝴蝶花	*Iris japonica*	全草
姜科	蘘荷	*Zingiber mioga*	果实、种子
兰科	白芨	*Bletilla striata*	块根状假鳞茎
	扇脉杓兰	*Cypripedium japonicum*	根状茎
	天麻	*Gastrodia elata*	块茎
	大花斑叶兰	*Goodyera biflora*	全草
	绶草	*Spiranthes sinensis*	全草

表 6-2　主要食用植物

科 名	种 名	学 名	食用部位
银杏科	银杏	*Ginkgo biloba*	种仁
松科	马尾松	*Pinus massoniana*	花粉
红豆杉科（紫杉科）	榧树	*Terreya grandis*	种子
杨梅科	杨梅	*Myrica rubra*	果实
胡桃科	山核桃	*Carya cathayensis*	种仁
	湖南山核桃	*C. hunanensis*	种仁
	美国山核桃	*C. illinoensis*	种仁
壳斗科（山毛榉科）	板栗	*Castanea mollissima*	种子
	甜槠	*Castanopsis eyrei*	种子
桑科	无花果	*Ficus carica*	果实
	桑	*Morus alba*	果实
藜科	菠菜	*Spinacia oleracea*	根茎叶
苋科	苋	*Amaranthus tricolor*	茎叶
十字花科	青菜	*Brassica chinensis*	茎叶
	芥菜	*B. juncea*	茎叶
	荠菜	*Capsella bursa-pastoris*	茎叶
	萝卜	*Raphanus sativus*	根
蔷薇科	桃	*Amygdalus persica*	果实
	梅	*Armeniaca mume*	果实
	杏	*A. vulgaris*	果实
	樱桃	*Cerasus pseudocerasus*	果实
	木瓜	*Chaenomeles sinensis*	果实
	野山楂	*Crataegus cuneata*	果实
	枇杷	*Eriobotrya japonica*	果实
	李	*Prunus salicina*	果实
	沙梨	*Pyrus pyrifolia*	果实
豆科	大豆	*Glycine max*	种子
	扁豆	*Lablab purpurens*	幼嫩果实
	菜豆	*Phaseolus vulgaris*	幼嫩果实
	豌豆	*Pisum sativum*	种子
	野葛	*Pueraria lobata*	根中淀粉
	蚕豆	*Vicia faba*	种子

	豇豆	*Vigna unguicultata*	幼嫩果实
芸香科	柚	*Citrus grandis*	果实
鼠李科	枳椇（拐枣）	*Hovenia dulcis*	果柄
	枣	*Ziziphus jujuba*	果实
葡萄科	刺葡萄	*Vtis davidii*	果实
	葡萄	*V. vinifera*	果实
猕猴桃科	中华猕猴桃	*Actinidia chinensis*	果实
山茶科	茶	*Camellia sinensis*	叶
石榴科	石榴	*Punica granatum*	种皮
伞形科	水芹	*Oenanthe javanica*	茎叶
山茱萸科	梾木	*Swida macrophylla*	果实
	四照花	*Dendrobenthamia japonica* var. *chinensis*	果实
杜鹃花科	乌饭树	*Vaccinium bracteatum*	果实
柿科	柿	*Diospyros kaki*	果实
	野柿（变种）	var. *sylvestris*	果实
旋花科	蕹菜	*Ipomea aquatica*	茎叶
	甘薯（番薯）	*I. batatas*	块根
茄科	辣椒	*Capsicum annuum*	果实
	枸杞	*Lycium chinense*	果实
	番茄	*Lycopersicon esculentum*	果实
	茄	*Solanum melongena*	果实
	马铃薯	*S. tuberosum*	块茎
苦苣苔科	半蒴苣苔	*Hemiboea henryi*	叶
葫芦科	冬瓜	*Benincasa hispida*	果实
	西瓜	*Citrullus lanatus*	果实
	黄瓜	*Cucumis sativus*	果实
	南瓜	*Cucurbita moschata*	果实
	葫芦	*Lagenaria siceraria*	果实
	丝瓜	*Luffa cylindrica*	果实
	苦瓜	*Momordica charantia*	果实
菊科	鼠麹草	*Gnaphalium affine*	茎叶
	向日葵	*Helianthus annuus*	种仁
	马兰（鸡儿肠）	*Kalimeris indica*	茎叶
	莴苣（莴笋）	*Lactuca sativa*	茎叶

科 名	种 名	学 名	用途
泽泻科	野慈姑	*Sagittaria trifolia*	球茎
禾本科	薏苡	*Coix lacryma-jobi*	种仁
	大麦	*Hordeum vulgare*	种仁
	稻	*Oryza sativa*	种仁
	白哺鸡竹	*Phyllostachys dulcis*	竹笋
	毛竹	*P. edulis*	竹笋
	早竹	*P. violascens*	竹笋
	刚竹	*P. sulphurea*	竹笋
	天目早竹	*P. tianmuensis*	竹笋
	乌哺鸡竹	*P. vivax*	竹笋
	小麦	*Triticum aestivum*	种仁
	玉蜀黍（玉米）	*Zea mays*	种仁
天南星科	芋	*Colocasia esculenta*	球茎
百合科	洋葱	*Allium cepa*	鳞茎
	葱	*A. fistulosum*	叶
	蒜	*A. sativum*	鳞茎、蒜薹、幼株
	韭	*A. tuberosum*	叶、韭薹
	黄花菜	*Hemerocallis citrina*	花蕾
	野百合	*Lilium brownii*	鳞茎
薯蓣科	日本薯蓣（尖叶薯蓣）	*Dioscorea japonica*	根状茎
	薯蓣	*D. opposita*	块茎
姜科	姜	*Zingiber officinale*	根状茎

表 6-3 主要材用植物

科 名	种 名	学 名	用 途
松科	马尾松	*Pinus massoniana*	建筑、枕木、矿柱、制板、包装箱、火柴杆、胶合板等
杉科	柳杉	*Cryptomeria japonica* var. *sinensis*	建筑、电杆、桥梁、造船、造纸等
	杉木	*Cunninghamia lanceolata*	建筑、家具、器具、造船等
柏科	柏木	*Cupressus funebris*	建筑、造船、制家具等
胡桃科	山核桃	*Carya cathayensis*	国防工业用或制作精美家俱
	美国山核桃	*C. illinoensis*	同上
壳斗科（山毛榉科）	甜槠	*Castanopsis eyrei*	桥梁、农具、枕木和车辆用材

	苦槠	_C. sclerophylla_	建筑、桥梁、运动器材、家具、农具等
	青冈栎	_Cyclobalanopsis glauca_	车船、滑轮、运动器械等
	细叶青冈	_C. mysinaefolia_	家具、农具等
	麻栎	_Quercus acutissima_	建筑、桥梁、运动器材、家具、农具等
	小叶栎	_Q. chenii_	机械用材
榆科	天目朴	_Celtis chekiangensis_	家具、农具等
	青檀	_Pteroceltis tatarinowii_	家具、农具、绘图板及细木工用材
	白榆（榆树）	_Ulmus pumila_	造船、建筑、室内装修地板、家具
	榉树	_Zelkova schneideriana_	桥梁、家具用材
樟科	樟	_Cinnamomum camphora_	建筑、造船、家具、箱柜、板料、雕刻等
	檫木	_Sassafras tzumu_	造船、建筑、家具用材
金缕梅科	枫香	_Liquidambar formosana_	家具及建筑用材
大戟科	乌桕	_Sapium sebiferum_	家具、农具等
漆树科	黄连木	_Pistacia chinensis_	建筑、家具、车辆、农具、雕刻等
冬青科	冬青	_Ilex chinensis_	细工材料
	大叶冬青	_Ilex latifolia_	同上
鼠李科	枳椇（拐枣）	_Hovenia dulcis_	建筑及制家具和美术工艺品等
蓝果树科	喜树	_Camptotheca acuminata_	造纸原料、胶合板、火柴、牙签、包装箱、绘图板、室内装修、日常用具等
五加科	刺楸	_Kalopanax septemlobus_	建材、家具和铁路枕木

表 6-4　主要园林植物

科　名	种　名	学　名	用　途
苏铁科	苏铁	_Cycas revoluta_	制作盆景
银杏科	银杏	_Ginkgo biloba_	园林绿化、行道、公路、田间林网、防风林带
松科	雪松	_Cedrus deodara_	城乡绿化
杉科	柳杉	_Cryptomeria japonica_ var. _sinensis_	城乡绿化
	杉木	_Cunninghamia lanceolata_	园林观赏
柏科	日本花柏	_Chamaecyparis pisifera_	城乡绿化与制作盆景
	柏木	_Cupressus funebris_	庭植观赏
	侧柏	_Platycladus orientalis_	城乡绿化与制作盆景
	圆柏	_Sabina chinensis_	城乡绿化
罗汉松科	短叶罗汉松	_Podocarpus macrophyllaus_	城乡绿化与制作盆景

三尖杉科	粗榧	*Cephalotaxus sinensis*	城乡绿化与制作盆景
胡桃科	山核桃	*Carya cathayensis*	行道树或河岸水库堤旁树
壳斗科(山毛榉科)	甜槠	*Castanopsis eyrei*	风景林、沿海防风林及工厂区绿化树种
	苦槠	*C. sclerophylla*	同上
	青冈栎	*Cyclobalanopsis glauca*	园林观赏或四旁绿化、工厂绿化、防火林、防风林、绿篱等
榆科	天目朴	*Celtis chekiangensis*	城市公园庭荫树;矿厂区绿化
	榉树	*Zelkova schneideriana*	城乡绿化和营造防风林
杨柳科	垂柳	*Salix babylonica*	城市绿化
苋科	鸡冠花	*Celosia cristata*	庭院及城乡绿化
紫茉莉科	紫茉莉	*Mirabilis jalapa*	观赏
毛茛科	芍药	*Paeonia lactiflora*	观赏
	牡丹	*P. suffruticosa*	观赏
小檗科	南天竹	*Nandina domestica*	庭院绿化制作盆景
木兰科	鹅掌楸	*Liriodendron chinense*	观赏及城市绿化
	玉兰	*Magnolia denudata*	观赏及城市绿化
	荷花玉兰(广玉兰)	*M. grandiflora*	观赏及城市绿化
	紫玉兰(木笔)	*M. liliflora*	观赏及城市绿化
	含笑	*Michelia figo*	庭院及城市绿化
蜡梅科	蜡梅	*Chimonanthus praecox*	观赏
樟科	樟	*Cinnamomum camphora*	绿化行道树及防风林
	紫楠	*Phoebe sheareri*	庭荫树、风景树
	檫木	*Sassafras tzumu*	庭园、公园栽植或用作行道树
海桐花科	海桐	*Pittosporum tobira*	庭院及城市绿化
金缕梅科	枫香	*Liquidambar formosana*	秋色叶树种、庭荫树及厂矿区绿化
	檵木	*Loropetalum chinense*	观赏及庭院、城市绿化
悬铃木科	悬铃木	*Platanus acerifolia*	城市绿化
蔷薇科	日本樱花	*Cerasus yedoensis*	观赏
	垂丝海棠	*Malus halliana*	观赏
	西府海棠	*M. micromalus*	观赏
	石楠	*Photinia serrulata*	庭院及城乡绿化
	红叶李	*Prunus cerasifera* 'Atropurpurea'	观赏

	月季花	*Rosa chinensis*	观赏
豆科	紫藤	*Wisteria sinensis*	庭院及城市绿化
黄杨科	黄杨	*Buxus sinica*	庭院及城市绿化
大戟科	乌桕	*Sapium sebiferum*	秋景树种或作护堤树、庭荫树及行道树
冬青科	冬青	*Ilex chinensis*	城乡绿化和庭院观赏植物
卫矛科	冬青卫矛（大叶黄杨）	*Euonymus japonicus*	庭院及城市绿化
槭科	三角槭	*Acer buergerianum*	秋景树种或作庭荫树及行道树
	茶条槭	*A. ginnala*	同上
	鸡爪槭	*A. palmatum*	观赏
凤仙花科	凤仙花	*Impatiens balsamina*	观赏
葡萄科	爬山虎	*Parthenocissus tricuspidata*	庭院及城市绿化
锦葵科	蜀葵（一丈红）	*Althaea rosea*	观赏
	木槿	*Hibiscus syriacus*	观赏和绿篱
金丝桃	金丝桃	*Hypericummonogynum*	庭院及城市绿化
秋海棠科	秋海棠	*Begonia grandis*	观赏
仙人掌科	仙人掌	*Opuntia dillenii*	观赏
千屈菜科	紫薇	*Lagerstroemia indica*	观赏及庭院、城市绿化
蓝果树科	喜树	*Camptotheca acuminata*	庭荫树、行道树
杜鹃花科	马银花	*Rhododendron ovatum*	庭院及城市绿化
	映山红（杜鹃）	*R. simsii*	城市绿化与制作盆景
木犀科	女贞	*Ligustrum lucidum*	庭院及城市绿化
	小蜡	*L. sinense*	绿篱、绿屏和园林点缀树种；厂矿绿化
	桂花	*Osmanthus frangrans*	庭院及城市绿化
夹竹桃科	夹竹桃	*Nerium indicum*	庭院及城市绿化
茜草科	栀子	*Gardenia jasminoides*	庭院及城市绿化
忍冬科	珊瑚树	*Viburnum odoratissimum var. awabuki*	城市绿化
菊科	菊花	*Dendranthema morifolia*	观赏
棕榈科	棕榈	*Trachycarpus fortunei*	城市绿化
鸭跖草科	鸭跖草	*Commelina communis*	制作盆景
百合科	麦冬（沿阶草）	*Ophiopogon japonicus*	庭院及城市绿化
鸢尾科	鸢尾	*Iris tectorum*	制作盆景
美人蕉科	美人蕉	*Canna indica*	观赏

表 6-5 主要工业原料类植物

科　名	种　名	学　名	用　途
银杏科	银杏	*Ginkgo biloba*	叶提取物是重要医药原料
柏科	柏木	*Cupressus funebris*	枝叶可提芳香油；种子可提脂肪油
松科	马尾松	*Pinus massoniana*	木材、松香、松节油、松针油等均是重要工业原料
杉科	柳杉	*Cryptomeria japonica var. sinensis*	树皮可提制栲胶
三尖杉科	三尖杉	*Cephalotaxus fortunei*	枝叶、树皮和根含有三尖杉酯类和高三尖杉酯类生物碱
	粗榧	*C. sinensis*	与三尖杉同
红豆杉科（紫杉科）	榧树	*Terreya grandis*	假种皮可提取芳香油
胡桃科	山核桃	*Carya cathayensis*	油料
	青钱柳	*Cyclocarya paliurus*	树皮含鞣质及纤维，为栲胶、造纸原料
	化香树	*Platycarya strobilacea*	果序及树皮富单宁，作天然染料用
	枫杨	*Pterocarya stenoptera*	树皮树枝含鞣质，可提栲胶；种子榨油供工业用
壳斗科（山毛榉科）	青冈栎	*Castanopsis glauca*	树皮、壳斗含鞣质
	小叶栎	*Quercus chenii*	壳斗、树皮含鞣质，可提取栲胶；树皮、壳斗含单宁可提制黑色天然染料
	栓皮栎	*Q. variabilis*	栓皮
榆科	糙叶树	*Aphananthe aspera*	树皮含纤维，为良好的造纸原料
	青檀	*Pteroceltis tatarinowii*	茎皮、枝皮纤维为制造宣纸的优质原料
	白榆（榆树）	*Ulmus pumila*	树皮纤维可作人造棉和造纸原料；种子油是医药和化工原料
荨麻科	苎麻	*Boehmeria nivea*	纤维植物
樟科	樟	*Cinnamomum camphora*	叶可提取樟脑、樟油
	山胡椒	*Lindera glauca*	果含芳香油，可提香精
	山鸡椒（山苍子）	*Litsea. cubeba*	花、果、叶富含芳香油，为提取柠檬醛的重要原料
十字花科	欧洲油菜	*Brassica napus*	种子榨油
杜仲科	杜仲	*Eucommia ulmoides*	树皮提取杜仲胶
大戟科	蓖麻	*Ricinus communis*	种子提蓖麻油
	乌桕	*Sapium sebiferum*	种子榨油

	油桐	*Vernicia fordii*	种子榨油
漆树科	黄连木	*Pistacia chinensis*	种子可榨油；树皮、果实可提取烤胶
冬青科	大叶冬青	*Ilex latifolia*	树皮可提栲胶
卫矛科	卫矛	*Euonymus alatus*	种子油可作工业用油
鼠李科	冻绿	*Rhamnus utilis*	果和叶内含绿色素，可作绿色染料；茎皮和叶可提取栲胶
葡萄科	刺葡萄	*Vitis davidii*	种子可榨油
山茶科	油茶	*Camellia oleifera*	种子榨油，也制肥皂等，果壳可提栲胶等
	茶	*C. sinensis*	种子油可作润滑油
蓝果树科	喜树	*Camptotheca acuminata*	提取喜树碱
五加科	刺楸	*Kalopanax septemlobus*	种子榨油
山茱萸科	灯台树	*Bothrocaryum controversa*	种子榨油，可制肥皂及润滑油
柿科	野柿	*Diospyros kaki* var. *sylvestris*	果可提取柿漆
	老鸦柿	*Diospyros rhombifolia*	果可提取柿漆
山矾科	山矾	*Symplocos sumuntia*	种子油作润滑油；叶烧灰可代白矾作媒染剂用
木犀科	桂花	*Osmanthus frangrans*	花提芳香油，制桂花浸膏，可配制高级香料，还可熏茶和制桂花糖、桂花糕、桂花酒等
茄科	烟草	*Nicotiana tabacum*	烟草
胡麻科	胡麻（芝麻）	*Sesamum indicum*	种子榨油
菊科	黄花蒿	*Artemisia annua*	可提青蒿素
	向日葵	*Helianthus annuus*	种子榨油
禾本科	芒	*Miscanthus sinensis*	秆皮可造纸和制鞋
	毛竹	*Phyllostachys pubescens*	纤维植物

附　录

科名索引